江沢 洋 選集　IV

物理学と数学

Hiroshi Ezawa　　Takashi Kamijo

江沢 洋・上條隆志 編

日本評論社

凡 例

[1]　本選集は，江沢 洋の日本語による論説・解説・エッセイ等のなかから，編者の江沢 洋と上條隆志の協議により精選し，テーマによって全6巻にまとめたものである．

[2]　全巻の構成は次のとおりである．各巻には著者とゆかりの人による書き下ろしエッセイを収録し，各巻ごとの解説を上條隆志が担当した．

第 I 巻	物理の見方・考え方	［エッセイ：田崎晴明］
第 II 巻	相対論と電磁場	［エッセイ：小島昌夫］
第 III 巻	量子力学的世界像	［エッセイ：山本義隆］
第 IV 巻	物理学と数学	［エッセイ：中村 徹］
第 V 巻	歴史から見る物理学	［エッセイ：岡本拓司］
第 VI 巻	教育の場における物理	［エッセイ：内村直之］

[3]　本文のテキストは，初出をもとに，のちに収録された単行本・雑誌別冊等を参照したが，本選集収録にあたり，さらに加筆がなされた．初出および収録単行本・雑誌別冊等の情報は，巻末解説の末尾に記載した．

　なお，江沢 洋のエッセイや解説記事などを集成した単行本には，次のものがある．

『量子と場——物理学ノート』ダイヤモンド社，1976 年．

『物理学の視点——力学・確率・量子』培風館，1983 年．

『続・物理学の視点——時空・量子飛躍・ゲージ場』培風館，1991 年．

『理科を歩む——歴史に学ぶ』『理科が危ない——明日のために』新曜社，2001 年．

[4]　本文は原文を尊重して組むことを原則としたが，読みやすさを重視する観点から，次のように多少の改変の手を加えた．

　a. 明白な誤記・誤植の類を訂正した．

　b. 漢字および送り仮名は可能なかぎり統一した．

　c. 西洋人名は，本文中はカタカナ表記を原則とし，巻末に人名一覧を付して，欧文表記と生没年を記した．

　d. 和文文献に関しては，書籍名は『 』，雑誌名・新聞名は「 」を用いた．雑誌・新聞・書籍に掲載された記事のタイトルは，文献表などで雑誌名・新聞名・書籍名と併記する場合は「 」を付けず，文章中に表記する場合は「 」を付けた．欧文文献に関しては，慣用に従って，書籍名も雑誌名もイタリック体を用いた．

　e. 図版は，可能なかぎり，新たに描き直した．

目次

第2部　微積分の発想

第 3 部　確率過程

第 4 部　量子力学と数学の交流

第1部
数学的センスと物理的センス

1. 論理と仮説と近似のセンス

　E.　どうでしょう，数学的センスと物理的センスにちがいがあると思いますか？ あれこれ考えてゆくと，どうも差はないという結論になりそうで……．

　A.　物理学は自然にしばられていますね．何を言っても最後に実験に合わなければ物理になりません．数学は自由な創造であっていいんでしょう？　この差が人の感覚の差として現われないはずはないと思いますが．

　E.　数学の公理主義ですね．幾何学の公理をたてたヒルベルトが，公理にいう「点，直線，平面」は，それぞれの名前から直観される像を意味する必要はなくて「テーブル，椅子，ビール・グラス」と呼んでもさしつかえないと言ったそうですが，彼の『幾何学基礎論』の序文には

　　　人間のすべての認識は直観に始まり，概念に進み，理念に終わる

というカントの言葉が添えてあります．直観がある以上は経験に根ざすのですから自由といっても……？

　A.　しかし，20 世紀の数学は自由な創造としての公理を強調してきました．

　E.　そう言われているようですね．しかし，数学者が常に公理を立てるところから始めるわけではない．多くの場合，既存のパラダイムの中で仕事をするんです．物理学者の方でもパラダイムの中で研究しているとき，必ずしも実験を意識しない，とは言えませんか？

　A.　いわば公認の枠の中で論理的な帰結を追究する仕事ですね．それは，物理の研究であっても，もう数学なのかもしれません．

　E.　それが自然法則の探究であっても，ですか？

　場の量子論の現状は御存知でしょう．ここでは，いま量子場という自然世界の存在を記述する言葉をさがしているんだと思います．試みに公理を立てて帰結を

調べるアプローチも考えるし，模型を組み立てて望ましい性質が部分的にも実現できるかどうかをみるアプローチも試してみる．いろんな言葉を考えて話してみるんです．さしあたり実験には大筋において合えばよい，とします．それでもすでに難しいからです．実験を審判にしないなんて物理じゃない，と物性論の大先生に言われて，そんなに一筋縄でいく自然じゃないと．

　A.　物理の歴史にも，それに似た時期がありましたね．ガリレオは『新科学対話』の第三日，第二部で加速度運動をどうとらえるか何ページにもわたる議論をしています．『天文対話』の第一日には加速度運動における速度をめぐる討論がみられます．まだ微分法の考えがありませんから難儀するのです．

　E.　その場合にも，石ころを落としたとき速度がだんだん増す．そのことは直観で分かっているのです．分かっているのですが，そのことをいかに言い表わすべきか，そこがつかめないで難儀をする．

　等速運動の速度にしても距離を時間で「割る」という考えのない時代です．「運動体が 2 つの等しくない距離を等しい時間で通過するなら，これらの距離の比は速さの比に等しい」といって，速さを

$$(距離)_1 : (距離)_2 = (速さ)_1 : (速さ)_2$$

のように比の形でとらえる．距離と距離のように同種の量の比は考えられるのです．それも整数比だけかな．

　距離を時間で割って速さとしたのが，いつで，だれか，ぼくは知らないんですが，その時間を $\to 0$ とする極限を考えたのはニュートンですね．極限の発見までくると，これは数学の問題だと思いますか？

　A.　現象としての速さをとらえようとするのですから，やはり自然の探究をしているわけで，物理の範囲だと思いますが……．微分法は極限の概念を打ち立てた後，その扱いを代数化することに進みますね．いま問題のセンスという観点からいえば，これは数学かな？

　E.　関数の和の導関数は導関数の和，関数の積の導関数は……という数学的現象の規則の発見ですね．それが関数を項とする無限級数の微分計算でパラドックスに出会って，コーシーが微分積分を ε–δ 論法で合理化します．こういうと数学の問題みたいですが，問題のフーリエ級数は弦の振動など物理の問題からでてきたのです．三角波のように微分できないところのある解——今日のいわゆる弱い解——も現われますから．

　A. 数学と物理の境界線を引くのは難しいということになりますね？

　E. シャープな線は引けません．コーシーも『解析教程』の序文にこう書いているということです：

> 自然科学において用いられて成功する唯一の方法は事実を観察し観察の結果を計算で統制することである．しかし，正確を求めるのに数学的証明または感覚の証言によるほかないと思うのは重大な誤解だ．

もっとも，それに続けて次のように言うのですから，彼は特に物理を考えていたのではないのですね．

> マクローリンの定理などは非常に特殊な少数者にしか手が届かないことで，学者といえども定理の成立範囲について意見が一致していない．ところが，17世紀のフランスが誰に統治されていたかは誰もが知っていて疑いをさしはさむ余地がない．

　A. "感覚"の証言を認めているのはおもしろい．

　E. 何を頭において言ったのでしょうか？　とにかく原子論は考えないでもすんだ時代です．

　A. 数学と物理のセンスといえば，heuristics（発見的手法）におけるちがいも大きそうですね．アインシュタインが光量子の考えを提出した論文は「光の発生と転化に関する1つの発見法的見地について」と題されています．量子力学発見の20年も前のことですが，

> 光の波動論は純粋な光学現象を完全に正しく表現しているとされてきたけれども，光学の観測では［光の電磁場の］瞬間的な値ではなく，時間的平均値だけを問題にしてきた

にすぎないから，空間座標の連続関数で扱われる理論が実験に矛盾することもあり得る．こう述べてから

> ［光量子としての見方が］研究に有効であることを理解して欲しい

と言うのです．

　E. 波動論とは真っ向から対立するように見える仮説を提出したのですね．『哲学小辞典』（岩波書店）に"発見的原理"の項があり「事実を探究してゆく場合の導きの糸として，その真偽を十分に吟味しないで暫定的に採用する仮説」と定義しています．『広辞苑』によるとカントの用語だそうです．この種の仮説に基

づく研究でも，物理では確かに論文として認められる場合があります．

　A．　数学でも発見法は使うでしょう．しかし，……

　E．　「真偽を十分に吟味しない」のでは数学の論文にならないでしょう．在来の公理系と両立しないものを提出することはあって，その有名な例はユークリッド幾何学の平行線の公理を改めた非ユークリッド幾何です．「十分に吟味しない」とは少し違うかもしれませんが，物理数学の雑誌で「十分な証明ができていなくても」受け付けると宣言しているものがあります．

　A．　そうなると，物理と数学のちがいというより学者社会のちがいになりますね．

　E．　ええ．でも，そのちがいは理由のあることで，最初におっしゃった「物理は自然にしばられている」からきているのだとはいえませんか．光は波動だとされてきたが，どうも自然は粒子だとつぶやいているようだ，そうとしか思えないような証拠をつかんだ．これは立派な仕事です．アインシュタインは，これでノーベル賞を得たのですから！

　A．　そうでしたね．正確にいえば「理論物理学への貢献，特に光量子の発見に対して」授与された．講談社から出ている『ノーベル賞講演 物理学 3』には「数理物理学への……」とありますが，パイスの『神は老獪にして』(産業図書)は「理論物理学への……」としています．

　E．　理論と訳された theory は「事実で証明され受け入れられた仮説」を意味し，そこまでいかない仮説を意味することもあるのです．理論物理学は，ですから仮説物理学．数理物理学とは性格がちがう．

　A．　物理には自然という基準があることから，もう 1 つ近似ということに対する態度のちがいが生まれているように思いますが？

　E．　確かに，物理には，この近似は実験に合うから大丈夫だろうと考えて先に進んでみるということがありますね．それで手探りしてゆく．数学は論理だけしか頼れるものがないから石橋をたたいて進む．でも，そうなったのは，さっきも話にでた 18 世紀のコーシー，それからワイエルシュトラスなどから後のことです．

　A．　20 世紀に入って，それに拍車がかかったのは抽象が進んだからでしょうか．

　E．　物理には問題の核心をえぐりだす簡単なモデルを貴重と思う伝統があって，これも実は近似です．モデルで一（いち）を聞くと物理の学生は十が分かってしまう．フェルミという先生は，えぐりだしの腕前が見事で，ぼくも一時はこれこそ物理と思ったのですが，場の量子論はこれではできないと考えるようになりました．場

は力学でいう自由度が無限すぎて自由度有限の常識が通用しない．仮説と数学と両方が必要になるんです．

2. 周転円はフーリエ級数である

考えの糸口は，いつも，簡単なものです．

いま，(x, y)–平面上を時 t の経過に従って，

$$\left. \begin{array}{l} x(t) = a \cos \omega t \\ y(t) = b \sin \omega t \end{array} \right\} \quad (a \neq b) \tag{1}$$

で表わされる運動をしてゆく点 A があるとします．a, b, ω は実の定数です．ご存知の方も多いかと思いますが，これは楕円振動とよばれる運動でして，A が原点 $(0,0)$ からの距離に比例する引力を受けるという場合に起こるのです．楕円振動といわれるのは，(1) から得られる

$$\left(\frac{x(t)}{a} \right)^2 + \left(\frac{y(t)}{b} \right)^2 = 1$$

の関係が示すとおり運動の軌道が楕円になるからにほかなりません．

考えというのは，こうです．(1) から

$$z(t) = x(t) + i\, y(t), \quad (i = \sqrt{-1})$$

という組合わせを作ってみますと，これは複素数で，その実数部が A の x–座標を，虚数部が y–座標をあたえることになります．簡単な計算により

$$z(t) = \frac{a+b}{2} e^{i\omega t} + \frac{a-b}{2} e^{-i\omega t} \tag{2}$$

が得られます．この式を眺めていると —— というのは遠くに離れて見ることです —— 運動 $z(t)$ が 2 つの部分から成り立っているという，そんな気持ちになってきませんか？

その 1 は，

$$z_1(t) = \frac{a+b}{2} e^{i\omega t} \tag{3}$$

という運動で，その 2 は，

$$z_2(t) = \frac{a-b}{2} e^{-i\omega t} \tag{4}$$

という運動．これら 2 つの合成，

$$z(t) = z_1(t) + z_2(t) \tag{5}$$

が，(1) 式で表わされる楕円振動だというわけです．

ところで，関数 $z_1(t)$ は，実数部 $x_1(t)$，虚数部 $y_1(t)$ に分けてみますと

$$x_1(t) = \frac{a+b}{2} \cos \omega t, \quad y_1(t) = \frac{a+b}{2} \sin \omega t$$

となりますので，半径 $(a+b)/2$，角速度 ω の円運動を表わしていることがわかります．この運動の向きは時計の針と逆向きです．

関数 $z_2(t)$ は，同様に，半径 $|a-b|/2$，角速度 ω，そして時計まわりの円運動を表わします．

2 つの運動の合成 (5) は，$z(t)$ の実数部が $z_1(t)$ の実数部と $z_2(t)$ の実数部の和，虚数部についても同様という形をしている．すなわち，この合成は

$$\begin{pmatrix} x(t) \\ y(t) \end{pmatrix} = \begin{pmatrix} x_1(t) \\ y_1(t) \end{pmatrix} + \begin{pmatrix} x_2(t) \\ y_2(t) \end{pmatrix}$$

のように——なんていうより図 1 を見ていただいたほうが早わかりでしょうが——ベクトルの合成の流儀で行なわれるのです．半径 $(a+b)/2$ の大きい円の上を点 O_2 がまわり，その O_2 を中心とした半径 $|a-b|/2$ の小さい円の上を逆向きに A がまわる．A の楕円運動は，このように思い描くこともできるというわけです．

かくいう私がいま頭に描いているのは，ヒッパルコスの周転円 (epicycle)，そして，プトレマイオス流の宇宙像です (図 2)．

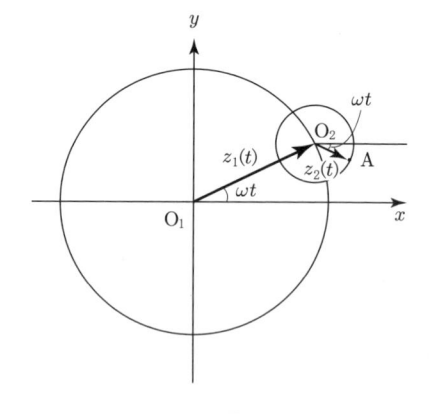

図 1

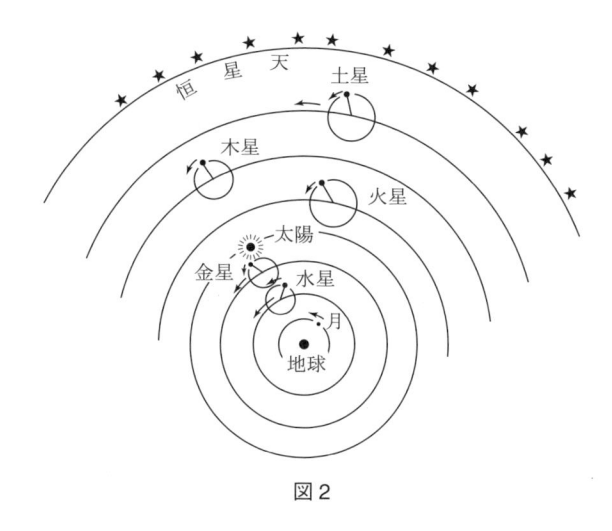

図 2

　もっと事実に即していうなら，フーリエ級数の式，

$$f(t) = \sum_n c_n \exp\left[i\,\omega_n t\right] \tag{6}$$

を眺めているうちに，これは周転円じゃないかという考えが湧いてきた．それを説明しようとしたら，つい上のような長々しいお話になってしまったという次第でした．考えの糸口は簡単なものだったのです．

　フーリエ級数 (6) の各項は上のように解釈してそれぞれ 1 つの円運動を表わすとみなすことができます．運動の合成はベクトル算の流儀で行なわれるのですから，つまり (6) は周転円を何重にも重ねて $f(t)$ なる '運動' を表わしているものとみられます．

　プトレマイオスの宇宙像には，天体観測の新しいデータが加わるたびに，それに合わせるために新しい周転円を追加するという具合に修正が重ねられて，コペルニクスの時代までにはなんと 79 個の周転円が考えられねばならないありさまになってしまっていたといいます[1]．フーリエ級数を観測に合わせながら逐次に先に延ばしていったわけで，プトレマイオスの弟子たちは経験的フーリエ解析を行なったのだといえるでしょう．

---

　1)　板倉聖宣『科学と方法』，季節社 (1969 年) の第 II 部，「天動説と地動説の歴史的発展の論理構造の分析」による．79 個という数字は 105 ページにある．しかし，どの惑星の運動についてであるかは述べられていない．すべての惑星に対するものの総計だろうか？

　もっとも，そうした解析の結果でてきた高調振動数 ω_n は必ずしも基調振動数の整数倍ということにはならなかったろうと思われます．そうだとしたら，この場合の級数 (6) は概周期関数のフーリエ展開の意味になるわけでしょう．もともと古代・中世の人々が周転円を重ねて惑星の運行を正確に記述したのは暦法上の必要からであったわけで，暦法は周期性が良い近似で成り立つことを前提にしています．そして，概周期関数 $f(t)$ は (6) の形の級数により $-\infty < t < \infty$ で一様に近似されることが知られている（ボーアの定理）．まさに，周転円の数学的基礎ここにあり，です．

　現代の物理学のなかにも周転円もどきが，高尚な数学の衣裳をまとってまぎれこんでいるかもしれません．コペルニクス的転回をして別の角度からみれば中身の単純がみえるかもしれない．周転円のフーリエ級数像は，そんな問題に思いをめぐらす際に１つの示唆をあたえるとはいえないでしょうか？

3. 数学や物理がわかるとは？

　「相反定理」は伏見康治先生が 1966 年に「数学セミナー」に連載された「物理つみくさ集」の第 3 回である．このほかにも「磁界の表現法」,「逆立ちごま I 〜 III」などおもしろい話が並んでいる．「磁界の表現法」は「磁界 $\boldsymbol{B}$ がないのに dB/dt を根本原因とする誘導起電力で電流を流そう」という話におよぶ[1]．どの回も，あっと驚く意外な結末！　先生は，この他にも「紋様の科学」や「ふりこの振動を追って」などの連載をされた．いまは懐かしい思い出である．「数学セミナー」が物理に強い関心を示した時代もあったのだ．

　さて，相反定理（reciprocity theorem）とはなにか？　英語の辞書を引くと「reciprocal love ： 相思相愛」といった用例に出会う．reciprocal とは「互いに」というほどの意味である．相反定理とは A が B におよぼす影響は B が A におよぼす影響に等しいという形の定理だ．「反」と聞くと「反対」とか「反例」とかを思い出すが，国語辞典を引くと「反」には「返す」という意味もある．そういえば物理でいう反作用は返す力のことだ．相反定理の「相反」も「互いに反対する」のではなくて「互いに返し合う」というつもりの訳語なのだろう．相思相愛である！

　伏見先生が相反定理の例として最初に挙げるのは熱輻射論におけるもので「同じ温度の 2 つの黒体上にそれぞれ小さい面分 $d\sigma$, $d\sigma'$ をとれば，$d\sigma$ から出た輻射のうち $d\sigma'$ に達する量は逆に $d\sigma'$ を出て $d\sigma$ に達する量に等しい」だ．ぼくが，この定理に最初に出会ったのは伏見先生編の『量子統計力学』（共立出版(1948)．新版(1967)にはない）を読んだときだ．そこでは証明が厳密に，したがってやや抽象的に与えられていたが，「数学セミナー」では例を使って具体的に説明されてい

---

1)　次の本で，いまも読むことができる：
伏見康治コレクション 4『物理つみくさ集』，日本評論社 (2013).

る．これは先生の解説の流儀で，いつもその説明の仕方に感心し，これらの例は解説のために考えだされたものではなく，先生が物理や数学を理解するとき，いつもこうした例をつくって確かめながら——楽しみながら——進んでおられたのではなかろうかと考えたものである．

　先生は，その説明を太陽の見かけの姿からはじめている．英語では solar disk といい，ドイツ語では Sonnenscheibe，漢語では日輪，いずれも平べったいものを表わす言葉で，太陽が立体的なものであることを表わす言葉ではない．それは，むしろ道理にかなったことで，熱輻射が黒体面から放射される強さは面に直角の方向に最大で，面の法線と角 θ をなす方向には $\cos\theta$ に比例するからである．太陽の球面を地球からみると，その周縁の面積 $d\sigma'$ に見えるところは実は太陽面上では面積 $d\sigma = d\sigma'/\cos\theta$ にあたり，これは地球の方向には $\cos\theta$ に比例する強さの輻射，すなわち

$$K\frac{d\sigma'}{\cos\theta}\cdot\cos\theta = Kd\sigma'$$

を出すことになり，θ によらない．先生は，気体分子運動論に現われる相反定理も説明している．これも，さきにあげた『量子統計力学』に載っている．

　伏見先生の解説には魅力がもうひとつあって，それとなく宿題をだすことである．この相反定理には，『熱輻射論と量子論の起源』（大日本出版 (1943)）で名高い天野　清先生を悩ましたという次の問題が提出されている．

　黒体をくりぬいてつくった球形の空洞の中心に小さい黒体の球が吊ってある．両方が同じ温度だったら空洞の内表面も小球の表面も単位面積あたり等量の熱輻射をするが，空洞の内表面の方が小球の表面より面積が大きいから，熱輻射のやりとりの差し引き勘定では空洞の内表面から小球にゆく方が勝つだろう．したがって，小球はだんだん熱くなるはずだ．中の小球でお湯を沸かして蒸気機関を運転すれば永久機関が実現する‼　これは熱輻射の相反定理のよい例題だが，相反定理を知らなくても解くことができる．いつも伏見先生の解説は，こうした楽しみを与えてくれた．その媒体としての「数セミ」にも感謝！

4. わかるとは，わからなくなることだ

　教育論議がさかんだ．教育基本法の書き換えから教員の免許の更新制まで．なかには「わかる」ように教える方法を予備校の教員に学ぶというものや，講義レベルアップのため大学教員に研修を義務化する[1]というものまである．どれも見当ちがいだ．願い下げにしたい．

　最近，中学校から大学まで，現場の先生方が一様に「生徒や学生が自分で考えようとしない」といって歎いている．問題をあたえても，手が動かないのだという．しかし，いったん解いてみせると，それと同じ型の問題はすばやく解くのだそうな．これこそが「よくわかる」ように教えよと論じたてている権威者たちのいう「わかる」ではないか？

　「わかる」というのは，そんなに容易なことではない．いま学生に向かって言うべきことは「自分で考えなければ何もわからないよ」ということだ．

わかった，いや，わからない

　ぼくは，中学のはじめのころ，わからない，わからないと考え続けた問題がある．いや，考えるための道具——物理学——はほとんど持ち合わせていなかったのだから，考えたとはいえない．物理の本を読むたびに答をさがしたのがせいぜいだ．

　2つのスリット A, B を通して光を送ると後の壁に干渉縞が現われる．明るく光るところと暗いところが交互に縞をなす．いま Q 点を暗い縞の位置とすると，$\overline{AQ}$ の長さと $\overline{BQ}$ の長さの差が波長の奇数倍になっていて，Q 点では A からきた波の山と B からきた波の谷が出会うので打ち消し合いがおこって暗くなるという．この説明は，よくわかる．

しかし，おかしい．スリット A を通った光は Q 点にきている．この光は何がしかのエネルギーを Q 点に運んできているはずではないか？　同様に，B のスリットを通って Q 点にきた光も何がしかのエネルギーを運んできた．それらのエネルギーは Q 点で加え合わされるはずではないか？　エネルギーが出会って消えてしまうなんて？

物理にかぎらないが，何かに出会って考えて，わかったと思うと，そこから新しい疑問が生ずる．疑問が生じないようでは，まだ，わかったとはいえないと思う．だから，わかるとは，わからなくなることなのだ．念のために付け加えれば，「わかる」より「わからない」ほうが概念としてはっきりしている．だから，上の命題は意味をなすのである．

A はわかった，B はわかった．では，A×B は？

スリット A を通った光とスリット B を通った光が干渉して消えてしまうことがある．いま，これは納得したとしよう．凸レンズは光を集める．太陽からの光を焦点に集めると，そこにおいた黒い紙が燃え上がる．これも納得したとしよう．

この 2 つを合わせると，疑問が生ずる．2 つの光線は干渉して消えることもある．凸レンズは 2 つよりもっと沢山の光線を集める．レンズの中心を通る光線からレンズの端を通る光線まで，その途中を通る無数の光線もあって，それらの焦点までの長さは，みんなちがう．それらの光線が干渉してきえてしまうということはないのだろうか？[2]

A を習う，そして，また B を習う．それらが別々のものとして「わかった」だけでは，本当に A, B を「わかった」ことにはならない．

習うことが増えると，組み合わせの数はどんどん増える．それらを吟味してゆくことが物理の理解をすすめる．疑問がたまるのは，新しい世界が目の前に現われそうになることで，楽しい．理解がすすめば，世界の調和の一端が目に見えて，なお楽しくなる．物理がおもしろいとは，こういうことだ[3]．

理論をつくったときの心理と筋書き

朝永振一郎先生の『量子力学 I』（第 2 版は，みすず書房（1969））は量子力学が「いかにして作られたか」を示そうとして書かれた．その筋立ての確かさ，深さに

強い印象を受けていたが，先生の次の2つの文章[4]を読んで，なるほどと思った．

　数学を勉強してほんとにわかったという気もちは，おそらくその数学が作られたときの数学者の心理に少しでも近づかないと起こり得ないのであろうか．

　一つ一つの［定理の］証明がわかったということは，ちょうど映画のフィルムの一こま一こまを一つずつ見るようなもので，それでは映画のすじは何もわからない．そんなものではなかろうか．

量子力学に導いた踏み石の1つ1つをおいた物理学者の心理を読み，続いて一連の踏み石が示す筋書きを探り出すという長い勉強を重ねた結果として『量子力学I』は書かれたのだ．

こうした「わかり方」も，定理など事柄の理解がひとまず得られた後で「わからなくなる」次元の1つであるともいえる．でも，こういう次元の存在を知っておくことは大切だ．

参考文献

[1]　毎日新聞：2006年10月21日付け朝刊社会面．

[2]　放物面鏡による集光の場合を『科学のすすめ』，岩波書店編集部編 (1998), pp.35–44 に書いた．本選集 I の pp.173–189 に「世界像を組み上げてゆくために」として所収．

[3]　江沢 洋："おもしろい" って何ですか？，「科学」**64**, 473 (1994)；江沢 洋『理科が危ない』，新曜社 (2001), pp.142–144.

[4]　朝永振一郎：数学がわかるとはどういうことであるか，『朝永振一郎著作集』1，みすず書房 (1981), pp.62–65；朝永振一郎『科学者の自由な楽園』，江沢 洋編，岩波文庫 (2000), pp.95–99.

5. プロペラの理論に始まる

—— 大学生の集まり「都内数学科学生集合」による
インタヴュー

—— まず物理学との出会い，物理学を目指そうと思われたきっかけとは？

戦争，第2次世界大戦が終わったのは僕が中学1年の8月だった．それまでは飛行機が大好きだった．毎日，飛行機を作って．一日1台くらいの割合で作った．

—— 飛行機というのはどんなものを？

模型飛行機です．色々なものがありますね．単に木の棒にハネをつけてゴムでプロペラを回して飛ばすようなものもあったし，もっと細い木をたくさん組み合わせて胴体を作って，そこに絹と称した布を張ってね．そんな手の込んだ飛行機も作ったし．将来は飛行機の設計技師になりたいと思っていた．飛行機の理論も読んだ．プロペラが回るとどうして飛行機は前に進むのか．だけどね戦争が終わって，日本が負けたわけでしょ．占領軍が入ってきて日本は飛行機を作ってはいけない，と．それで，どうしよう，将来何になろう，と考えた．その頃は日本は科学を盛んにしなければいけないと，科学技術しか生き残る道はないということが強く言われるようになった．飛行機の延長でそういう方向に関心があったんだけれども．直接の動機として今思い出すのは湯川先生の『理論物理学講話』[1] って本．知らないでしょ？

—— 書かれていることだけは．

戦争中に「科学朝日」（現在の「サイアス」[2]）という雑誌に連載されていたものが戦後1946年7月に本になったんだ．それで書いてあることは非常に簡単な力学とか熱力学とかなんだけれど，おもしろかった．それからもう1冊，菊池正士って人の『物質の構造』という本がある．素朴実在論と量子力学といった話か

---

1)　今は，湯川秀樹『理論物理学を語る』，日本評論社 (1997) として出ている．
2)　これも今は，もうない．

ら始まって，原子，原子核の構造に進む本なんだ．p.50 あたりでもう量子力学の行きづまりがくる．1941 年に出て 1946 年 11 月に第 8 版が出た．その 2 冊の本を読んで物理をやろうと決めた．

——最初は技術面からですか．

というより，さっきも言ったけど，プロペラが回るとなぜ飛行機は前へ進むのか．その頃読んだ本によるとプロペラが回ると空気を後ろに押すわけですね．推すから前に進むといえば当然なんだけど，プロペラに翼のような傾きがあるからといって木にネジをねじ込むように進むわけではない．プロペラが，空気に後ろ向きの運動量を与える．すると運動量保存則で，飛行機は前へ進む．プロペラが空気に与える運動量を計算すると推力が求まる，というような話が書いてあって，力学には親しみがあった．まあそういうことがあって色々物理の勉強をしたわけです．もうひとつは，当時，科学雑誌が沢山でたんだ．戦争が終わった後，日本で雨後のたけのこっていうくらい．その中に「自然」という雑誌があってね．1984 年に休刊になって，そのままだけれどね．今ほとんどないでしょ，雑誌が．

——各分野に 1 つずつしか．

そうだね．今，自然科学全体を見渡せるような雑誌はない．その「自然」は 1946 年 5 月に創刊された．敗戦から 1 年もたっていない．「図解科学」という雑誌があって，その後継ぎだった．「自然」は非常に印象的な雑誌で，科学全体，いろいろのことが書いてあるんだけど，物理のおもしろい話が沢山載っていた．それから旧制高校の物理の教科書をいろいろ読んだ．これが中学生・高校生にはちょうどよい入門書になった．昔は勉強するのに，ちょうどよい階段が用意されていたわけだ．

高校時代にね，先生にある質問をしたんです．化学の先生だったんだけどね．いや，もうちょっと前から話したほうがいいかな．化学の先生で，講義の最初に原子についてレポートを書いてこい，何を書いてもいいからと言われた．僕はだいぶ本を読んでたから，まとめて書いて出したら，「これから 1 ヶ月時間をあげるから講義をしろ」と．授業を任せてくれたんだよね．そのころは高校生も張り切っていて，話が飛ぶけど，英語の授業でね，先生が which っていう関係代名詞はその前にコンマがあるかないかで訳が変わるっていうんだ．片方は後ろから戻って，もう一方は前から訳すと．我々はそんなバカな話があるかと抗議をした．本を読むとき，いったり戻ったりなんかしない，と．そんな先生はいらない，授業

は我々がするからと（笑）．そういう時代だった．混乱期ってのはいい時代だよ．そんな時代だから講義をやらせてくれたんだろうけどね．その化学の先生とは原子の話とか量子論の入り口とか話ができたし，その先生は色々な本を持っていて貸してくれた．その先生にある質問をしたんです．そしたら先生が自分では答えられない，大学時代の先生のところへ連れていってやるから直接聞きなさい，と．何を質問したかっていうとね，ゼーマン効果ってあるでしょ．原子に磁場をかけると原子のエネルギー準位が変わるという．そんなことはありえないんじゃないか．磁場の中で電子が運動するとね，磁場の及ぼす力は速度に垂直なんだから仕事をしない．磁場があっても仕事をしないんだからエネルギー準位が変わるはずがない，という質問をした．そうしたら．大学の先生のところに連れて行ってもらってね．その質問をしたんだけど，先生がおっしゃるには，高校生がそんなことを言うのはまだ早い（笑）．将来物理学をやりたいんだったらものを論理的に考える訓練をしなさいと．ゼーマン効果の質問が論理的じゃないとは思わないんだけど（笑）．ものを論理的に考える訓練をするには熱力学が一番いい，量子力学なんてまだ早い，熱力学からやりなさいと．ま，そんなことで熱力学を読んでちょうどその頃，坂井卓三って先生の『熱力学の基礎』って本が出てね．それを読んで坂井東大教授に質問の手紙を出したんだね．この本のここはおかしいんじゃないかってね．そしたら返事が来て，確かにその通りですって．ただのミスプリントなんだけどね．そんなことで坂井先生になんとなく親近感をもっていて，先生の『一般力学』が出たときに読んだ．そういうわけで高校の先生も良かったんだ．

　さっき言ったゼーマン効果の問題が解けたのは本郷の学部にきてからです．

　――大学に入学されてからは，どのように過ごされたのでしょうか？　どのように学ばれたとか．

　大学の教養学部でやるような物理は大学に入る前にみんな勉強しちゃってた．だから教養学部の物理の講義には最初の1時間くらいはでたけど，後は出なかった．最初の時間に質問したのは，その前に読んでた力学の本，さっきいった『一般力学』です．戦争が終わってすぐ『現代物理学大系』っていう全体で35巻という大計画が打ちだされた．物理のいろんな分野がずらっと並んだ内容見本がすごく新鮮に思えた．第1回の配本が『一般力学』で1948年の1月．敗戦から2年半もたっていない．朝永振一郎先生の『量子力学I』も，もとはその中にあったんだ．その後，数冊出て計画は挫折したのだけれどね．『一般力学』といえば，そ

の中に宇宙定数っていう言葉があって，何か意味が分からなかった．大学に入っててちょうどいいから，宇宙定数って何ですかって質問したんだけど，先生も知らないなあって．『一般力学』の中に出てきたので，アインシュタインの宇宙定数ではないんです．今から考えると，宇宙定数ってのは universal constant だったんじゃないかな（笑）．それが最初の質問で，その先生にはいろいろと教えていただいた．しかし，講義には出なかったね．その先生に伺って読んだのがスレーター－フランクの *Introduction to Theoretical Physics*．そのほかにも仲間といろいろな本を輪講しました．

　　——**講義には 4 年間まったくですか？**

　　まったくでもないけどほぼ出なかった．でも駒場にいた頃は語学，ドイツ語とフランス語は随分たくさん出ましたよ．第二外国語にはドイツ語を選んだ．だからフランス語は第三外国語だったけど，第二外国語であるクラスに潜り込んで…．英語はほとんど出なかった．割と呑気にできたんだね．2 学期に英語の時間にふらっと出ていったら先生がおまえ初めてきただろう（笑），ちょっとここ訳してみろって言われてそれで済んじゃった．語学は一生懸命勉強しましたよ．それ以外は非常に不真面目だった．まあ，1 つはアルバイトをしなきゃ生きていけなかったから．

　　——**大学時代は学部レベルより上のことを自習されてたんですか？**

　　まあそうかな．駒場から本郷の学部に移ってからは，朝，教室に寄って今日何やってるかなって見て，学校の食堂に行って下宿に帰ってしまった．色々なものが自己流です．もっと講義に出ればよかった．

　　—— **その頃に勉強された本とかは？**

　　色々あるけどね．すぐに思い出すのは伏見康治先生の『量子統計力学』．これは今読んでもおもしろい本だよ．それから量子力学とか電磁気とか普通のもの．

　　——**数学も高校までに大学の範囲をやられてたんですか？**

　　大学の範囲ってわけにはいかないかもしれないけど，僕が高校のときに最初に読んだ微積分の本は陸軍士官学校の先生が書いた分厚いものだったけど，随分色々書いてあった．そう，今と違うのは少しませた中学生が読むような本が結構たくさんあったこと．旧制高校の教科書がちょうどよかった．『高等代数学』っていうのがあって昔の一高の島田拓爾先生が書いたんだけどね．代数学って名前がついてるけど別に代数だけじゃなくて微積なども入っていた．いい本だった．

——では，かなりの部分は高校時代に勉強されてたんですね．

まあ，そうです．微積と一般力学が同時進行という乱暴な——のんびりとした！——勉強でした．駒場にいた頃，だから1年か2年のとき，当時数学の先生にきてもらってクーラン–ヒルベルトの『数理物理学の方法』を輪講しました．

——原書をですか？

そうです．あの頃だから翻訳はなかった．原書っていうけどあの頃は海賊版ってのがたくさんあって日本で印刷して作っちゃったもの．今考えるとえらい先生が来てくれたものだと思う．そういう輪講を駒場では随分やりました．

——サークルでですか？

ええ，サークルもそうでないのもあったけど．サークルは物理研究会ってのをつくってそこが輪講の中心でしたね．さっき言ったスレーター–フランクの書いた『理論物理学入門』も海賊版でやった．岩波から訳が出ましたね．しかし，本は昔の方が豊かだった気がする．

——（最近の本は）出てすぐに廃版になりますね．

そうだね．それは（皆が）買わないから．

——難しい本だと売れないから薄い本ばかりですね．

困ったものだ．君たちが買えば本が出るんだよ（笑）．さっきも本屋さんが来て最近の人は本を買ってくれなくて困るって言ってた．

——これからの数学と物理学の関係について，歴史的に数学と物理学は随分密接な関係にあったと思いますが，これからどういう形で関わっていくのが理想的と思われますか？

確かに数学と物理は本来関係が深いはずなんだけれども，日本では数学と物理の間にギャップがある．

——数学者と物理学者の間に，という意味ですか？

そう．別に喧嘩するわけじゃないんだけれども，数学者は物理の人がやってるのを見てあれは数学じゃないと．俺達は数学をやるんだと．逆に物理のほうはそんなことやっても何も自然には関係ないじゃないかと．そういう考えがまだある．一時に比べるとだいぶ良くなったけれども，まだアメリカやヨーロッパに比べると数学と物理の間が離れていると思いますね．この中に数学科の人いる？　数学科に物理の講義はないでしょ．

——力学だけあります.

そうですか. 量子力学や電磁気はない？

——はい.

日本の数学科にはあんまり物理の講義はないんだ. だけど力学だって数学らしいやり方はあるわけだし, 量子力学なんてまさにちょうど良い教材のはずなんだけど. 量子力学ができたとき, 同時にヒルベルト空間論ができた. 原型みたいなものはあったのだけれど, 量子力学ができてその入れ物としてフォン・ノイマンがヒルベルト空間論を作ったんだ. 加藤敏夫先生以来, 量子力学の数学はたいへん進んだ. しかし, それが物理の側の財産にもなっているかといえば, まだ否というほかない. ディラックのデルタ関数もどうにかして数学に取り込もう, なんとか理解しようとして超関数の理論ができた. じゃあ超関数が物理学者の常識になってるかというと, 必ずしもそうじゃない. だから, 今までできている数学だけを見ても物理と数学の関係は十分ではないと僕は思う. すべての物理学者が数学をやる必要は勿論ないけどもっとたくさんの人が興味をもってもいいんじゃないか.

——物理の数学的なやり方についてですか？

やり方は人さまざまになるだろうけど, 物理と数学の間にギャップがあるのはよくない. 連続スペクトルでつながっていたほうがいいと思うんだ.

——その架け橋となるのが数理物理ですね.

数理物理は英語でいうと数学的物理で, 物理の問題を数学的にきっちり考える. それも大事だけれど, 僕は数学でも物理でもないという人がいたほうがよいと思う. 架け橋がなくちゃいけない. これから日本の学問が自立していくためには連続スペクトルにすることが非常に大事だと思いますね. もう1つ, 物理学が今の物理学で終わりだとはだれも思わないわけで, 量子力学ですべてができるわけじゃなくて場の理論で済むわけじゃなくて, 多分いつか物理が変わらなきゃいけない日がくる. 変わるときにどうなるかっていうと, やっぱりそこに新しい数学が必要になってくるんじゃないかと思うんです. ま, 今の弦理論だって新しい数学, 数学との新しい結びつきができてますけど, このまま進んでいくのか, もう1度革新的なことが起きるのか.

——それは数学的にですか？

ええ, 数学的に. たとえば, 超関数てのは新しい数学だったわけですね. ニュー

トン，コーシーの枠には入らないものをつかみ出したわけでしょ．それで戦後，一生懸命作って，場の理論がどこまで行けるかをやったわけだけど，行き詰まったみたいです．何がこれから起こるか分からないけど，なるべく広い心を持って数学をやることが特に重要になるのではないかと．

　——コンピュータ物理の方面については？

　確かにコンピュータを使えば明らかになることはたくさんあるわけですが，コンピュータがやることは有限なわけです．物理学や化学では無限を相手にしなきゃいけない場合がありますね．無限を有限からの外挿で考えるにも，コンピュータ＋数学でないとできないと思う．岩波講座応用数学に『漸近解析』を書いた裏にはそういう気持ちもあったんです．もちろん，使える道具はなんでも使わなきゃいけないわけで，何が何でも自然を探求する．計算機を排除する理由は全くないんだけれども，それで終わるかっていうことです．

　——カオスの物理については？

　あまり勉強していないけれども，夢みたいなことを考えることがあるんです．量子力学というものができた頃ね，古典力学ではどうしても駄目だというんで考え方の革命が起こったと言いますね．だけど古典力学で駄目だって言った時，物理学者なり数学者なりが持っていた世界は，カオスだのフラクタルだのっていうものが見えてきた時代に比べて狭かった．非線形を知らなくて線形の力学だけを見て古典力学では原子の世界に入れないと思った．それで量子力学を考え出したわけでしょ．今では古典力学自身も随分世界を広げているわけで，その高みからあの当時の大問題，古典力学では解けないと思った問題を見直してみる．さてどういうふうに見えるのかなと思う．というのは量子論っていうのはどうもわからない．そうじゃないですか．計算したら答えは出てきて実験に合うのだけど，本当にこれでいいのかと思う．

　——そうですね．やっぱり直感が通じない分，身近ではない感じがしますね．古典力学であれば幾つか現象をあたって納得できることでも量子力学で説明される現象を数多く並べられても気持ち悪いですね．

　今の量子力学では，例えばその原子の問題にしてもね，まず輻射との相互作用がないとしましょう．そうすると，こういうエネルギー準位ができます．次々に輻射との相互作用を入れると遷移が起こりますって言うでしょ．遷移は摂動論で計算するわけだ．今の量子力学のかなりの部分が摂動論という枠組に依存している

と思う．本当は原子はいつも光と相互作用してるんです．だからエネルギー準位なんて本当は決まってない．その本当の原子の姿は何だろうかっていうことが分かっていて，それから摂動を使うならいいけど．今そうなっているだろうか．輻射との相互作用がない場合をまずやって，次に輻射との相互作用があるとこうなりますっていう，そういうものの考え方を講義なり本なりで強制しちゃってないか．学生は皆たぶらかされて，そういうものかと思っているんじゃないかな．量子力学の問題の立て方が歴史に影響されてるっていうか，縛られてる．大げさな言い方をすると量子力学の世界像を摂動論を使って組み立てているようなところがある．そこから一歩踏み出してみることがこれから必要となるんじゃないか．今まで光が弱かったからいいけど強いレーザー光が使えるようになって．摂動論じゃすまないという時代が来る．もう来ているかもしれない．そのときには量子力学の問題の立て方自身が変わってきます．講義というのは皆たぶらかしているんであってちょっと考えてみると色々な疑問が起こってくると思うんです．例えばさっきのゼーマン効果なんて君達がどう理解するのか．なぜ磁場でエネルギー準位が変わるのか．シュタルク効果だってそうです．教科書に書いてあるように無限の遠方まで一様に続く電場をかけたら原子に束縛状態なんてなくなってしまう．摂動論ではエネルギー準位が少しずれますなんていうけど大嘘です．それでは摂動計算の答えが実験に合うのはなぜだろう？　この問題だけは岩波講座の『量子力学I』にちょっと書きました．数学の理論もあるけれど，まだ足りないと思う．

　　—— 先生が雑誌に最近の学生の計算力の低下について書いていらっしゃいましたが？

「数学のたのしみ」ですね．

　　—— はい．学生や若い研究者に対してご意見を聞かせてください．

　今の計算力のことでも，今の若い人達が悪いというよりも日本全体の教育に対する考えが少しおかしいんじゃないかと思う．知識偏重とか言うけど知識がなくてものが考えられるかって僕なんか思うけどね．例えば歴史をとると何々の事件が何年に起こったかを覚えなくとも本を見れば書いてあると言いますね．だけど一々本を見てたらもの考えられないよね．量子力学は1925年頃にはじまった，1930年に何かが起こったって頭に入っていれば，どういう関係だろうって考えられる．正確じゃないにしてもだいたいの構造が頭のなかに入っていなければ物事を繋げて考えることができない．だから本に書いてあるから覚えなくてもいいってのは

嘘だと思う．物理定数も同じ事が言えるよね．プランク定数ってのは大体幾つくらいだってやっぱり頭に入ってなくちゃ駄目なんでプランク定数が大事だって分かってから調べればいいと言うけれど，それが大事かどうか気づくためにはやっぱり大きさがある程度分かってなきゃ駄目だ．他の定数とあわせて頭の中に構図ができていることが望ましい．知識が要らないだなんていう考えは間違ってる．これは教育論の間違いの代表的な例だと思う．それでそういう間違った考えをなぜか世の中の人たちが合唱している．それに若い人たちが影響をされて計算練習なんてしなくてもいいんだなんて言うでしょ．計算機がやってくれるって．とてもそんな話じゃないよね．微分積分の試験にある関数のグラフを描けって問題を出した．その中で $\sqrt{6}$ が必要になるんだけれど，小数に直してグラフを書いた人がいなかった．$\sqrt{6}$ が幾つかわからないと，本当はグラフに描けないよ．求めたければ計算機があるからってのはあまり数を扱わない人の考えです．そういうわけで，おかしな教育の環境の中で育てられてしまったんだということを自覚してそれを補うように勉強してもらわないといけない．それから最近特に親切に教えるってことを言いますが，親切に教えるってのはたぶらかしてる訳です．講義を親切にしようと思えば筋道を立てて話すわけですね．それは物事を 1 次元的に話すということになる．2 次元的な広がりを分からせるのは大変なことで，1 次元的に話すと聞いてる方は良く分かった気になる．だけど，それは本当は分かったことじゃなくて，物事は何次元にも広がっているわけですよね．だからそういうことを良く考えてほしい．特に今，親切，親切っていう時代だから，自分で想像力を働かせてこれは違うんじゃないかというふうに物事を見る．それと学生時代にきちんとした本を読む．将来問題がおきたときにその本が頼りになるという，そういう本を作っていくことが大事だと思うんです．うすっぺらな本じゃなくてね．力学だったら力学はこの本を買って一生懸命読んだことがあると，問題がおこったときに多分この辺に関係あるんじゃないかと見当がつくように．そうしてそこを読み直す．その本を読み込んでゆく自分のノートもためてゆく．そういう財産を作っていくのが学生時代の大事な仕事だと思う．最近の学生は図書館から本借りてきて試験が終わったらおしまい（笑）．

　　——物理学の公理論的なアプローチという方法がありますが，それについてどのようなご意見をお持ちですか？

　　決めつける人がいるよね．物理は公理論的にやるもんじゃないって．でも，そ

ういうもんじゃないと思う．物理でいう公理論の意味を取り違えているところが あるんじゃないか．物理でいう公理は作業仮説です．とにかく正しいと思われる ことを一応信じて，その上にたって明確に考えを進めましょうと．それは物事を はっきりさせるための手段なんです．将来何か問題にぶつかって動けなくなって しまうかもしれないけど，そのことが問題を明らかにすることになるんです．

　　——これを公理としたことによってそれが扱える範囲を規定できて，それで始 めてそれに合わないことがそうであるか知覚できるってことですね．

　そうそう．それでしなければならないかどうか分からないけれどもそういう方 法も，1つあるということです．

　　——熱力学ってのは割とそういうのが現われてきますね．

　そうですね．だけど熱力学だってゆらぎまで考えるとね，原子論まで立ち入ら ざるを得なくなるでしょ．物理学にはこういう所があると思う．ある理論を，あ たかも最終理論であるかのようにいうかもしれないけど，心のなかでは違うかも しれないと思っている部分がある．物理学者は矛盾したことを平気で，——本当 は平気じゃないんだろうけど，——やるよね．何か仮説を立てるでしょ，それは 仮説なんであって本当に正しいと信じているわけじゃないかもしれないけど，し かしこの仮説は怪しいかもしれないと思ってたんじゃ仕事にならない．立てた以 上は本当だと思って進む．そう言いながら一方どこかでその仮説に合わない現象 はないかなって探すわけだ．

　　——それは新発見ですからね．

　そう．何重人格かなんじゃないか．研究者っていうのは．

　　——ファインマンの本とかを読むと公理論に反発しているように見えますね． 理論物理学者たる者1つの現象をさまざまな方法を使って説明できねばならぬみ たいな．公理論ってのは土台を作ってからやっていくイメージが．

　もちろんそうだけど，公理論だって，ファインマンの言うように1つの公理 系に固執するわけじゃない．ある公理系から出発するといくつかの定理が成立す る．その定理を幾つか集めるともとの公理系と同等になるんだったら，こちらの公 理系にして出発してもいい．対立する公理系を頭に入れておくことも大切でしょ う．ファインマンの言ってることと違わないように思う．彼は何せ口が上手いか ら（笑）．こういうことがあるんです．場の量子論で基礎にとれる確からしいこと は，かなり限定的に名指しできる．そして，それだけからいろいろな結論が引き

出せる．だから場の量子論への公理論的アプローチが成立し得たのです．僕はアメリカで1ヶ月ほどファインマンと一緒にいたことがある．そのとき僕がいたグループは公理論のグループで，他にファインマンと何人かの物理学者がいた．コロラドの山の中だったから週末には皆で一緒にピクニックに行ったんだけど，昼飯のときにファインマンが公理論の親分のところにやってきたんだよね．僕はどうなることかと思ったんだけど，全然違って真面目な顔をして「公理論っていったいどんなものですか」って言うんだ．こちらの親分も大真面目で説明してね，大変印象的でした．公理論的なんて駄目だよっていうばかにしたような質問じゃなくて，お互いに相手を尊敬してるって事がわかるようなやり取りだった．

　——ファインマンの文章だけを読むと勘違いする人が出そうですね．

　そうかもしれないね．でもいいかげんでいいんだったらファインマンはノーベル賞もらわなかったでしょう(笑)．量子電磁力学の問題を考えつめたからノーベル賞もらったわけでしょ．さっきから言うように研究者ってのは何重人格でもあって，きちんと考える人格の反対側にまあ今日は大まかに考えてみようという人格がいる．あんまりやかましい事言ってると全体が見えないからね．大まかな時もあるし細かいことにこだわってごちごちやる時もある．そういう事だと思う．別にどっちかでなきゃいけないって事はないし，最終的にはきちんとしなきゃいけないんだけど道の途中ではね，とにかくできる事は何でもやってみるということだと思う．

6. 物理からみた数学

〈出席者〉　山内恭彦・小平邦彦
　　　　　　高橋秀俊・江沢 洋

数学的な現象

　山内　数学には，いろいろな分野がありますけれども，その中で，われわれが日本語を覚えたように，自覚しないうちにいつの間にかもっているような数学的概念——空間概念がそうですし，数もそれにある程度近いと思います——．そういうものだけで組み立てられる数学があるんじゃないか．たとえば整数論みたいにね．

　小平　そういう概念だけでですか．

　山内　それはちょっと疑問なんです．ユークリッド幾何学というのは，もともと経験からできあがったということですが，生れつき知っているような概念から組み立てられる数学，それからもうひとつ．いろいろな新しい学問の発達から材料を仕入れて，いわば外国語を習うように新しいものを入れて組み立てていくような数学とがあるらしい．数学者の中にも，その2つの傾向がかなりはっきりしていると思う．たしかデュードネだったか，数学というものは，応用と全然無関係に発達するんだ，ギリシャ以来の整数論の問題とか，素数の問題とかが全部解けているわけではない．おもしろい問題がたくさん残っている．こんなものは一体応用と何の関係があるかと気焔を上げていました．そういう数学があることは僕も否定しないんだけれども，しかし，それは，僕にいわせると，先祖の遺産を食いつぶしている数学だと思うんですね．そういうのではなくて，新しいものをどんどん取り入れて発達していく数学もあると思う．では，どこからいろいろなものが入り込むかというと，いままでのところ，物理から問題の端緒をつかまえて

いるのが多いんじゃないかと思うんです．そういう種類の数学は，われわれには興味があるんですが，数学者の手にわたると，むやみに一般化されてしまう．こういうように，いたずらに一般化された理論というのは，一体意味があるのか？たとえば，関数解析でやっている無駄な一般化の例として，1つ方程式を書きます：[1]

$$L(y) = \wp(x)\frac{d^2y}{dx^2} + \zeta(x)\frac{dy}{dx} + J_n(x)y = \Gamma(x).$$

これでも，係数が解析関数だから，まだ特殊過ぎるでしょう．数学の本をみますとこれらの係数は何回まで微分できる関数であるというような条件が書いてあるだけです．

そういう一般の方程式が何か自然と関係した意味があるか．物理のほうで出てくるオペレーター L は，たとえば何か群に関係したもの．Δ（ラプラシアン），H（ハミルトニアン）のようなものでこんな妙な異様な形になる方程式は取り扱わないわけです．ところが，数学の理論をみますと，このごろのはひどいですね．こういう形でしょう．

$$L(y) = \sum_{|\mu|=1}^{n} a^\mu \frac{\partial^{|\mu|}y}{\partial x_1^{\mu_1}\partial x_2^{\mu_2}\cdots\cdots\partial x_P^{\mu_P}} = F(x),$$

$$|\mu| = \mu_1 + \mu_2 + \cdots\cdots + \mu_P$$

ですか，一体こういうむずかしい式を書くのが数学としてどういう意味があるんですか．

小平 僕は，あまり一般的なものは使わないほうなんですけれどもね．数学者からみると，ちょうど普通の自然があると同じように数学的な現象があるように思える．

山内 そういうものはこういうものを含んでいるんですね．

小平 超限順序数というものがありますね，ああいうものでもちゃんと実在すると数学者は考えるんですよ．

山内 高橋さんは，ω の何乗というのはわかるでしょう．

高橋 わからない．

小平 ゲーデルという有名な人がおりますね．彼はちょうどエレクトロンなん

---

1) $\wp(x)$：ワイエルシュトラスの楕円関数，$\zeta(x)$：リーマンのゼータ関数，$J_n(x)$：ベッセル関数，$\Gamma(x)$：オイラーのガンマ関数

かが存在すると同じように超限順序数のようなものも存在するというんですよ．そういう存在をさわってみるわけじゃないけれども……．

山内　エレクトロンだって，さわってみるわけにはいかない．しかし，ある意味でイメージが浮かぶんでしょうね．

小平　一種の感覚ですね．数学者はそういう感覚をそなえている．

山内　そうすると，ちょっと物理学者の及ぶところじゃない．

高橋　もうすでに言葉が違う．違う国に住んでいるわけですね．これは微分可能とか何とか必ずいわなければ気がすまない．知ってしまうと大したことはないんでしょうけれども，そういう教育を受けていない人間にとっては非常に抵抗になるわけですよ．もちろん，数学者がそういう言い方をすること，これには別に文句をつける理由はない．ただ，われわれまで同じようにしなければならないとなると，これまたたいへんだし……．

山内　内政不干渉ですね．だが，それではすまない．

高橋　ですから，翻訳ができればいいんです．そうして，翻訳をする人が，あるいは数学者が，われわれにわかるように書いてくれればいいんだけれどもね．

山内　数学者のつかまえている実体 —— という言葉はまずいけれども —— 何か X というものがある．それから物理学者が使っている X' というものがある．その共通部分 $X \cap X'$ はゼロではないと思う．

高橋　それは，ゼロということはない．

小平　非常に似ているんじゃないでしょうか．

山内　似ているんだと思う．だがそれを表現する段になると，同じものを絵にかくときに，片一方は墨絵でかき，片方は色彩の豊富な絵をかく．

高橋　数学者は一般的な表現をするけれども，実際に頭に浮かべているものは，われわれの考えているものと，そんなに違うとは思えない．

小平　そうですね．非常に具体的なイメージがあるわけですけれども，それを書くとああいうことになっちゃうんですね（笑）．

江沢　絵をかくというアナロジーでいいますと，数学者は絵の具の色を初めきめておいて，それでかくようなところがないでしょうか．物理学者というのは，ここに電子なら電子があって，それに合う色をさがしてくるようなところがある．そのためにいろいろな色を勝手につくるんだけれども．

たとえば，われわれが波動関数というのを書くときには，別に何回微分できようが心配しない．初め書いて，それで答がもっともらしく出ればだけれども，実

際，突飛な関係も使うわけですね．数学者は，そういうのが絵の具箱に入っていないときには最後まで入れない．

　山内　つまり，かなり神経質に材料を吟味する．

　小平　そんなに神経質じゃないんですけれどもね．

　山内　だから神経質じゃないうちはいい数学で，だんだんゴテゴテ言うようになると，数学のエキスの部分がカチカチに固まっちゃって，動きがとれなくなるんじゃないか．

　高橋　その点，われわれは，やはり数学というのには，あくまでよそものなんで，われわれと話をするときに数学者はよそいきの話をするわけですね．数学者同士は，もっとインフォーマルにできるんでしょうね．

　山内　物理学者同士でもそうですからね．

　小平　そこが妙なところなんですね．わかれば簡単なことなんですけれど，わかるまでが大変なんですよ．どうしても，ああいう形式的な非常に抽象的なことを自分でやってみないとわかったような気にならないというのが不思議なところです．わかってしまえば実に簡単なもので，そこをちょっと教えてくれればというようなものなんですけれどもね．

　山内　暗中模索している経過での思考の形式が非常に違うわけですね．

　高橋　要するに，数学者には証明ということが非常に根本でしょう．それに対して，われわれのほうでは，証明というのはあるにこしたことはないけれども，まず，とにかくやってみる．証明できなくても，支障が起こるまでは，それでやってしまうということがある．

　江沢　数学にとっては証明だけが確実な拠りどころなんでしょう．われわれのほうには，実験というものがあるから……．

　小平　数学にはそういうものがないからね．

　江沢　たとえば，原子のシュタルク効果というのは電場を一様にかけちゃったら，とびとびのエネルギー準位なんかなくなってしまうのに，あるように思って，適当に摂動論の1次か2次の計算をやる．実験すると，それで合うもんだから，これでよしというわけで量子力学が発展しちゃったけれども．

　高橋　数学者でもそういうことがあるんでしょう．

　小平　あります．岡さんなんかそうらしいですよ．まず答えがわかっちゃうんだそうです．

　山内　そうでないとね．論理的に一歩一歩進むのでは先が見通せるものではな

いと思います.

　小平　今世紀の初めか，前世紀の終りごろですか，イタリーで代数幾何学というのを盛んにやったけれども，証明はたいていインチキなんです．だけれども，答えはほとんど全部合っている．そういうことがある．必ずしも証明一点張りというわけでもないんです.

　高橋　数学者でもずいぶん大胆なこともありますね．たとえば，収斂しないような級数でも適当に和を定義して，ちゃんと意味を与える.

　江沢　意味を定めてかかるところが物理とちがう．さっきのシュタルク効果の場合もそうです.

　高橋　物理学者は，意味を与えなくても，計算しちゃって数値が出てくる．いいかげんな数値かもしれないけれども，それが実際に役に立てばいいんだというところがある．数学者は何かちゃんとしないと，という気持がある.

　江沢　物理の人だって心の底からそれでよいと思っているわけでもない．たとえばくりこみ理論というのがあるけれども，あれで終りとは思わない．しかし，その辺の状態で一応の安定をする点があるでしょう.

豊富だった時代

　山内　オイラーというのは数学者でしょう.

　高橋　そのころの数学者と今の数学者は違う.

　山内　17～18世紀ごろの数学者は物理学者に近かった.

　高橋　そうでしょう.

　山内　だけれども，非常に豊富な時代ですね.

　高橋　豊富だから，そんなに細かいところまで精密分析をやる必要がなかったわけでしょう．そこいらじゅうに原理がたくさんあるからね.

　江沢　そうはいっても，ニュートンのフラクションに反対した人もずいぶんあった．あれは $\frac{0}{0}$ だ．0のお化けの算術だといって…….

　山内　オイラーの定理というのがずいぶんたくさんありますね．ああいうふうにたくさんのものがばらばらと出てきたが，証明は必ずしも完全でないというわけですね.

　高橋　証明の精神がちがう．あのころの証明というのはわれわれの証明と同じ

なんですよ．あの程度の証明は，われわれでも要求するわけです．

　江沢　こういうことじゃないですか．そのころは，たとえば関数といったときに考えるイメージの範囲が非常に狭かった．へんてこな関数があるということに気がついたのは，後になってからであった．

　高橋　要するに，そんな貧鉱を集めてどうこうする必要がなかった．そこいらじゅうに上等なのがあったからね．

　江沢　具体的なものを自分でもっていたから，関数とは何だろうなんていわなくてもすんだ．

　山内　これは結局，ギリシャ時代からの幾何学的なものがアナリシスという形であそこでぱっと開けた．それに伴って，いろいろ豊富な結果が出たということでしょうね．

　江沢　だけれども，豊富な結果が出てくるとパラドックスも出てくるわけで，それで，そのあと心配する人と，まあ進もうというのと分かれた（笑）．

　高橋　パラドックスを解いてくれたことに，われわれ，ある程度は感謝しているんだけれども……．しかし，たとえば，複素関数を導入したのは，われわれにもわかりますね．あれで非常にすっきりしてきた．

　小平　あれは大発見だ．コーシーの定理ですね．あれくらい立派なものはめったにないんじゃないか．

　高橋　あれは，われわれ一番たくさん利用している．

　小平　このごろ，ああいう種類のすばらしい定理がみつからなくなってきた．

　江沢　あのコーシーの定理というのは，物理に根っこがある．クレイローの『地球形状論』とかで，流体の形の平衡条件を論ずるのに，無限に細い環状の部分をとりだして，その平衡を仮想仕事の原理で考えた．そこから，線積分というものがまずでてきたんだそうですね．平衡条件が，1つの線積分が積分路によらない，という形に表わされた．そのあと，ダランベールが流体による抵抗を論じたとき非圧縮の条件としてコーシー－リーマンの方程式を得た．一方で定積分の計算法を追うという流れがずっとあって，オイラーにきて，いわゆるコーシーの定理のやりかたに結実した．

　山内　最初のときは物理の計算手法だったかもしらんが，できてみると実にすばらしい．

　小平　すばらしいですね．

　山内　たとえば，フーリエというのは数学者だか物理学者だか知らんけれども，

熱伝導の理論をやって，フーリエ級数をつくった．それを物理のほうで平気で使っていたけれども，数学者がやかましいことを言い出して，不連続関数の積分とか，有界変分の関数とか，ルベーグ測度とか，実関数論に大きな刺激を与えた．

　高橋　ところが，われわれ物理学者にとっては，フーリエ以後のことでは何も恩恵をこうむっていない．

　山内　フーリエ成分に分解できるということは，あれは非常に大したことですよ．

　小平　数学が物理に役に立つという現象ね．いま，使っているのは相対論とか，量子論とか．

　山内　ああいうのは，やはり，さっき言った X と X' の間の共通部分が非常に大きくて，数学のほうから先に或る程度予見をしていたという感じですね．

　小平　リーマンがすでに相対論みたいなものを予言している．

物理の無限　数学の無限

　高橋　ですから，数学のそういう部分は非常に役に立つ．ところでわれわれが数学者と違うのは，無限大，あるいは無限小というものに対する考え方じゃないかと思うんですよ．われわれの無限大，無限小という概念は，ほんとうの無限大，無限小じゃなくて，10^{10} なら無限大だ．10^{-10} なら無限小だ．10^{-50} ならもっと無限小かもしらんけどもね．

　山内　数学者というのは，無限を頭から全体でつかまえる．

　小平　そこにいろいろな意見がある，と．

　山内　あれは全く僕にはわからない．物理学者の無限というのは，だんだん幾らでも大きくなったものをただ極限的に取り扱う．ところが，数学者の無限は初めからある．実数の集合というものが最初からある．

　小平　数学者の間にも，それはおかしいという考え方があるんですよ．ブラウワーの直観主義がそうです．ヒルベルト空間というような大きなものは存在しないかもしれないという説ですね．ヒルベルト空間の個々の要素を考えるのは差支えないが，ヒルベルト空間全体を使うのはあぶないという――．

　山内　数学というのは非常にスタティックである．このごろ，関数というのは，集合と集合の間の対応だというでしょう．こっちが変わるからこっちも変わるという概念は全然ない．全部そなえつけのものがあって，その間の時間的感覚，発展を無視する．

江沢　無限でも，有限の手続でとらえようとするからスタティックになる.

高橋　われわれが無限ということをいうのは，要するにこういう場合でしょう. ほんとうの無限というのはありはしないけれども，大きい数は無限だと考えたほうが簡単だというので…….

山内　操作が簡単になるからね. 要するに便宜的なんですね. ところが数学というのは，どうもそうではない.

小平　普通はそうではないけれども. 直観主義者というのはそういうふうに考える.

高橋　そうすると，だいぶわれわれに近い.

山内　直観主義者というのは僕はしらないけれども，排中律が必ずしも成り立つとしないということですね.

小平　そうです. だからある実数をもってきて，普通だったら正か負かゼロかと考えますけれども. そのいずれでもない場合もありうると考える.

普通の数学者は，あまりそれに賛成しませんね.

山内　そうしたら数学ができない. 物理になると思う.

小平　非常に不便でしょうがない.

理想化としての連続

山内　だけれども，実数の全体と直線上の点と 1 対 1 に対応するということは誰も証明した人はないんでしょう.

高橋　直線上の点とはどう定義するんですか.

山内　直観的でいい. 物さしをもってきて当てる. 点というものは物さしの目盛に相当すると考える. しかし，点が目盛にぴたりと合う確率はゼロです. 目盛の間に点を表わす数が必ずあるということは自明ではない.

そのことは，定数の連続性とは，また，違った話でしょう. このごろの数学では，直線というのは点集合で，それを実数の集合といってしまうんですね. それは，しかし，われわれの直観とすぐにはつながらない. だから，ゼノンのパラドックスというのが昔からあって，明快に論破したのはみたことがない.

それが近ごろの数学というのは，なんでも集合に考えるのが好きだけれども，われわれの直観というのは図形についてのほうが非常によくきくんですね.

高橋　そうですね.

山内　数にはきかないですよ．コンピュータに入るのは数だけれどもね．

高橋　あれは有限な数だけです．

江沢　逆に，そういう図形を信用しないという立場も数学にはあるんじゃないか．幾何学的直感にたよると，うっかりすると間違える．

山内　それだったら，なぜ，ユークリッド幾何学は数学の典型だという言い方をするんだろうね．

江沢　やはり，ロジックだけを頼りにして，絵をかかなくても組み立てられるからじゃないですか．

さっきのパラドックスが出てきたところで，少しびっくりしすぎた人としない人と分かれたような気がしますね（笑）．非常に例外というものに神経質で，これで本当に全部の場合を抑えているだろうか，ということをいつも考える人と，そうでない人と．

小平　矛盾をそれ程心配する必要がないと考える数学者がありますね．

山内　それがいいね．僕は賛成だね．

高橋　物理だって実験を間違えて変な答を出す．数学者だってたまには間違えていい．

山内　間違いはどうもね．

小平　いや間違いというよりも矛盾ですね．物理で実験がいい加減で現象を正確に捉えていなければ変な結果が出る．同様に，数学でも公理系が不十分で，実在を十分に把握していないと矛盾が出る．そうしたら，公理系をもっと正確なものにかえればよい．

高橋　とにかく心配しないほうが生産的だと思いますね．

山内　初めから全部，どこもすきもないようにしてスタートしようと思ったら，あまり先にはいけないね．

小平　どこもすきのないほんとうに形式的な基礎論というのがありますね．あれでやると，何か不思議なものが出てきます．たとえば集合論の可付番モデルというものがある．外からみれば可付番個のものから組み立てられた集合論なんです．ところが，その集合論の中からみれば，非可付番な集合が入っている．

山内　それのほうが物理に近いね．物理は可付番以上のことはできない．実験だって一生とおしてやったって可付番個だ．

高橋　そうなんですけれども，実際には可付番を連続に直す．

山内　だけれども，量子力学はどうですか．ほんとうに連続的に動くとみてい

るんですか.

　　江沢　　エレクトロンは，波動関数でみれば連続的に動くでしょう.

　　山内　　動きますか.

　　江沢　　そうなんでしょう.

　　高橋　　時間の t が連続である限り，やはり連続でしょうね.

　　江沢　　ただ，観測というのはどうも…….

　　山内　　たとえば，温度をずっと自記温度計に書かせますね．あれは，いかにも連続みたいにみえる．しかし，シリンダーの回転と時間が1対1に対応するかということが問題ですね．少し話がむずかしくなりすぎた．でも，小平さんは物理をやられたんだから，そこらへんは一番わかるんでしょう.

　　小平　　いや，物理をやりそこなったほうですからね．しかし，物理と数学はなかなかうまくつながらないですね.

　　山内　　しかし，さっきいわれたワイルとか，リーマンとか.

　　小平　　ワイルなんていうのは超人なんでしょうね.

　　江沢　　数学者に評判が悪いということはないですか．彼の推論は直観的で，と.

　　小平　　そんなことはない.

　　山内　　アイデアは，非常に豊富だね.

　　江沢　　彼の書いたものはわからないという人がいる.

　　山内　　1つ1つこまかいところでは大胆な飛躍がありますけれども，可付番なものから連続なものに飛躍するようなことを平気でやっている部分が量子力学の本にある．だけれども，それで本質をつかんだらいいんじゃないんでしょうか．高橋さんの分布定数回路なんかもそうですね．可付番なものからすっと飛んじゃってね.

　　高橋　　あのへんはいいかげんですよ.

　　山内　　僕は，いいかげんじゃないと思うんだ．僕はよく学生に言うんです．テレビを見ろ，あれは525本かの線が並んでいるんだ．だから，傍に行ってみろ，ただ明るい線があるだけだ．ところが，こっちにくると，美人がいるみたいで，いい気持になってみている．それでいいじゃないかと.

　　高橋　　そうだと思う．とにかくディスクリートなものから連続分布に移る極限ですね．どういうふうにそっちに移るかというところがわかりさえすればいい．ほんとうの連続であるかないかというのはどうでもいい.

　　山内　　連続というのは，理想でしょう．定義ですよ．現実は有理数をばらばら

に並べて，その極限でストップしている．無理数，超越数というのは，ありもしないもので，ただ間隙を埋めるためのものですよ．

小平　それが，ちゃんとあるように感ずるようになるんですけれどもね．

高橋　ある，ないという議論はともかくとして，重要なのは，移りかわりをみること．つまり，連続のときはこうだ，ディスクリートのときはこうだというんじゃなくて，その間の移りかわりの途中のところをちゃんと説明すべきなのに，多くの本はそういうことをしていないんですよ．

江沢　それが，やはり，世界の広さに関係がないでしょうかね．連続的な移行だったらいいけれども，そうじゃない変なのがあるかもしらんと考えるか，考えないか．

山内　もう1つ，僕にいわせれば，物理学では，点といっても，点を測れることはない．いつも，ある幅をもっているわけですね．その間の平均値を測っている．だから，微分方程式があらゆる点で厳密に満足されるなんて必要はないんだね．

江沢　その点をとるときに，実験家によっては，この点をとるかもしれないし，ちょっとずれた別の点をとるかもしれない．それでいて，誰に対してもユニバーサルに成り立つ法則がある，これが大事なところでしょう．だから，やはり，連続になっていないと困る．

山内　たとえば，微分方程式の weak solution をいつもとっておいて困ることがありますかね．

高橋　われわれは困らないということを経験的に知っているから．

江沢　それは微分方程式自身が1つの抽象だから……．

山内　微分方程式というのは非常に厳しい条件なんですよ．ある領域内のありとあらゆる点で，全部，厳密に成り立っている．ずいぶん，ひどい，強い条件でしょう．そういうことを実際に物理で要求する必要があるか．

江沢　それは確かにそうですね．物理を数学に書くときに1つ飛躍をしているんだから飛躍したあとのものを厳密に解いてもしようがない，先に進めという立場もあると思う．だけどいったん定式化したものはきちんとやらねばということもある．本当は両方やるといいんです．そうじゃないですか．方程式を書くとき，すごい飛躍をして……．

高橋　それによって方程式が解けるわけですよ．

山内　そうしなかったら，なかなか解けない場合もたくさんある．そこに厳密解というものの大きな意味がある．

高橋　あれは要するに厳密解が出るから連続にするのであって，そういうことがなければ，しなくてもよい．つまり，数学というのは，やはり便利な道具で，役に立つからだれでも使う．役に立たなかったら，ぽいと捨ててしまう．

山内　厳密解があるとまわりが全部想像できる．

高橋　そうですね．

それと，やはり厳密解というのは，何か気持ちがよい．美しさがあるんですよ．ですから，コンピュータが発達しても，やはり厳密解というのは必要ですね．

山内　1 が 0.999……と出てくるのはあまりいい気持じゃないね．

高橋　たとえば誤差関数を積分すると $\sqrt{\pi}$ になる．数値で積分したらちょうど $\sqrt{\pi}$ になった，というだけでは，やはりね……．ほんとうはそうだということの証明ができることが重要で，どうでもよい．数値が合ったからもういいじゃないかというのでは，やはり，困る．われわれでも多少は数学的な要求をもつと思うんですよ．

山内　基礎方程式になればますますそうですね．あれだけの式から非常に沢山の結果が出てくる．たとえば，マクスウェルの方程式にしても，やはり時間・空間の各点，各点で成り立つ式に書いているわけで，あれが一種の理想化なのかもしらんが，あれがあるということは非常に便利ですね．

高橋　ですから数学に非常に期待して数学を評価しているんだけれども，やはり数学者の評価とわれわれの評価とちょっとずれがあるんですけれどもね．オイラーの時代の数学だったら，われわれとほとんど同じだと思う．

山内　たとえば，オイラーの方程式で変分法が解けると思っていた．ところが，ほんとうの極値があるかないかというむずかしいことを言いだしたからね．

高橋　そういう意味では今の数学者はいろいろな悩みがあるけれども，あのころは悩みはなかった．われわれと同じくらいしか悩みがなかった．

量子力学の基礎にある問題

小平　あのころのほうがよかったんじゃないですか．

昔，われわれが学生のころに量子力学に観測の理論とかいうのがありましたね．あれは，どういうことになっちゃったんですか．

高橋　あれはまだ解決つかないですね．

小平　ファインマンの赤い本の初めにちょっと書いておりますね．僕は，あれ

が一番ほんとうに近いような気がするんですけれどもね．このごろああいうこと
を心配しないですね．

　江沢　量子力学が役に立つということで，ある程度，使い方がわかっちゃった
んですね．観測ということをいわなくても計算ができる．量子力学のつくりはじ
めには，おそらく違っていたと思いますね．

　高橋　つくりはじめは，やはり反対者に対して弁解する必要があったから．

　江沢　このあいだ先生から電子が色を記憶するという実験のお話を伺いました
が，ああいうおもしろい実験が出て刺激をあたえてくれるのはいい．

　山内　僕が不思議だと思うのは，たとえば完全流体なんていうのは世の中にな
い．その完全流体の理論が，飛行機の運動なんかで近似的にはかなり合う．とこ
ろが質点力学で，位相空間における代表点の運動は完全流体で記述できるわけで
す．もう1つは線型理論ですね．振動論だってみんな第一近似で線型といってた
のが，量子力学になったら，みんな完全に線型理論になっている．これは固有値
問題の理論が先にちゃんとできていたから，それに量子力学を無理に合わせたと
もいえるかもしれない．だけど古典力学は正準形式に合わせるためにつくったと
は思えない．

　小平　あれは自然にそういうふうになったんでしょうね．

　山内　そのために非常に世の中が簡単になっちゃった．大体マクスウェル理論
だって，線型でなかったとしたらとても手におえない．だから，非線型の相互作
用はうまく処理できない．

　小平　発散のところをごまかしちゃう．しかしごまかしの結果，どうしてああ
いうふうによく合うかというのは不思議でしょうがない．それはだれもわからな
いんですか．

　江沢　だれもわからない．

　山内　一般相対論がほんとうで，ニュートン理論がうそだとしたら，うその
ニュートン力学がなぜあんなによく実験結果と合うのかしらん．

　江沢　ある近似で出せるわけでしょう．

　山内　それと同じように，いまもとになるものはわからないんだけれども，量
子力学というのは，ニュートン力学的に非常にいい．

　江沢　その近似で出てきたニュートン力学というのは，一応，論理のごまかし
をしないで扱えたという対象があるでしょう．だけれども，今の量子電磁力学は
何かの……．

山内　あれは実用解析ですね．量子電磁力学というのはボーアの前期量子論みたいなものである．

小平　それにしてはどうしてあんなに合うか不思議でしようがない．あれは何桁ぐらいまで勘定しているんですか．

江沢　あれは6次ぐらいまでやっている[2]．

小平　ちゃんと合うんですか．

江沢　何年か前に違うという話があったんですけれども，それは実験の方が間違っていた．数値的にはラム・シフトも合いますし，エレクトロンの異常磁気能率も，散乱や対創成も，考えられるものはみんな合いますね．

小平　そんなによく合うのに，そっちがほんものであるという議論ができないんですか．

江沢　いま——場の理論でやっていることの狙いはそれに近いんだと思いますけれども，まだリアリスティックなものはできなくて，空間1次元，時間1次元でおもちゃをつくるわけですね．それでも発散はでてくるんです．初めに一応カットオフした理論というのを書いて，その極限に意味がつけられるかという議論をするわけですね．

小平　なぜ空間の次元がきくのですか．

江沢　発散の程度が空間の次元によるのです．次元が低ければ発散も，まあ，おとなしい．おとなしいところではできる．

小平　不思議なものですね．そこらへんのところで数学的な連続を使うから発散が起こるという説はどうなんですか．

江沢　ありますけれども，実験によりますと，特殊相対性理論というのは非常にいいんですね．ずっと高エネルギーまでいってもいい．そうすると，やはり連続にしておかないと特殊相対性理論は具合が悪いですね．特殊相対性理論も生かして空間がディスクリートというのはなかなかできない．

山内　空間をディスクリートにしたら素領域の理論だ．君はやっていたんじゃなかったのかね．

江沢　僕のはあとでリミットをとろうという話ですから．

山内　プランクは後で極限をとろうと思って分けておいて，そこでうまくいっちゃった．

---

2)　2006年の報告では，電子の異状磁気モーメントの理論値は実験値と9桁あっている．

江沢　相対性理論というのが非常に困るんですね．よく合いすぎる．

小平　あれは確かなんですか．

江沢　実験的には非常に確かですね．確かというか，相対論的にきめた量，つまり相対論的な不変量だけをパラメタにとって非常によく実験を記述できる．

小平　それではやめるわけにはいかない．そうすると，やはり連続的に変換しないと困るというわけですね．

江沢　どうも，そのようですね．

山内　それはしかしイメージのとり方だね．今のように素粒子というものを理解するからいけない．もうちょっと違った理解の仕方がありそうなものだ．素粒子というものは非常にアブストラクトなものでありながら，霧函とか泡箱とかで写真をとりますと，いかにも玉が飛んできたようになる．そうすると，非常にあのイメージにとらわれるような感じがするんですけれどもね．

江沢　場の理論は，むしろ，そのイメージには一応とらわれないで出発するわけです．

山内　とらわれないと，今度はたとえば質量とか，運動量，エネルギーとかいうときには，場からひっぱってくるわけですか．ほかのもっといいモデルが作りがたいという……．

江沢　それもあるでしょうが，量子力学をどう思うかということもある．ある領域，たとえばアトムの領域で非常にうまくいった．今度それで素粒子の方はまったく異質的な理論でもって気がすむのか．それとも量子力学の旗の下におさめたいのかということが1つある．もちろん量子力学が変わるのでもいいけれど，原子や原子核の力学に何か対応論的につながるのでないと気持ちが落ちつかない．

山内　いま素粒子の現象論をやっている人々は考え方が違うんだね．

江沢　さっきの一般相対論からニュートンが出るというのとはまたちょっと違って，何も関係がなくなる感じですね．

山内　そうですね．全く別の現象論，まだ統一される理論はできないけれども．今までのものにとらわれないものがつくれると思っている．

江沢　そういう新しい試みをしている人たちが，その方法で，たとえば，水素原子の理論を作ってくれれば……．

山内　つまり，それからの近似として解いてくればいいわけだね．

小平　何かこういうふうになりそうだということがあるわけですか．

江沢　実験を整理するための現象論はいろいろあるわけですけれども，それが

42

非常にローカルで，こういうところはこう，こういうところはこうという具合のつぎはぎみたいですね．

解けないのは重要でないからだ

　高橋　それからちょっと話が違うんですけれども，最初に山内先生がいわれた，数学は役に立つ，応用ということは別に考えないでやったんで，別に数学というのは応用と関係なく発展するものだという説なんですけれども，ギリシャの数学で，現在でもまだ解けないものがたくさんある．ほかにも応用と全然関係のないいろいろな解けない問題があるようですけれども，そういう問題がほんとうに興味のある問題なんでしょうかね．

　山内　たとえば素数で，双子数[3]　というような話ですね．

　小平　興味がある人はいるでしょう．

　高橋　ありますけれども．しかしそういうものがなかなか解けないというのは，何かそれはあまり重要でないことだからじゃないかという気がするんですけれどもね．

　山内　なるほど．それはいい言い方だね．フェルマーの問題[4]　でもそうですか．

　高橋　ただ，あれになると，あれを解くためにずいぶんいろいろな道具ができたわけですね．ということは，やはりこのほうはかなり本質的な問題であるんじゃないかという感じをもっているんです．

　山内　ζ関数の零点の分布という問題も，リーマン予想というのがありますね．あれはやはり解けないんですか．

　高橋　あれは本質的な問題だと思いますね．リーマンのζ関数という非常にはっきりした関数がある．その零点がどこにあるかというようなことは，当然わからなければいけないんですね．だけれども，素数の双子なんていうのはね．

　山内　素数が漸近的にどう分布するかという話もあまり……．

　高橋　漸近的な分布というのはやはり重要な問題だと思いますけれどもね．

---

　3)　7,9 ; 17,19 ; 29,31 ; ……
というように，2だけ違った素数の組がいくら大きい素数についてもあるか？　その分布の問題．
　4)　$n \geqq 3$ に対し，$x^n + y^n = z^n$ を満足する自然数の組が存在しないこと．フェルマー自身は証明したと記しているそうである．いくつかの n に対する証明の後，1955 年に A. ワイルズが一般の自然数 n に対して証明した．

　小平　そこになると，やはり趣味の問題でしょうね.

　山内　たとえば，このごろの有限群の位数のべらぼうに大きなやつね. ああいうのもそうでしょう. コンピュータが大いに活躍できる…….

　高橋　有限群となると実質があるような感じもする. そういう意味で，非常に具体的な，物理的な応用とか，オペレーション・リサーチで使われるとかという条件では確かに狭すぎて，そういう，いわゆる応用はないけれどもおもしろいという問題は，たくさんあると思います. けれども，不思議と，応用を全然考えなかった問題があとで応用されるんですね.

　小平　あれは不思議ですね. どういう仕掛けなんですか.

　高橋　古典的な整数論なんかのいろいろなことが，ずいぶん近ごろ応用されている. 素数の双子なんていうのはあまり応用がないけれども，たとえば，有限体なんか，非常に重要ですね.

　山内　人間の頭は，そう非常に突飛な，関係のないことはなかなか考えない. われわれが自然をみるといったって，自分に都合のよいところを取り上げてきて，体系化した理論をつくっているわけです. そこは中にそなわっているものと関係しているし，全体として分離できないようになっているんじゃないか. だから，僕にいわせると，数学は論理学であるといったのが悪い.

　小平　あれは全然おかしいですね. 全然，論理じゃない. 感覚の学問だと思う（笑）.

　山内　感覚というのは小平さん得意ですけれども，私も感覚の学問だと思う.

　小平　そうでなければ，数学のできない生徒のいるはずがないと思う（笑）.

　山内　確かにそうだ. 音痴と同じことだ.

　江沢　ある国の物理学会の会合で，宇宙と何とかというパンフレットをヤンなど大御所に配って歩いている人がいた. 自家製の風変わりな話，あれも感覚の一種ですかね. 詩的な物理学者. ロジックでもないし，ほかの人の物理学とつながっているわけでもない.

　山内　あれは感覚だね. 感覚には非常に主観的要素が混じる.

　江沢　だから，感覚の物理を全面的に認めちゃうと困ることもある.

　山内　そんなことないよ. 物理は自然という非常に強いものをもっている. それと離れた物理というのはない. その点は数学のほうが問題ですね.

　小平　独走してしまうからね.

　高橋　確かに，今の江沢君の話は，僕は非常に本質的なことだと思う. つまり，

素人にとっては，そういうのと数学者の話と区別がないわけですよ．どっちもよくわからないことを言っている．だけれども，それが大違いであるのはどこだろうということなんですがね．

　山内　数学の論文はずいぶんたくさん出る．数学では，実際と照らし合わせて合っているとか，合わないとかはいえないけれども，これはよい論文で，これはくだらないものだという，その判定がかなり普遍的にできる．

　高橋　そういうのは確かにいえると確信をもっているわけですけれども，わからないのは芸術のほう —— あの変な絵は一体どうなんですか．

　山内　見る人が見ると，これはよいこれはわるいという．

　江沢　だからそこがわからない．

　山内　でも，数学の議論を2つ出してきて，素人に見せてわかるかね．

　高橋　それと同じでしょうかね．

　小平　芸術のほうでひどいのがありますね．白い紙に白い紙を張ったものがニューヨークの近代美術館にあったけれど．

　山内　それは張り方もあると思う．ただの張り方ではない．めちゃくちゃに張ったんではだめなんだね．

　小平　キャンパスにはすに張っているだけなんだけれど．

　高橋　数学の場合に，とにかくよい定理というのは，それから，また，いろいろ発展するわけです．芸術にもそういうことがあるんですかね．数学の場合だったら，いいものと悪いものとテストをするフィルターがつくれると思うんですよ．

　江沢　物理でも，論理は確かに大切だけれども，論理的なものだけがよいとしたのでは，なにか墜落するような気がする．

　山内　だから感覚的な面が必要なんだけれども……．

　小平　数学者は非常に議論に弱いでしょう．教授会で議論すると，たいがい数学者は負けちゃう（笑）．数学というのは論理じゃないと思いますね．

　山内　そうですか．数学者というのはずいぶん自分勝手なことを言っていると思う．数学はその結果が論理の形で表現されるということですけれども，出たものは，ただ中のものを形に表わしただけですね．中にはまだ本物があるわけでしょう．その本物は別に論理じゃないと思う．だけれども，そういうことをいったってしようがないかな．話すときはその形式で言うよりもほかに手がないのだから．

　小平　そこが一番時間がかかって困るところですね．

　山内　聞くほうがつらいんだ．本物だけ伝えてくれればわけないと思うんだけ

れどもね(笑).しかし,訓練を経ると,そこを省略できるようになるんでしょう.

　小平　僕はコロキュウムを聞いても,まず大ていわからないですね.

　江沢　数学の論理には何かいくつかの型があるということはないでしょうか.お茶の作法じゃないけど.

　小平　人にもよるらしいんですけれどもね.

　山内　物理でもそうですよ.論理にこだわらない人がおりますね.それでほんとうか,うそかということが直観的にわかるらしい.

　小平　僕はとてもだめですね.コロキュウムなど何のために話を聞きに行くかわからないんですよ.知っていることならわかるけれども,知らないことを聞いたってわからない.何のためにいっているのか.一説によると,ときどき脳味噌を刺激しないと眠っちゃうから,わかっても,わからなくても聞く(笑).

　山内　それは,そうじゃないんじゃないかな.人間というのは,人に聞いてもらわないと何となくたよりないから,おれがしゃべるときに人もわからないんだから,人がしゃべっているときにわからなくても,がまんして聞いていなければいけないと思うんじゃないか(笑).

　高橋　人に聞いてもらうというのは不思議なものですね.たとえば計算機のプログラムというのは始終間違えるんだけれども,間違いをみつける一番いい方法は,だれかに説明する.その人はただ聞いていればいいんですよ(笑).その人に1つ1つこうやってこうなるでしょうと説明する,そうしているうちに,あっと思う.それで間違いをみつける(笑).

　山内　講義だって,相手はわかっているか,わかっていないのか知らないけれども.自分は,あれをやると非常によくわかってくるね.

　高橋　まったく,そうです.

　山内　だから,講義なんていうのは自分のためにやっているのかもしれない(笑).

　江沢　ほんとうは自分一人で書いても同じなんでしょう.

　高橋　やはり前に人がいなくちゃまじめに書けない(笑).

　山内　あまり正直に言っちゃいけないね(笑).だけど,わかったような気がしてつい,あいまいなまんまで飛ばしちゃうことが多い.ところが,しゃべるのには,そこを何とかつなげなければならないから…….

　高橋　われわれが考えているときはずいぶん飛躍をしているんですよ.

　山内　夢の中で考えているより少し上等というぐらいなものだ.

江沢　そう，最近のように専門化してくるとあぶないですね．1つのグループの中で夢を追うようになる．

教育

高橋　話は違うけれども，物理で数学を教える，それで済むわけですけれども，物理における数学の教育というのはどういうふうなのがいいんですかね．

山内　物理における数学とか生物学における数学とか，数学にそう種類がありますか．教育法ですか．

高橋　たとえば数学の先生が教えるのがいいのか，物理の先生が教えるのがいいのか．

山内　さっき言ったようにどうすれば中の本物をつかみやすいかだね．数学を表現の型それ自体だとみてしまえば，絶対的に論理一点張りということになって話がちがってくるけれども，そうじゃないとすれば，中のもの，内容的なものをどうしたらよく感知できるかの問題になる．物理屋と数学屋では常識が違うから，物理屋に何かみせるためには，やはり物理屋に向いた言い方があるんじゃないか．さっき言ったテレビの話を数学屋にしたらおこるだろう．

高橋　そういうと，あたかも物理屋のための数学という1つの違う体系があるみたいな感じもするんですがね．

山内　かもしれない．つまりアナロジーをかなり大胆に使う数学だね．それをやらないと，非常に対象の違う問題に，同じ数学を適用できないですよ．高橋さんの本の類推と双対ですか，ああいうことが自由にできるためには，数学の形式だけを教えたんではだめだ．これが，物理にとって非常に大事な点じゃないか．

高橋　そうですね．

江沢　類推とは別のことですが，自由にできないから物理の数学が成り立っているということもあるんではないでしょうか．どういうことかというと，また，さっきのシュタルク効果でいいますと，物理のたいていの本には摂動論で計算して，これでOKだと書いてある．ちゃんとは解けないから，みんなそうかなと思っているけれども，電子計算機でも使ってちゃんと波動関数を求めてやろうと思うと．そもそもディスクリートな準位が消えちゃってるんだから．ナイーブにやったんでは，多分，とんでもない結果になるでしょうね．

高橋　そういうことはないですよ．電子計算機が出てくると，ますますそこが

はっきりしてくるんじゃないか.

　江沢　そうなんです. はっきりするために, 以前に教わったことじゃだめだということになる.

　山内　物理にとっては準位密度の集中ということでいいんじゃないの.

　江沢　電子計算機でやっていても, 遂にはそういうことが出てくるはずでしょうね.

　山内　実際に今の量子力学のあいまいなところがはっきりしてくれば, 非常にいいんじゃないか. 連続スペクトルの中の, いろいろな特異点とか…….

　高橋　物理は電子計算機が勇気づけたほうだと思いますよ. 数学者にとっては, とうてい許せないことでも, 物理的にはある漸近則みたいなことで十分意味があるということをいろいろと教えてくれる. たとえば, 漸近級数でも, これは前から知られていたことですけれども, 有限で適当に止めておけば役に立つ. 事実, そのほうが非常に生産的で, ちゃんと収束することが保証されているほうのベキ級数は, たいがい収束がおそい.

　また, たとえば, 非常に次元の高い行列を扱うことができるようになる. そうすると, だいぶヒルベルト空間というのはこういうものじゃないかという気持ちがわかってくるんですね.

　山内　ヒルベルト空間というと, 本当は無限次元ですね. うんと大きい行列をやれば実感がわくでしょうけれども.

　小平　物理数学とか, 力学で, 今も昔のようなものを教えているわけですか.

　高橋　そうですね. 昔のようなものを使っている.

　小平　僕たちが習ったときには, ベッセル関数やなんかむずかしい関数がいっぱい出てきたけれども.

　高橋　ベッセル関数はやりますよ. やらないわけにはいかない.

　山内　解析関数としての性質は計算機では出ない. とにかくベッセル関数を contour integral で書いてあれば, 変数のあらゆる値に使えるという, ああいう便利なことは計算機にはちょっとないね.

　高橋　計算機というのは無力なものだから (笑).

　山内　ただ, 妙な公式をたくさん教えることはいらない.

　高橋　そうはそうです. しかし, 数理物理で, ラプラス方程式が円柱座標系で解けるということ, 少なくともこういうことは必要なんじゃないですか. 最近はだいぶ群論的な話にしておりますね. 数え方を多少は近代化したらいいのかもし

れませんけれども.

山内 解析関数の例として非常にいいんじゃないか. だからさっきの話に戻るけれども, ベッセル関数がラプラスの方程式を解いていて出てきた. さっきみたいに勝手な係数をもってきたらああいううまい関数は, 出てきやしない. そういうところに数学者が, 非常にゼネラルに取り扱う問題と違う何かがあるのではないか.

高橋 僕なんか 18 世紀的なセンスなのかな. 一般的な式よりもベッセル関数のようなものが出てくると気持ちがいいですね. なんとなく親しみがある.

江沢 いろいろ違う問題でも, 適当にいじっていると標準的な形に直ってしまうのだからありがたい.

山内 それには群論的なこと, 不変性とかなんとかやはりきいているんじゃないか.

小平 ベッセル関数のようなうまい特殊関数は数学でも重要です. それで 1 変数の関数論というのが非常に発展した. 多変数関数論というのはなかなか発展しないんですけれども, それはやはりうまい関数がみつからないということが 1 つの原因でしょうね.

山内 多変数のエッセンシャルな性質をもった関数の簡単な例がなかなかつくれない. 1 変数関数に帰着してしまうような例はいくらでもつくれるらしいが.

高橋 ただ, 物理数学の教え方については, 多少は近代化したほうがいいように最近は思っているんですがね. たとえばデストリビューションなんかを入れて.

山内 デルタ関数というのは物理屋には非常によくわかる. しかし, たとえば, x^λ というものを超関数論で考えるというふうな話は物理屋にはそう知られていない. ああいうことは教えたほうがいいと思う.

江沢 要するに λ に関する解析接続です.

高橋 そのへんに役に立つことがあるんじゃないかな. 残念ながらあまり知らないけれども, 今度また物理数学を受けもつことになっているんです.

山内 たとえば微分方程式の理論をやっても, 一般論だけでは困る. ベッセル関数などの実例を示してもらわないとね. 一般に言って解の零点の数は無限だというような話ばかりでは――.

高橋 関数が, どういう形か描いてみなければ, やはりだめですね.

江沢 そうですね. でも, 物理的な考察というのは, 対象の定性的な特徴をうまく取り出してきて議論することでしょう.

山内　その際に実例がほしい. 実例をもっていないとね.

江沢　関数解析というのは, 定性的な面をうまく把えてくるという意味で, 物理的な考察に近くなりうるんじゃないかと思っているんです. たとえば, 量子力学の問題でポテンシャルがこうであれば束縛状態があるとか, その数は有限だとか.

高橋　だから, 関数解析というのは必要だ. あれが物理の学生にうまく教えられればね.

江沢　数学というのは覚えることがたくさんあるという感じがするんですけれども.

山内　非常に多いです. 記憶力の問題ですよ.

小平　そうでもないですがね.

山内　物理屋というのは同じようなものを同じ名前であいまいに呼んでしまうけれども, 数学は, 違ったものに, いちいち別な名前をつけなければ気がすまない.

高橋　そうでもない. 逆に非常に見かけが違ったものに同じ名前をつけることもありますね.

江沢　それはおそらく楯の両面でしょう. 違ったものには同じ名前をつけまいと思って詮索していくと, 見かけの違うものが同一にみえてきたりする.

山内　そこらへん, 物理屋のほうが融通がきくところもある代わりに, 同じものをいろいろ異なったシンボルで表わしていることもある.

江沢　物理屋というのは, たぶん, 数学を使う時に, その中に一種の警報装置が内蔵されていると信じていると思いますね. まちがったことをすれば変なことが必ず出る (笑). 数学者は, それを信じないということじゃないでしょうかね.

山内　それは機械を作る人と使う人の差で, 使う人は, 40キロと書いておっても50キロ出しても大丈夫だといわれるけれども, 作るほうの人はそうはいかない.

高橋　そうかもしれない. 確かにわれわれは, たとえば特異点なんかどこにあるかということを考えないでやる. どうも答えが変で, ユニークにつながらなかったりする. あやしいぞと思ってよく見ると, 特異点があるわけですよ.

真実は証明の裏にある

小平　数学者も自分で考えるときはそうでしょう. わかった後はきちんと書いちゃう.

山内　物理学者は, ものは簡単だと考えて進んで, いよいよ困ると, 仕方なし

に埋める．

　高橋　論文ではそうと書けないかもしらんけれども，数学者がそういう内幕を教えてくれれば，読むほうはずいぶんわかりやすいと思う．

　山内　一番最後に出た結果を一番最初にもってきて書くんだからね．内幕を書くというやりかたは，数学者はあまり好まないんだ．そういうのは読んでわかりにくいらしい．それに対して，定義，定理，証明とやるのは，各ステップは非常にわかりよい．それを何段となく積み重ねていくんだから，僕は記憶の問題だと思うんですよ．

　高橋　定理の証明が正しいかどうかをみるにはそれが一番いいんですけれども．わかるということはそれだけではない．

　山内　全部読みおわるとわかる．要するに忍耐と記憶の問題なんだ（笑）．

　小平　数学者だって証明を読んでもわからないですよ．やはり先までいくとわからなくなる．しようがないから，また初めから読む．

　山内　そういうことがあるのかね．数学者というのは偉いからそういうことはないと思っていたけれども．

　小平　何度も何度も読みかえさなければわからないんですよ．

　山内　そうすると，あまりうまい方法ではないんだね．

　高橋　確かにわれわれは，どうしたって数学者に一目おくのは，とにかく，数学者の証明は，大体，まちがっていないんですよ．われわれの証明なんていうのは実際……．

　山内　まちがっていないまでも穴だらけで，証明にはなっていない．

　小平　考えようによってはそういうのでちゃんとした答えを出すほうがえらい．

　高橋　証明だけではなくて，事実も違っていることが始終あるんですよ．数学者流にやるとどうもうまくいかない．そんなはずはないと思うと，確かにこっちがまちがっている．

　山内　だけれども，案外めちゃめちゃなのがよく合っている場合もある．穴だらけのものがね．

　江沢　正しい答えがあるとすれば，それは特別な場合でも正しいということなんですね．だから，物理屋は，特別な場合だけやって……（笑）．

　高橋　数学者が証明をしてくれるのはいいんだけれども，われわれにそのありがた味を教えてくれない．数学者は，やはりここまで考えて証明をした，これだけ考えなければいけなかったんだなということを後でこっちが悟るわけです．こ

ういう痛いめに会うから気をつけなさいと言ってくれるといい.

　山内　向うは, こんなことは初めからわかっておりましたというふうに書いているでしょう. がっかりしちゃう.

　小平　それは数学者が人の論文を読むときも同じです. 一度読んだときは何のことかよくわからない. 証明は確かに合っていることはわかるけれど. 何だろう何だろうと何度も何度も繰り返しいろいろやってみて, はじめてわかってくるわけですよ.

　山内　そうすると, われわれとそう違わないんですね. それじゃ安心した(笑). 時間の差ぐらいだ.

　高橋　忍耐力の差ですよ.

　江沢　数学者が正しさを証明してくださるという場合ですね, さっきのお話の18世紀なら正しいものは素直に正しかったんだと思うんですけれども, 最近の数学では, こういう意味をつければ正しいというふうに但し書が大分つくようになったということはないでしょうか.

　山内　正しいということの定義をしなければいけない. それは必要ですよ.

　江沢　必要なんですけれども, 正しさの基準が何だかあまり自明じゃないような…….

　山内　自明じゃないんです. $1-1+1-1$ というのは $\frac{1}{2}$ になるというのが正しいとオイラーは思ったんだ. これは自明じゃないですね.

　江沢　物理がやったことを基礎づけるというときに数学の人がむずかしい但し書をつけてからやるのは変な気がするんです. 物理の側で, 何か実際と少し違うように問題をフォーミレートしてしまったせいで, 但し書が必要になるのか…….

　山内　それはそうですよ. さっき言ったように, つまり測定の誤差と同じで, 1点における値は点にあるように書くからおかしなことになる. デルタ関数というのは元来は必要なものでないはずですよ.

　江沢　物理的な本物にいったん戻った数学というのは…….

　山内　それをやろうとするとめんどうくさいんだ. 幅が不定だから, 小さいんだから0にしてしまえ, そうすれば答えは簡単だ, と.

　江沢　簡単かと思うと, 数学のほうではたいへんなんで, いろいろと意味づけをしてやっとロジックが通る.

　高橋　デルタ関数なんていうのはあるはずがない. われわれは, 絵でもこんな幅の狭い山を描いている. 実際そういうものを抽象している. 幅が十分小さいと

いうことを使っていろいろ省略しているわけですね．その省略の仕方に何かルールがあるはずなんですけれども，われわれは，そのルールは何も知らない．いいかげんにやって，それで大体まちがいない結果に到達しているんですよ．

山内　使えば便利なんだから，それを使うことは一向に差し支えない．恩師のことを引きあいに出してはどうかと思いますけれども，寺沢寛一先生の論文は，みな厳密解ですよ．デルタ関数はちゃんと本来の連続関数にしておく．先生はあのとおり厳密な方だから積分と極限の順序を交換しない．まず，ちゃんと積分してしまう．積分が実行できて有限になるようなうまい関数を作るんです．あれは天才だ．どれもうまく積分できちゃうから，積分して後で極限をとる．文句のつけようがない．デルタと書いちゃえば，そういうむずかしい関数は何もいらない．いっぺんにパッとできる．結果は同じなんだからね．

江沢　そのときどんな関数を使ってやっても，結果が同じだということが数学の理論には入っているわけですね．実際に計算するのでは，そこが抜けてしまう．

山内　超関数の理論で証明できるわけでしょう．

江沢　そこが一般論のありがた味なんですね．

高橋　そうなんですけれども，普通は計算がうまくいくから，われわれは，うまくいく場合だけをやっているわけなんで，いかない場合にはそれをやめちゃって……．

山内　だからああいう，全部積分で書くような定式化の仕方ができればそれでいいんじゃないか．超関数論もあれほど大げさな定式化をしなければ物理屋が困るのかというのはちょっと疑問だね．

場の量子論

江沢　本物を物理屋が理想化して数式にのせるときヘマをやったということかもしれませんね．しかし，場の理論は例外じゃないでしょうか．あれはバカなやり方だとおっしゃられればそれきりだけれども，しかし，空間を力学系とみたとき，場所がちょっとでも離れると，それぞれが独立な自由度になっている．それが本物で，それを場の理論が定式化するんだということですと，デルタ関数というのも抽象じゃなくて本物になっちゃうわけですね．たとえば，電気回路だったらデルタ関数は現実じゃない．人間がつくったものです．だけれども，場の物理では本物なのかもしれない．

山内　そこへいくと，さっき言った可付番から連続に移行することは非常に危

険だということになる.

江沢　場の物理でも，はじめは今までの量子力学の形式そのままでいくと思った. そうもいかないんだという事情がだんだん見えてきつつあるわけですけれども，話はだんだん煩瑣になってくる.

小平　何かこういうふうになりそうだということがあるわけですか.

山内　テレビは有限の画面でやっている. 場の拡がりは無限だから危険なんだ.

江沢　それが非常に苦しい. 遠くまでいくと，向こうにお月さまがあったりなんかするわけです.

高橋　場の理論は無限に広いということでないと困るんですか？　空間を閉じちゃったら…….

山内　そうすると，今度は不変性が使えないから非常にめんどうになるんだね.

江沢　たとえば，真空状態というのを特徴づけるのには，どういうふうに平行移動しても，どう回転しても変わらない状態だというわけです. だから場を箱に入れちゃうのは困る.

高橋　たとえば輪のように閉じてあっちからこっちに戻るようにすれば，少なくとも平行移動に関する不変性は定式化できる.

江沢　回転はできますか.

小平　回転はできないでしょうね.

山内　だから一般相対論の有界空間を使えという議論もあるんだろう.

高橋　そっちのほうはまた本質的な困難が生ずるんですが，しかし外側の無限のほうは…….

江沢　量子力学の形式だと，ヒルベルト空間というものがあって，物理量はその中の演算子というんですけれども，無限に広い空間，一定の密度で気体があるとします. 状態ベクトルというのは分子の数が1つ違っても，直交するわけですね. ヒルベルト空間は，いわばそういうベクトルが張っている. 状態ベクトルに演算子を作用させると分子の数の違うベクトルになるんだけれども，そのとき分子の数は有限個しか変わらない. 何回も演算子をかけたって同じことです. 人間は無限個の分子は作れないんですね. そうすると，なにしろ気体は限りなく拡がっているとしたのだから気体の密度が違っているような状態のベクトル同士は完全に縁が切れてしまう. まあ，ヒルベルト空間が別物になってしまうわけです.

高橋　ヒルベルト空間で直交するならたいした違いじゃない.

江沢　ボース–アインシュタイン凝縮というのがありますね. ボース気体を低

温にもっていくと分子の何割かは運動量がゼロのところに凝縮してしまう．さっきの話からすると，何割が凝縮するかでヒルベルト空間が異なってくるでしょう．ところが，何割が凝縮するかは分子の相互作用できまる．だから，ハミルトニアンによって異なるわけですね．そうすると問題を解く前にハミルトニアンごとにちょうど適当なヒルベルト空間をいちいち選んでやらなければならない．だけど，分子の何割が凝縮するかは実は問題が解けた後でわかることだから困るんです．本当に問題が深刻になるのは場の物理をやる場合ですけれども……．

　高橋　やはり理論が悪いんだろうね．もっとローカルな理論をつくる必要がある．

　江沢　つくろうという試みはあるんです．つまりローカルなところで物理的の状況が同じなら理論的にも同値になるようにしよう．遠くにはお月様があろうがなかろうが気にしない．

観測論の分析

　小平　そういう場合に，観測の問題までさかのぼってやり直そうという考え方は……．

　江沢　観測の理論としては量子力学の枠に一応は忠実に従っています．しかしローカルな物理量だけを対象にして，違いはどうなってもいいという一種の同値類でものを考える．その程度には観測のことを……．

　小平　オブザーバブルという概念を分析してみようという考え方ですか．

　江沢　そうです．それとローカルな観測だけで区別できる状態というのは，どんなものか……．

　小平　たとえば運動量をいきなり演算子で書かせるわけですけれども，なぜ演算子に書くかということは誰も考えないのですか．

　江沢　考えないわけではありません．でも結局は演算子に戻ってきてしまう．1つは，いま言いましたようにヒルベルト空間というのは自由がきかないので，そういうものを一応やめて，だから演算子じゃなくなるけれども運動量とかエネルギーとかの代数的な関係だけを考えて話を進める．しかし，そのほかに量子力学では状態というものが入用です．状態を記述しようと思ったら，物理量の組を考えて，それらの期待値を使う．考えた物理量の組に対してみんな同じ期待値を与えるような状態は同じだと約束する．しかし，物理量の組といっても，人間は無

限にたくさんの量は観測できないんだから，有限個の組にしましょうということ
を第1に考える．第2に，測定といっても，厳密な測定というのは，さっき先生が
おっしゃったように，ないんだから，期待値が同じというとき，ほんとうに等し
くなくても，ε ぐらいの違いだったら同じだと思いますよということにする．つ
まり，状態の空間の中のトポロジーを弱めるわけですね．

　　小平　しかし，そういう場合，たくさんのものというのが背景にあるわけですか．

　　江沢　背景にあるわけです．

　　小平　それまでやめちゃうということは考えないですか．

　　山内　元来ないものだからということでね．

　　江沢　ないというか……．

　　山内　要するに観測不可能ということはないということと同じだ．

　　つまり演算子の環で全部やってしまう．

　　江沢　量子力学というのは，演算子があって，その上にやはり何か状態という
ものが要るんですね．

　　小平　その状態とか，演算子というのを分析して，そもそもおかしいじゃない
かということをだれもいわないわけですか．

　　山内　あまりうまくいきすぎたんだね．今までのところがね．

　　ニュートンが引力を考えたとき，あらゆる天体の運動を調べて，どこにも困る
ところがないから，アインシュタインが出るまではそれ以上だれも考えなかった．
人間なんていうのは，うまくいくうちはだれも心配しない．

　　小平　昔の観測の理論で，観測すると波動関数が縮んでしまうというでしょう．
僕は，あんなばかな話はないと思いますけれども．

　　江沢　僕もそう思いますけれど，しかし，あのままですね．

　　小平　そういうことを分析したら，もう少しほかの表現がみつかりはしないか．

　　江沢　そういうことでは，量子論理学の分析がある．古典力学だったら，対称
の状態というのは位相空間 (phase space) の一点で表現される．エネルギーが，い
ま，これこれの値か——yes というのは代表点がちょうどその等エネルギー面に
のっていることです．さらに運動量もこれこれというと等エネルギー面と等運動
量面の共通部分に限定される．そういうときの論理というのは点集合の間の含む，
含まないの関係になりますね．量子力学では，そうはいかない．不確定性関係が
あるから，両立しない観測というのがでてくる．それを考慮して論理構造を分析
していくと，結局ヒルベルト空間の部分空間の包含関係と同じになる．ヒルベル

ト空間に戻ってしまうのです.

山内　あの話は,あれきりなんだろう?

江沢　そうでもない.

山内　ああいう形式で全部を書き直すというのが1つの方法でしょうね.あのやり方で水素原子のエネルギー準位が勘定できるか.

江沢　ええ,ある意味ではできるんです.ずっとやっていくと,結局,普通の量子力学になっちゃうんですから.論理構造が部分空間の包含関係になるということが第1.それから第2に,状態というのを一般的に物理量の代数の上の汎関数だとして,これに加法性,つまり $A+B$ の期待値は,A の期待値と B の期待値になるという性質を要求すると,さっきの論理構造の反映として,そういう状態というのはヒルベルト空間の密度行列を使ってトレースで表わせるということが証明されるんです.この2番めが最近のエッセンシャルな進歩だと思いますね.この2つが出ると,それで量子力学になっちゃうわけですね.

小平　不思議なものですね.

山内　完全に同じものですか.

江沢　同じものです.だから状態というのは,一般に混合状態でつきる.加法的な物理量の汎関数は,それしかないということになってしまって,そうすると水素原子の計算もできる.量子力学が出てきちゃうのが不思議ですけれども,あぶないかな,結果を知っていてやっているんだから.

小平　そうですね.

ほんとうをいえば,運動量というのは非常な抽象なわけでしょう.

江沢　そうだと思いますね.

山内　僕は群論だけでもって量子力学をやってしまえというんですけれども,あれはうまくいかないですか.

江沢　まだ,どうも.

山内　物理量というのには,群論的な意味がある量以外は出てこない.ただ非常に困るのはポテンシャルですね.

第 2 部
微積分の発想

7. 空気の抵抗と微分方程式
―― 高校生に微積分の思想を

　空気の抵抗はないとするというのが，高校物理のきまり文句の 1 つである．しかし，抵抗を考慮に入れても問題がぜんぜん解けなくなってしまうわけではない．それどころか多少の計算をする覚悟さえあれば，問題は発展して，大変おもしろくなり，また物理の勉強を先に進める上で基本的な足がかりが得られることにもなる．

7.1　運動方程式をたてる

　地表の近くにおける落体の運動を空気の抵抗も考慮に入れて考えてみよう．雨粒の落下など，そのよい例である．

　空気の抵抗は，物体の速さがあまり大きくないうちは，その速さに比例する．いま，地表の近くの一様な重力場の中を鉛直方向に運動する物体（質量 m）を考えよう．鉛直上向きに z 軸をとり，速度を v とすれば，運動方程式（質量）×（加速度）＝（力）は

$$m\frac{d}{dt}v(t) = -mg - kv(t) \tag{1}$$

となる．右辺の第 2 項が空気の抵抗で，$k > 0$ は比例定数．マイナス符号は，速度が上向き $(v > 0)$ のとき力は下向き，速度が下向き $(v < 0)$ なら力は上向きとなることを表わす――常に速度と逆向きに働くのが抵抗の抵抗たるゆえんである（図 1）．

　(1) のように微分演算を含む方程式を**微分方程式** (differential equation) といい，それを満たす関数 $v = v(t)$ を求めることを微分方程式を解くという．(1) を解くことによって抵抗を受ける落体の時刻 – 速度の関係が決定される．

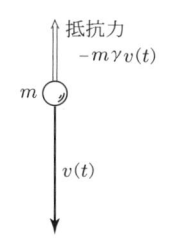

図1　抵抗は速度と逆向きに働く.

(1) を解くには，ひとまず

$$v(t) + \frac{mg}{k} = u(t), \quad \frac{k}{m} = \gamma \tag{2}$$

とおくのがよい. そうすると (1) は

$$\frac{d}{dt}u(t) = -\gamma u(t) \tag{3}$$

という簡明な形に変わる. これは関数 $u(t)$ が「微分すると自身の定数倍になる」ようなものであることを示している. たいていの関数は微分すれば形が変わってしまうのに，この $u(t)$ は不死身なのだ. そういう関数は，いったいどんな形をしているのだろう？

7.2　勾配を滑る

関数 $u(t)$ がどんな形か，微分方程式 (3) からただちにはわからない. (3) からただちに読みとれるのは，t を横軸にとって $u(t)$ のグラフ (t, u) を描くと，その曲線の各部分（線要素）の勾配 du/dt がその部分の u 座標に比例することだけである.

とにかく，そのことをグラフ面上に書き表してみよう（図2）. たとえば $u = 1$ の[1] ところ（t 軸に平行な直線）ではいたるところ $u(t)$ の勾配が $-\gamma$ だから，そこに勾配 $-\gamma$ の小線分をかきならべる. これは「t が $1/\gamma$ だけ増すと u が 1 だけ減るような勾配」だから，t 軸は $1/\gamma$ を単位に目盛るのが便利である. u の他の値に対しても同様にすると，(t, u) のグラフ面が $u(t)$ の勾配を示す小線分で埋めつくされる. $u(t)$ の**勾配の場** (field of inclination) ができたわけだ. なかなか美しい

---

1)　単位を省略した. もし，MKS 単位系を用いるなら $u = 1\,\mathrm{m/s}$ とかくべきところだ. もちろん，どんな単位系を使おうと勝手である.

パターンではないか！　これが微分方程式 (3) のもつ情報をすっかり表現しきっている.

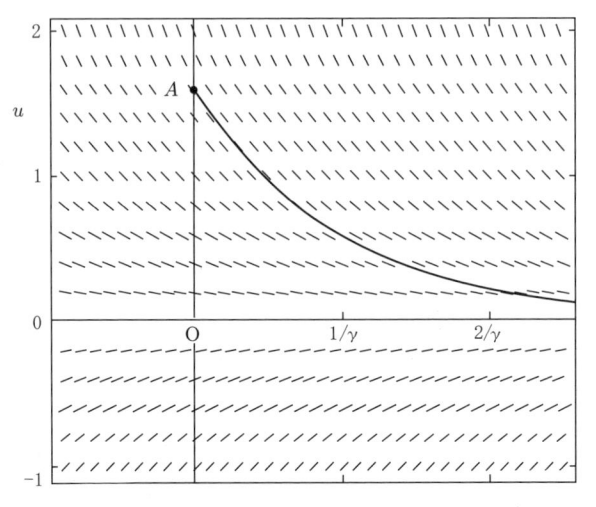

図2　u の勾配の場.

　さて，微分方程式 (3) を解くことは，すなわち勾配が (3) の関係を満たすような関数を求めること――すなわち，勾配が図 2 の勾配の場に適合するような曲線を求めることである．それには，勾配の場の小線分を順次につないでゆけばよい．でも，どの点から出発しようか？

　いま，$t = 0$, $u = A$ という点（図 2 を見よ）から出発してみよう．その点の小線分にのって右に滑り下りると，次の，やや傾きの緩やかな小線分に出会う．それを滑り下りると，……，という具合に次々に出会う勾配を滑ってゆくと，1 つの曲線ができる．この曲線が，あるいは，この曲線の表わす関数 $u = u(t)$ が微分方程式 (3) の解である．

　しかし，出発点は $(0, A)$ でなくてもよかったのである．どこから出発しても，次々に出会う勾配を滑ってゆくと 1 本の曲線ができることに変わりはない.

　図 2 の勾配の場は微分方程式 (3) のもつ情報をすっかり表わしきっている．だから，微分方程式には出発点をきめる条件は含まれていないのだ.

　それでよいのである．$u(t)$ は (2) によって落体の速度 $v(t)$ につながっている．時刻 $t = 0$ の u の値をきめることは，いわば落体の落ちはじめの速度をきめることだ．それは運動方程式の領分ではない.

勾配を滑ってゆくときの出発点は人がきめなければならない．それが初期条件．これをきめると微分方程式 (3) の解が 1 つきまる．1 つにきまって 2 つ以上にならないのは重要なことで**解の一意性**といわれる．どんな微分方程式でも任意の初期条件に対して解が一意になるわけではないが，たいていの場合そうなる．

7.3 大粒ザアザア，小粒シトシト

微分方程式 (3) の解 $u = u(t)$ のふるまいは図 2 の勾配の場からおよそ見当がつく．

なかでも著しいのは，時間がたつにつれて u がどんどん 0 に近づいてゆくことだ．これは初期条件によらない —— $t = 0$ における u の値 A がどうであってもいえること．たとえ A が負であっても，そうなる．

「時間がたつと」というだけでは，どれだけ待てばよいのかはっきりしない．あらためて図 2 をみると $t \gg 1/\gamma$ なら $u \sim 0$ とみてよいことがわかる．すると，(2) から

$$t \gg \frac{1}{\gamma} \text{のとき} \quad v(t) \sim -\frac{g}{\gamma}. \tag{4}$$

抵抗を受ける落体の速度は，やがて $-g/\gamma$ という一定値に落ち着いてしまうわけだ．この値には**終速度** (final velocity) という名前がついている．

くりかえすが，落下の速度が終速度に落ち着くことは初速度によらない．初速度が終速度より大きかったら抵抗のために減速されるし，反対に小さかったら抵抗は重力に負けて物体は加速されるわけだ．終速度は物体に働く重力と抵抗力とがちょうどつりあう —— (1) の右辺が 0 になる —— 速度にほかならない．

流体力学によれば，空気中を走る球形の物体(半径 a) に働く抵抗力の比例定数 k は

$$k = 6\pi a \eta$$

であたえられる(ストークスの法則)．η は空気の粘性係数とよばれ，20°C でおよそ $10^{-3} \mathrm{N \cdot s/m^2}$ という値をもつ[2]．物体の密度を ρ として質量 m を計算すれば

---

2)　『理科年表』（丸善）による．この単位 $\mathrm{N \cdot s/m^2}$ はまた $\mathrm{Pa \cdot s}$ ともかく．Pa（パスカル）は圧力の単位である．

$$\gamma = 6\pi a\eta \cdot \left(\frac{4\pi}{3}a^3\rho\right)^{-1} = \frac{9}{2}\frac{\eta}{a^2\rho} \tag{5}$$

となる.

たとえば雨粒の場合, 密度は $10^3\,\mathrm{kg/m^3}$ だから, その半径を仮に $1\,\mathrm{mm} = 10^{-3}\,\mathrm{m}$ としてみると

$$\gamma = \frac{9}{2}\frac{10^{-3}\,\mathrm{kg\ m^{-1}s^{-1}}}{(10^{-3}\mathrm{m})^2 10^3\,\mathrm{kg\ m^{-3}}} = 4.5\,\mathrm{s^{-1}}$$

となる. したがって, この雨粒の終速度 (4) の大きさは

$$\frac{g}{\gamma} = \frac{9.8\,\mathrm{m\ s^{-2}}}{4.5\,\mathrm{s^{-1}}} = 2.2\,\mathrm{m/s}.$$

もし, この雨粒が空気の抵抗なしに落ちてきたら, 仮に $500\,\mathrm{m}$ の高さからくるとして地上での速さは

$$\sqrt{2 \times (9.8\,\mathrm{m/s^2}) \times 500\,\mathrm{m}} = 99\,\mathrm{m/s}$$

になる. 時速 360 キロ. この雨粒にたたかれたら, どうなるか? 空気の抵抗はありがたい.

なお, (5) によれば雨粒の γ は粒の半径 a の 2 乗に反比例するので, 終速度 (4) は半径 a の 2 乗に比例することになる. 大粒の雨は激しく降り, 小粒の雨がシトシト降るのはそのためである. 実際, 雨粒は図 2 によれば $1/\gamma$ の何倍かという時間にほとんど終速度に達してしまう. その時間は, 上の見積もりによれば秒の程度である. その間の雨粒の速さは, 雨粒が初速度ゼロで落ちはじめるとすれば(それで大きなまちがいにはなるまい), 常に終速度の大きさより小さい. それゆえ, 終速度に達するまでに雨粒の落ちる距離は数 m を越えない. これは雨雲の高さより格段に低いから, 雨粒は地上に達するはるか以前に終速度に達するといえる.

雨が非常に激しい場合には, それに引きずられて空気がいっしょに動くことも考えにいれねばなるまい.

7.4 微分方程式を解く

微分方程式 (3) は, $u(t)$ が t のベキ級数の形

$$u(t) = c_0 + c_1 t + \cdots + c_n t^n + \cdots \tag{6}$$

と仮定して解くことができる. 定数 $c_0, c_1, \cdots, c_n, \cdots$ をうまく定めて (4) が微分方程式 (3) を満たすようにすればよい.

(6) を微分方程式 (3) に代入すると

$$\text{左辺} = c_1 + 2c_2 t + \cdots + nc_n t^{n-1} + \cdots,$$
$$\text{右辺} = -\gamma(c_0 + c_1 t + \cdots + c_n t^n + \cdots)$$

となる. これらが任意の t において等しいためには, t の同じベキの項の係数が互いに等しいことが必要十分である. よって

$$c_1 = -\gamma c_0,$$
$$2c_2 = -\gamma c_1,$$
$$\vdots$$
$$nc_n = -\gamma c_{n-1},$$
$$\vdots$$

この連立方程式は c_0 さえあたえれば $c_1, c_2, \cdots$ と順に解き上がることができる:

$$c_1 = -\gamma c_0$$
$$c_2 = -\frac{1}{2}\gamma c_1 = +\frac{\gamma^2}{2} c_0,$$
$$c_3 = -\frac{1}{3}\gamma c_2 = -\frac{\gamma^3}{3 \cdot 2} c_0,$$
$$\vdots$$
$$c_n = -\frac{1}{n}\gamma c_{n-1} = \frac{(-\gamma)^n}{n!} c_0,$$
$$\vdots$$

よって

$$u(t) = c_0 f(-\gamma t). \tag{7}$$

ここに, f はたいへん特徴的な無限級数で

$$f(\xi) = 1 + \xi + \frac{\xi^2}{2!} + \cdots + \frac{\xi^n}{n!} + \cdots. \tag{8}$$

この関数を後に説明する理由から**指数関数** (exponential function) とよぶ. なお念のためにいえば, (7) の $f(-\gamma t)$ というのは (8) の ξ に $-\gamma t$ を代入したもののこ

とである.

　われわれの本来の問題は抵抗を受ける落体の運動を求めることであった. その落体の時刻 – 速度の関係を (2) のようにおいたのだから, 上の結果 (8) を用いて

$$v(t) = c_0 f(-\gamma t) - \frac{g}{\gamma}.$$

定数 c_0 は初期条件からきめるべきものである[3]. 時刻 $t = 0$ のときの物体の速度を v_0 とおくなら, (8) により $f(0) = 1$ だから

$$c_0 - \frac{g}{\gamma} = v_0.$$

これから c_0 をきめて上の式に代入すれば

$$v(t) = \left(\frac{g}{\gamma} + v_0 \right) f(-\gamma t) - \frac{g}{\gamma} \tag{9}$$

が得られる. これで微分方程式 (1) が解けたわけである.

7.5　指数関数の値

　抵抗を受けながら落下する物体の時々刻々の速度は (9) から求められるはずだが, それを実際に計算しようと思うと, 関数 $f(\xi)$ が (8) という無限級数で定義されているのが気にかかる. 無限回のたし算をしないと値が求まらない式なんて役に立たないのではないか？

　試しに (8) の各項の値をあたってみよう.

　$\xi = 0.1$ とする.

第 1 項は,	1
第 2 項は, 第 1 項の ξ 倍	0.1
第 3 項は, 第 2 項の $\dfrac{\xi}{2}$ 倍	0.005
第 4 項は, 第 3 項の $\dfrac{\xi}{3}$ 倍	<u>0.000 167</u> (+
ここまでの総和	1.105 167

第 4 項がすでに小さいから, それから先の項はもっと小さくて総和にあまり影

---

3)　c_0 は図 2 で A とかいたものにあたる.

響しないだろう．実際，電卓を使って第 10 項まで計算してみたところ，総和は
1.105 171 となり，第 4 項までの総和と (四捨五入した上で) 小数点以下 5 桁まで
一致している．それゆえ

$$f(0.1) = 1.105\ 17$$

とみてよいだろう —— 「だろう」としかいえないのは，それぞれの項は小さくて
も無限個たしあわせるとバカにならない値になるという心配があるからだ．しか
し，(8) の第 5 項から先の総和は次の計算から 5×10^{-6} より小さいことがわかる：

$$\frac{\xi^4}{4!} + \frac{\xi^5}{5!} + \cdots + \frac{\xi^n}{n!} + \cdots < \frac{\xi^4}{4!}(1 + \xi + \cdots + \xi^n + \cdots)$$

$$= \frac{\xi^4}{4!} \frac{1}{1-\xi} = 0.000\ 004\ 6.$$

それゆえ，上の「だろう」は実は不要なのである．無限級数でも無限のたし算を
する必要はなかった．

　和をとる項の数が上のように少なくてすんだのは ξ を 0.1 という小さい値にし
たからでもある．ξ がもっと大きかったら，どうなるか？　電卓で計算してみた
結果を表 1 に示そう．数値のかいていない個所は，この桁数では 0 ばかり並ぶと
ころである．

表 1　$\dfrac{\xi^n}{n!}$ とその和．

n	$\xi = 0.5$	$\xi = 1$	$\xi = 1.5$
0	1.	1.	1.
1	0.5	1.	1.5
2	0.125	0.5	1.125
3	0.020 833	0.166 667	0.562 5
4	0.002 604	0.041 667	0.210 938
5	0.000 260	0.008 333	0.063 281
6	0.000 022	0.001 389	0.015 820
7	0.000 002	0.000 198	0.003 390
8		0.000 025	0.000 636
9		0.000 003	0.000 106
10			0.000 016
11			0.000 002
和	1.648 721	2.718 282	4.481 689

　同様の計算を丹念にやって関数 (6) のグラフをつくった（図 3）．グラフは縦軸
の目盛りを変えて 2 通り描いてある．細線で描いたものには中央の目盛り，太線
で描いたものには左端の目盛りを使う．この図と，まえの図 2 との関係は説明す
るまでもあるまい．

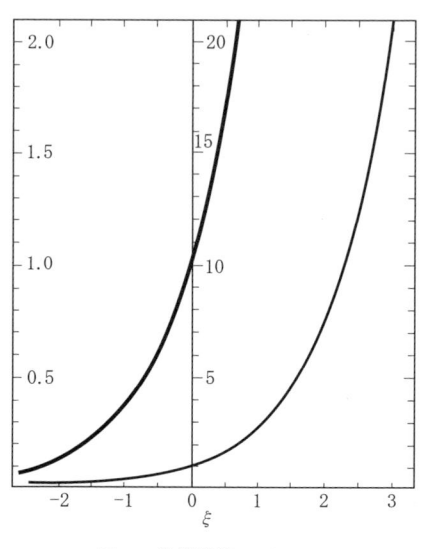

図 3　指数関数のグラフ．

7.6　落体の時刻−速度の関係

　指数関数 (8) のふるまいがわかったので，落体の速度 $v(t)$ が時刻 t とともに変
わってゆく様子を正確にグラフに描くことができる．

　指数関数 $f(\xi)$ は速度 $v(t)$ の式 (9) では $\xi = -\gamma t$ として使う．$t \geqq 0$ での落体の
運動に興味があるので，指数関数のグラフ（図 3）も $\xi < 0$ の部分を見ることにな
る．t が 0 からはじまって増加してゆくと ξ は 0 から負の方向に動き，したがっ
て f の値は単調に減少してゆくことになる．それは，(9) によれば

$$\frac{g}{\gamma} + v_0 \text{ が} \begin{Bmatrix} 正 \\ 負 \end{Bmatrix} \quad \text{なら} \quad v(t) \text{ の} \begin{Bmatrix} 減少 \\ 増加 \end{Bmatrix}$$

となって現われる．「正」は初速度が終速度 $-g/\gamma$ より大きい場合であり，「負」は
その反対の場合．そして，いずれの場合にも，落体の速度は時とともに終速度に

収束してゆくのである.

　こうして，図3のグラフの $\xi < 0$ の部分から落体の時刻 – 速度の関係を表わす図4が得られる.

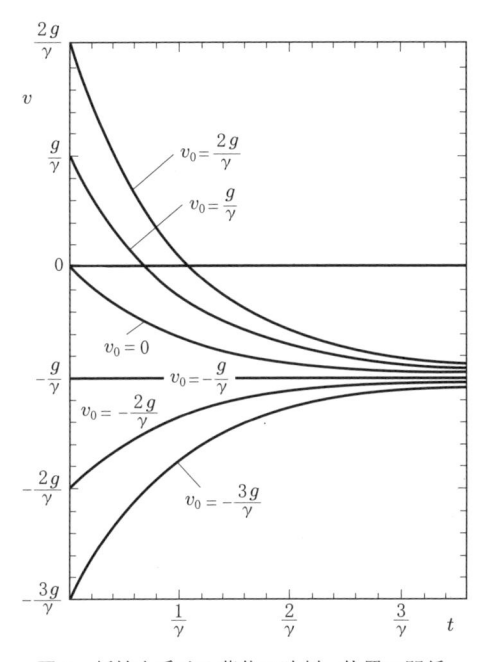

図4　抵抗を受ける落体の時刻 – 位置の関係.

　なお，物体の空気抵抗の比例定数 k が小さいか質量 m が大きいかで γ が非常に小さく，そのため興味のある時間の範囲で $\gamma t \ll 1$ であれば，(8) の右辺で第3項以下を無視し

$$f(-\gamma t) \fallingdotseq 1 - \gamma t$$

とみてよい. この場合，(9) は

$$v(t) \fallingdotseq v_0 - gt \tag{10}$$

というオナジミの式になる.

7.7 指数関数

関数 (8) は見かけによらない著しい特徴をもっている。それは，表1の数値の間に

$$(1.648\,721)^2 = 2.718\,282,$$
$$1.648\,721 \times 2.718\,282 = 4.481\,689$$

のような関係があるというところに，すでに現われている。すなわち

$$f(0.5) \times f(0.5) = f(1.0),$$
$$f(0.5) \times f(1.0) = f(1.5).$$

これは，任意の ξ, η に対して成り立つ関係

$$f(\xi)f(\eta) = f(\xi + \eta) \tag{11}$$

の露頭なのである。

(11) を証明するためには (6) を用いて左辺の積を計算してみればよい：

$$f(\xi)f(\eta) = \left(1 + \xi + \frac{\xi^2}{2!} + \cdots\right)\left(1 + \eta + \frac{\eta^2}{2!} + \cdots\right)$$
$$= 1 + (\xi + \eta) + \frac{1}{2!}(\xi^2 + 2\xi\eta + \eta^2) + \cdots$$

となって，これは $f(\xi + \eta)$ に等しい。

もう一歩つっこんでいえば：――

$$f(\xi)f(\eta) = \left(\sum_{n=0}^{\infty} \frac{\xi^n}{n!}\right)\left(\sum_{m=0}^{\infty} \frac{\eta^m}{m!}\right)$$

の右辺は，$\xi^n \eta^m / n!\, m!$ を図5の黒丸の (n, m) 全体にわたって加えたもの，とみられる。その黒丸を

$$\{(n, m) \,|\, n + m = N\}, \quad N = 0, 1, \cdots$$

のように分類しよう。そうすると，上の和を2段階に分けてとることができる。すなわち，まず N をきめて，$n + m = N$ となる (n, m) にわたる和をとる：

$$\sum_{n+m=N} \frac{1}{n!\, m!} \xi^n \eta^m = \frac{1}{N!} \sum_{n+m=N} \frac{N!}{n!\, m!} \xi^n \eta^m = \frac{1}{N!}(\xi + \eta)^N.$$

次に N を $0, 1, \cdots$ と動かして和をとると，

$$\sum_{N=0}^{\infty} \sum_{n+m=N} \frac{1}{n!\, m!}\, \xi^n \eta^m = \sum_{N=0}^{\infty} \frac{(\xi+\eta)^N}{N!}.$$

この右辺は確かに $f(\xi+\eta)$ に等しい！

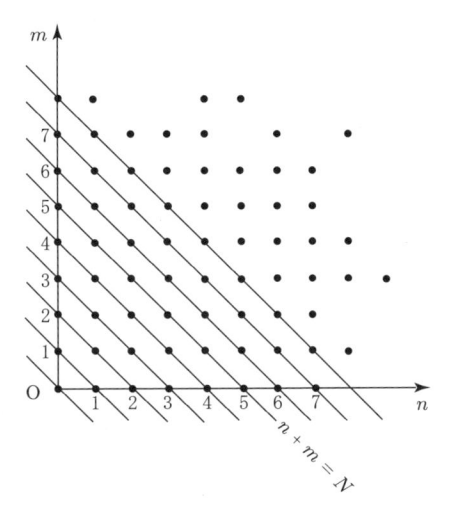

図 5　碁盤目にわたる無限和．対角線上でまず部分和をとる．

さて，(11) という関係を満たす関数は

$$f(\xi) = e^{\xi} \tag{12}$$

という簡明な形にかけるのである．ただし，表 1 も考慮して

$$e = f(1) = 2.718\,282$$

とおいた．

　実際，任意の正の整数 q をとって，(11) により

$$f(q\xi) = f(\xi + [q-1]\,\xi) = f(\xi)f([q-1]\,\xi)$$

という計算をくりかえせば

$$f(q\xi) = [f(\xi)]^q$$

が知れる．ここで，もう 1 つ正の整数をとり，q を p に変えて，かつ $\xi = 1/p$ とおけば

$$f\left(\frac{1}{p}\right) = [f(1)]^{1/p}.$$

これら 2 つの結果を組み合わせて

$$f\left(\frac{q}{p}\right) = e^{q/p} \qquad (f(1) \equiv e).$$

ところが，どんな正の実数も有理数 q/p でいくらでも近似できるし，他方，関数 $f(\xi)$ は ξ に関し連続なことも証明されるので ξ が任意の有理数 > 0 のとき成り立つ関係式は任意の実数 > 0 においても成り立つ．よって (12) が得られる——ただし，$\xi > 0$.

　$\xi = 0$ で (12) が成り立つことは (11) から明らかである．

　$\eta = -\xi < 0$ に対する f の値をみるには (11) により

$$f(-\xi)f(\xi) = f(0) = 1$$

となることに注意する．これから

$$f(-\xi) = \frac{1}{f(\xi)} = e^{-\xi}$$

が得られ，(12) が ξ をマイナスにしても成り立つことがわかる．

　関数 $f(\xi)$ を**指数関数**とよぶのは，これが ξ を指数 (exponent) にもつ e^{ξ} という形をしているからである．

　(8) により

$$e^{\xi} = 1 + \xi + \frac{\xi^2}{2!} + \cdots + \frac{\xi^n}{n!} + \cdots. \tag{13}$$

図 3 はこの関数のグラフである．(13) の両辺を微分すれば

$$\frac{d}{d\xi}e^{\xi} = e^{\xi}$$

が知れる．指数関数は微分しても変わらないのだ！　(13) で ξ を $a\xi$ とかきかえてから ξ で微分すると

$$\frac{d}{d\xi}e^{a\xi} = ae^{a\xi}. \tag{14}$$

これは記憶すべき公式である．実際，もしこれを先に知っていたら，微分方程式 (3) の解はただちに書き下せたはずである：

$$u(t) = Ae^{-\gamma t}. \tag{15}$$

ただし，A は任意定数．一般に，1 回の微分演算を含む微分方程式は任意定数を

1 個含む解をもつ. それを**一般解**とよぶ. その定数に初期条件その他の理由で特別の値を与えてしまったものは**特殊解**とよばれる.

上の (15) を (2) に代入して $v(0) = v_0$ の初期条件から A をきめれば

$$v(t) = \left(\frac{g}{\gamma} + v_0 \right) e^{-\gamma t} - \frac{g}{\gamma}. \tag{16}$$

これは以前の (9) にほかならない.

7.8 時刻–位置の関係

抵抗を受ける落体の時刻–位置の関係 $z = z(t)$ を求めよう. これを微分すると速度 (16) になるのだから

$$\frac{d}{dt} z(t) = a e^{-\gamma t} + b. \tag{17}$$

ただし

$$a = \frac{g}{\gamma} + v_0, \quad b = -\frac{g}{\gamma}$$

とおいた.

落体の時刻–位置の関係を求めることは, (16) を満たし初期条件を満たす関数 $z = z(t)$ を求めることである. 公式 (14) によれば, t で微分すると $a e^{-\gamma t}$ になるようなもっとも一般の関数は

$$-\frac{1}{\gamma} a e^{-\gamma t} + (定数)$$

である. 他方, t で微分すると定数 b となるもっとも一般の関数は

$$bt + (定数)$$

である. (17) の一般解は, これらを加え合わせた

$$z(t) = -\frac{a}{\gamma} e^{-\gamma t} + bt + c$$

であたえられる. ただし, c は任意定数. a, b をもとにもどして

$$z(t) = -\frac{1}{\gamma} \left(\frac{g}{\gamma} + v_0 \right) e^{-\gamma t} - \frac{g}{\gamma} t + c.$$

定数 c は初期条件から定めるべきものである. 時刻 $t = 0$ での位置を z_0 とすれば,

$$z_0 = -\frac{1}{\gamma} \left(\frac{g}{\gamma} + v_0 \right) + c$$

から c が定まる. そして

$$z(t) = \frac{1}{\gamma}\left(\frac{g}{\gamma} + v_0\right)(1 - e^{-\gamma t}) - \frac{g}{\gamma}t + z_0 \tag{18}$$

が得られる. これが運動方程式 (1) にしたがって運動する物体の時刻 − 位置の関係である. ここに, v_0 と z_0 とは初期条件としてあたえた初速度と初期位置である.

この (18) を用いれば, 雨粒が地上に着くまでに終速度に達するかという 7.3 節で考えた問題を詳しく調べることができる.

物体に働く空気抵抗が小さいか物体の質量が大きいかで $\gamma t \ll 1$ となる場合には, (18) はオナジミの

$$z(t) = z_0 + v_0 t - \frac{1}{2}gt^2$$

になる.

7.9 微分方程式から関数の特質を

微分方程式 (3) の解 $u(t) = c_0 f(-\gamma t)$ に現われる f が $f(\xi) = e^\xi$ という形をしていることを導くのに (11) は決定的な役割を果たした. その (11) は, しかし無限級数 (8) から苦労して証明したのである.

指数関数の特質である (11) を微分方程式から直接にひきだすことはできないか? できる.

まず微分方程式 (3) を ξ でかこう:

$$\frac{d}{d\xi}f(\xi) = f(\xi). \tag{19}$$

この関数 f は $\xi = 0$ で

$$f(0) = 1 \tag{20}$$

を満たすものとする. これで f が一意にきまるはずだ.

いま, $f(\xi)$ のかわりに新しい ξ の関数

$$F(\xi) = f(\eta + \xi) \tag{21}$$

を考えると, これは, 微分方程式

$$\frac{d}{d\xi}F(\xi) = F(\xi) \tag{22}$$

と，初期条件

$$F(0) = f(\eta) \tag{23}$$

を満たす．これら2つから関数 F は一意にきまるはずである．ところが，微分方程式 (22) は (19) と同じ形だから，その一般解は

$$F(\xi) = c_0 f(\xi).$$

ここに，定数 c_0 は初期条件 (23) からきめるべきものであって，(20) を考慮すれば

$$F(0) = c_0 = f(\eta),$$

したがって

$$F(\xi) = f(\eta)f(\xi). \tag{24}$$

ところが，左辺の F は (21) によって定義したのだから，つまり (11) が得られた．

　この結果は，もとをただせば，関数 $f(\xi)$ が (21) のように変数をずらして $f(\eta+\xi)$ としても依然として同じ形の微分方程式 (22) を満たしたことによる．このことは図2の勾配の場が左右に平行移動しても不変というところに，すでに現われていたのだった．

　あるいは，次のような考え方のほうが具体的でわかりやすいという人もいるかもしれない．それは，微分方程式 (19) を

$$f(\xi + \Delta\xi) = (1 + \Delta\xi)f(\xi)$$

の形にして使う．これから

$$f(\xi + 2\Delta\xi) = (1 + \Delta\xi)f(\xi + \Delta\xi) = (1 + \Delta\xi)^2 f(\xi)$$

といった計算をくりかえせば，$\Delta\xi = \eta/N$ のとき（N は正の整数）

$$f(\xi + \eta) = \left(1 + \frac{\eta}{N}\right)^N f(\xi).$$

本当は $\Delta\xi$ は無限小とすべきなので

$$f(\xi + \eta) = f(\xi) \lim_{N\to\infty} \left(1 + \frac{\eta}{N}\right)^N \tag{25}$$

が正しい．とくに $\xi = 0$ とおき $f(0) = 1$ をもちいれば

$$f(\eta) = \lim_{N\to\infty} \left(1 + \frac{\eta}{N}\right)^N. \tag{26}$$

これで (25) の lim 以下をおきかえれば (11) が得られる.

　いっそ (26) を指数関数の定義としてもよいのである. つまり

$$\lim_{N \to \infty} \left(1 + \frac{\eta}{N}\right)^N = e^{\eta}. \tag{27}$$

ただし N を有限として数値計算に使うには不便である. N を非常に大きくしないと精度がでないから ――.

　上の 7.7 節およびこの節の (27) 式で導入した指数関数は, その定義を知った目で改めて高校物理を見返せば, その多くの場面に立ち現われて理解を深くしてくれることに気づくだろう.

8. 微分方程式の発想
―― 高校生に微積分の思想を

なぜ微分方程式は有効なのか．なぜ自然法則は微分方程式で表わされるのだろうか．そんなことを考えていて，まず頭に浮かぶのは

曲線の一部は直線である

というすでにぼくの口ぐせになっているテーゼである．"一部" というのは "微小部分" のことだ．

曲線の微小部分は直線である

といえば，より正確になる．調子にのって

曲線の "二" 部は円である

といったりもする．こういうことがあるから曲線なり物体なりを小さく区切って "微分的に" 見ることが役に立つのである．

もう一方の，自然法則が微分方程式で表わされることについてはウィグナーの次の言葉[1] が思い出される：

> この世に起こる森羅万象は，どれも非常に複雑であり，それらを完全に理解するなどということは人間にとって明らかに不可能である．そこで，人間はうまい方法を考え出した．つまり，森羅万象の複雑さは偶然という名の何かのせいだと考えることによって，簡単な法則がみつかる領域を抜き出すのである．この複雑さを "初期条件" とよび，規則性の領域を "自然法則" とよぶ．

たとえば力学では，自然法則にあたる運動の法則は微分方程式で表現される．

---

1) E.P. ウィグナー『自然法則と不変性』，岩崎洋一ほか訳，ダイヤモンド社 (1974), p.5.

これは力学現象が時のたつにつれて"どれだけずつ変化するか"を規定するにすぎないから，その変化分を現象の発端の状況（初期条件！）に上乗せして初めて，当の現象が形をなすのである．このことは，力学にかぎらず，物理学の全体を貫く基本的論理構造をなしている．それにもかかわらず，高等学校の物理では力学においてさえ，このことがあいまいにされている．

以上の2つのことについて，これから例をあげて説明したいと思う．高等学校の物理にふれるところでは，高等学校の数学で用が足りるように書くつもりである．

8.1 微分方程式をたてる

与えられた問題を適切に表現する微分方程式をたてることは，問題解決への重要な一歩である．そのとき，"曲線の一部は直線である"というテーゼが基本になる．例で説明しよう．

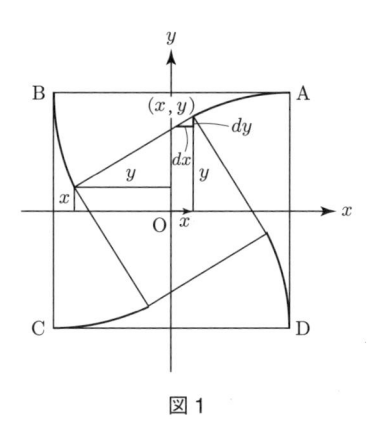

図1

問題1 正方形（一辺の長さ a）の頂点 ABCD のそれぞれから亀が一斉に歩き出し，A を出発した亀（亀 A という，以下同じ）は常に亀 B をめざして進み，亀 B は亀 C を，C は D を，D は A をめざして進む．亀たちの歩む道筋をもとむ．

図1のように直角座標軸 Ox，Oy をとって考えよう．頂点 A から出発した亀の道筋を――実はこれが知りたいのだが仮に知っているふりをして――

$$y = y(x) \tag{1}$$

とし，これに注目する．この亀が点 (x, y) に来たとき，目標の亀 B は —— 対称性からいって —— 点 $(-y, x)$ に来ているはずである．

さて，亀 A の道筋は (1) としたので，この亀が点 (x, y) で進む方向は $dy(x)/dx$ となる（向きは含めていない）．こう考えたとき，われわれは "曲線 $y = y(x)$ の一部 (dx, dy) は直線である" というテーゼを用いている（図 1）．この微小直線を延長して得る直線の方程式は，直線上の点の座標を (X, Y) としてかけば

$$Y - y = \frac{dy}{dx}(X - x)$$

となる．この直線が亀 B の現在位置 $(-y, x)$ を通るという条件は，したがって

$$\frac{dy}{dx} = \frac{y - x}{y + x} \tag{2}$$

となる．こうして亀 A の道筋 $y = y(x)$ を決定するための微分方程式が得られた．

この (2) は "同次型" とよばれる微分方程式であって，その解法の定石によれば，未知関数を y から

$$u(x) \equiv \frac{y(x)}{x} \tag{3}$$

に変えると解きやすい形になる．こうすると $y = xu$ となるので

$$\frac{dy}{dx} = u + x\frac{du}{dx}.$$

これを (2) に代入して整理すれば

$$\frac{du}{dx} = -\frac{1}{x}\frac{u^2 + 1}{u + 1}$$

という "変数分離型" の方程式が得られる．これは確かに解きやすい．すなわち

$$\left(\frac{u}{u^2 + 1} + \frac{1}{u^2 + 1}\right)du = -\frac{1}{x}dx$$

とかきなおして両辺を積分することによって

$$\frac{1}{2}\log(u^2 + 1) + \tan^{-1} u = -\log x + \log C$$

を得る．右辺の $-\log C$ は積分定数である —— ぼくは学生のとき矢野健太郎先生に微分方程式の解法を習ったのだが，先生が "積分定数を後で便利なような形に書かないやつはオンチだ" とくりかえしいわれたのを思い出す．

上の結果は，(3) を思い出して整理すると

$$re^\theta = C$$

という簡単な式になってしまう。ここに

$$r = \sqrt{x^2 + y^2}, \qquad \theta = \tan^{-1}\frac{y}{x}$$

は点 (x, y) の極座標である。定数 C は、亀 A の出発点では $\theta = \pi/4$, $r = a/\sqrt{2}$ であること(初期条件!)から $C = ae^{\pi/4}/\sqrt{2}$ と定まる。よって

$$re^\theta = ae^{\pi/4}/\sqrt{2}. \tag{4}$$

これが亀 A の道筋を表わす。この曲線は"対数螺線"とよばれるものである。

亀の道筋が極座標で書いたとき簡単な形になることからみると、そもそもの最初から極座標を使っていたら微分方程式も簡単な形になったのではないかと考えられる。実際、そのとおりである。読者も、ひとつ試してみるとよい。

ついでに、もう1つ問題を出しておこう。

問題 2 発音体 m が一平面上をある曲線 Γ にそって一定の速さ v で走って定点 O に到着したとき、途中で出した音がすべて同時に O に達したという。曲線 Γ の形をもとめよ。音速を $c < v$ とする。

こんども極座標 (r, θ) を使って微分方程式をたてるとよい。答は、またも対数螺線

$$r = r_0 \exp\left[-\theta\sqrt{\left(\frac{v}{c}\right)^2 - 1}\right]$$

になる。ただし m の出発点を極座標で $(r_0, 0)$ とした。

8.2 単振動の問題

こんどは力学の問題を考える。高等学校の物理で、どの教科書の説明も不満足な"単振動"をとりあげてみよう。

"単振動"とは次のようにして定義される運動である。

(予備) 定義 1 定直線 L があって、そのうえに定点 O があるとする。

L 上の各点で、その点においた質点 m に次の性質の力 f が働くなら、L 上には (O からの) **変位に比例する復元力の場**があるという:

(ⅰ) 力 f は定点 O に向かう(復元性)

(ⅱ) 力 f の大きさは、定点 O からの距離 Om に比例する(線形性)

　たとえば，一端を固定した "つるまきバネ" に質点 m をつると，バネの軸を L として，L 上に "変位に比例する復元力の場" ができる．質点 m の平衡位置が定点 O になる．もちろん，現実のバネでは，あまり大きく引き伸し，あるいは押し縮めて距離 Om を大きくすると，力の線形性が破れてしまう．この例では，仮に，その線形性が常に成り立つという理想化をしておくのである．さて，

定義 2　定直線 L 上に（定点 O からの）変位に比例する復元力の場があるとき，この場のなかで質点の行なう運動を**単振動**という．

上の例では，つるまきバネにつった質点 m を平衡位置 O から手で引き下げて放すと，m は単振動をする．平衡位置から手で押し上げて放しても，m は単振動をする．また，m を指で上向きあるいは下向きにはじいてやっても，m は単振動をする．

　ところで，質点 m の運動というのは，m の位置が時々刻々に変わってゆくことである．では

問題 3　単振動をしている質点 m の位置は時間のどんな関数であるか．

　その関数形は，最初に m を平衡位置から引き下げて放すか，押し上げて放すか，それとも指でピンとはじいてやるかなどによって異なるにちがいない．

8.3　高校物理の答

　ここに高校物理の教科書が 5 種類ある．発行は 1979 年ないし 1980 年である．著者は，それぞれちがう．それなのに，このうち 4 種類の教科書が上の問題に同じ答え方をしている．そして，残った 1 種類は答を天下りに書いているだけだから，これを独創的というわけにはいかない．

　その "同じ答え方" というのは，等速円運動を，その運動面内の定直線の上に射影してみる方法である．すなわち，まず図 2 のように半径 A の円周上を一定の角速度 ω でまわる点 M があるとし，この点 M の加速度ベクトルが（i）常に円軌道の中心に向かい，（ii）一定の大きさ $A\omega^2$ をもつ，ということを思い出しておく．

　次に，M の運動を図 2 に示すように定直線 L の上に射影すると，M の影 m の時刻 t における x 座標は

80

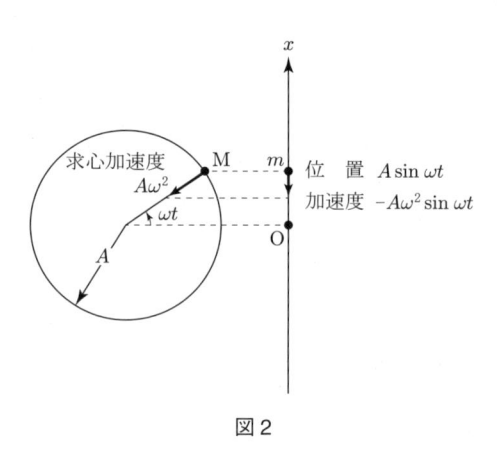

図2

$$x(t) = A \sin \omega t \tag{5}$$

で表わされる．ただし，L を x 軸として円軸道の中心の影を原点 O にしてある．他方，m の加速度はといえば，M の加速度ベクトルを L の上に射影したものになるので，図 2 から

$$\alpha(t) = -A\omega^2 \sin \omega t \tag{6}$$

と知れる．

　そこで，(5) と (6) とを比較すれば，L 上の m の加速度 $\alpha(t)$ と定点 O からの変位 $x(t)$ との間に

$$\alpha(t) = -\omega^2 x(t)$$

という関係のあることがわかる．

　いま，質点 m の質量を同じ文字 m で表わせば，$m\alpha(t)$ が時刻 t に m に働く力だから，それを $f(t)$ とかいて

$$f(t) = -m\omega^2 x(t). \tag{7}$$

これは，m の運動 (5) を与えられて，その m に時々刻々に働いているはずの力 $f(t)$ を決定したのである．その結果である (7) は，いまの場合，質点 m の位置座標（すなわち原点 O からの変位）x と，その位置で質点に働く力 f との間に

$$f = -kx \quad (k \equiv m\omega^2) \tag{8}$$

の関係があることを示している．この力は，まさしく "（定点 O からの）変位 x に

比例する復元力の場" によるものと同種類である.

この事実から, 高校物理の教科書は, "単振動は

$$x(t) = A \sin \omega t \tag{9}$$

という形の式で表わされる" という結論を出しているように見える. つまり (5) であるが, ここで "……ように見える" と書いたのは教科書の書きぶりがはっきりしないからにほかならない. 事実, "力を与えられて運動を決定する" ところの (9) への推論が, "運動を与えられて力を決定する"(8) までの推論の "逆" であることを断っている教科書は上に見た 4 種類のうち 1 種類しかない.

教科書が煮えきらない書きぶりになっているのは, いうべきことを抑えていわないでいるためではないだろうか.

実際, この場合, "逆" は真でないのである. 変位に比例する復元力の場における運動といっても, 8.1 節の末尾に注意したとおり, 運動はその起し方によってちがってくるはずで, いつでも (9) の形に表わせるわけではない. そのことを教科書がいわないで抑えているのは解せないことである.

教科書によっては, 放物運動のところでちゃんと次の注意をしている:

　一般に, ある時刻 t_0 における質点の位置と速度 (初期条件) が知れているとき, t_0 以後の時々刻々の加速度さえわかれば——すなわち, 質点に時々刻々はたらく力さえわかれば—— t_0 以後の各時刻における位置も速度も計算でだすことができる.

このようにして "初期条件" と "時々刻々の力" とから運動を決定することが, 力学の基本的な視点のはずである. それが, 単振動のところでは, 円運動との比較という技巧に流されて忘れられてしまっている. 高校物理は, 物理への入門であるからこそ, その基本的な視点は一貫していなければならないと思う.

視点の一貫性からすれば, 運動 (5) の加速度をもとめるにも, 等速円運動の助けをかりるのでなく, 速度の増加率という本来の定義を直接に適用するべきであろう. "微分法" という言葉はあらわに出さないとしても——. (本当は数学との連絡を密にして, 数学と物理のどちらで先に学習するにせよ, この言葉を恐れずに使うほうが力学は透明になるし, 数学で学ぶ微分積分法のイメージも豊かになる!)

しかし, 運動をあたえられて力をもとめる問題には, いまは立ち入らないことにしよう. 逆に初期条件と力とをあたえられて運動を決定する, という問題のほ

うを考えてみたいからである.

8.4 運動方程式の図式解法

x 軸上に (8) で表わされる力の場 $f(x) = -kx$ があるとして，この場における質点（質量 m）の運動を決定する問題を考えてみよう．この問題を，ここでは高等学校の数学 II の程度の知識をもちいて解くことにしたい．具体的にいえば，2 次元のベクトルと，2×2 行列によるその変換についての知識を利用する.

さて，各時刻 t における質点 m の x 座標を —— これこそがもとめるものであるが —— 仮に知っているふりをして $x = x(t)$ と書いておけば，m の速度 $v(t)$ は，Δt を微小時間として

$$\frac{\Delta x(t)}{\Delta t} = v(t) \quad \left[\Delta x(t) \equiv x(t + \Delta t) - x(t)\right] \tag{10}$$

によって計算される．この $v(t)$ から m の加速度 $\alpha(t)$ を計算して，力の場 (8) でのニュートンの運動方程式 $m\alpha = -kx$ をかけば

$$m\frac{\Delta v(t)}{\Delta t} = -kx(t) \quad \left[\Delta v(t) \equiv v(t + \Delta t) - v(t)\right] \tag{11}$$

となる．(10) と (11) が m の運動を決定を決定するはずの連立方程式である.

これら 2 式は，やや非対称的に見えるが，$\omega = \sqrt{k/m}$ を用いて

$$\omega x(t) \equiv u(t) \tag{12}$$

とおけば，(10), (11) は合わせて

$$\begin{pmatrix} \Delta u(t) \\ \Delta v(t) \end{pmatrix} = \begin{pmatrix} 0 & \omega \\ -\omega & 0 \end{pmatrix} \begin{pmatrix} u(t) \\ v(t) \end{pmatrix} \Delta t \tag{13}$$

という（歪）対称的な形にかける．この方程式によって，われわれは m の運動を調べてゆくことにしよう.

方程式 (13) の右辺の行列が歪対称であることは幾何学的な意味をもっている．それは，(13) に左から $(u \ \ v)$ をかけてみればわかるように

$$u(t)\Delta u(t) + v(t)\Delta v(t) = (u(t) \quad v(t)) \begin{pmatrix} 0 & \omega \\ -\omega & 0 \end{pmatrix} \begin{pmatrix} u(t) \\ v(t) \end{pmatrix} \Delta t = 0.$$

すなわち，ベクトル $\begin{pmatrix} u(t) \\ v(t) \end{pmatrix}$ とその増分 $\begin{pmatrix} \Delta u(t) \\ \Delta v(t) \end{pmatrix}$ とが常に直交しているということである．しかも，(13) からベクトルの増分の大きさに対して

$$\sqrt{[\Delta u(t)]^2 + [\Delta v(t)]^2} = \sqrt{u(t)^2 + v(t)^2}\, \omega \Delta t$$

の関係が得られる．こうして (13) の内容は図 3 に要約できる．つまり，ベクトル $\begin{pmatrix} u(t) \\ v(t) \end{pmatrix}$ は角速度 ω で時計まわりに回転してゆくのである．だから，もし

$$t = 0 \ \text{で} \ x(0) = B, \quad v(0) = \omega A \tag{14}$$

であったということ (初期条件) がわかっていれば，

$$\begin{pmatrix} u(t) \\ v(t) \end{pmatrix} = \begin{pmatrix} \cos \omega t & \sin \omega t \\ -\sin \omega t & \cos \omega t \end{pmatrix} \begin{pmatrix} \omega B \\ \omega A \end{pmatrix} \tag{15}$$

となる．

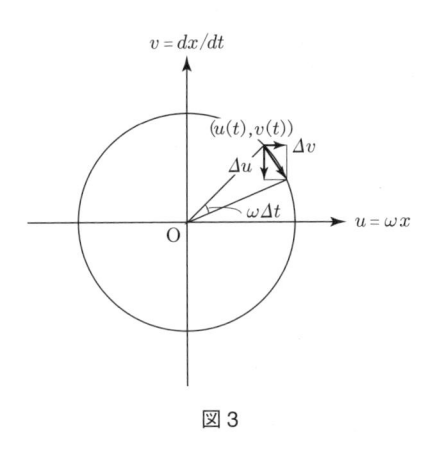

図 3

ここで (12) を思い出せば，m の運動が

$$x(t) = A \sin \omega t + B \cos \omega t \tag{16}$$

と決定される．案の定，初期条件が $B = 0$ の場合を除いて運動は (9) の形には書ききれない．上の解き方から見て，2 つの任意定数 A, B をもつ (16) が方程式 (13) のもっとも一般的な解である．

定数 A, B の物理的意味は (14) から知れる．最初に m を平衡位置からずらし

てソッと（初速 $v(0) = 0$ で）手ばなしてやるとしたら $A = 0$ で，

$$x(t) = B \cos \omega t$$

の運動がおこる．もし，最初に平衡位置 $(x(0) = 0)$ にある m を指ではじいて初速 $v(0) \neq 0$ をあたえるなら，こんどは $B = 0$ で

$$x(t) = A \sin \omega t$$

の運動がおこる．(16) のような運動がおこるのは，最初に m を平衡位置からずらし，その上に指ではじいて初速もあたえるという場合である．

8.5 微分方程式を解く

前節の方程式 (13) は，Δt でわって $\Delta t \to 0$ の極限にゆくと

$$\frac{d}{dt} \begin{pmatrix} u(t) \\ v(t) \end{pmatrix} = \begin{pmatrix} 0 & \omega \\ -\omega & 0 \end{pmatrix} \begin{pmatrix} u(t) \\ v(t) \end{pmatrix} \tag{17}$$

という "微分方程式" になる．多少とも微分積分学に心得のある人なら，この微分方程式を解くことによって簡明に前節の結論——(15) ないし (16)——を導き出すことができる．(17) は未知のベクトル値関数 $\begin{pmatrix} u(t) \\ v(t) \end{pmatrix}$ に対する微分方程式であって，その未知関数を，初期条件 (14) のもとで，すなわち

$$\begin{pmatrix} u(0) \\ v(0) \end{pmatrix} = \begin{pmatrix} \omega B \\ \omega A \end{pmatrix}$$

のもとで決定することを "微分方程式 (17) を解く" という．

この微分方程式 (17) は "微分することは定数（行列）倍することと同じ" という形をしているから，すぐ解ける．解は指数関数型で

$$\begin{pmatrix} u(t) \\ v(t) \end{pmatrix} = \exp \left[\begin{pmatrix} 0 & \omega \\ -\omega & 0 \end{pmatrix} t \right] \begin{pmatrix} \omega B \\ \omega A \end{pmatrix} \tag{18}$$

と書くことができる．ただし，一般に行列 Ωt の指数関数は級数

$$e^{\Omega t} = 1 + (\Omega t) + \frac{1}{2!} (\Omega t)^2 + \cdots + \frac{1}{n!} (\Omega t)^n + \cdots$$

によって定義するのである．いまの場合には

$$\Omega = \begin{pmatrix} 0 & 1 \\ -1 & 0 \end{pmatrix} \omega$$

なので，容易に

$$(\Omega t)^2 = -\begin{pmatrix} 1 & 0 \\ 0 & 1 \end{pmatrix}(\omega t)^2, \quad (\Omega t)^3 = -\begin{pmatrix} 0 & 1 \\ -1 & 0 \end{pmatrix}(\omega t)^3$$

$$(\Omega t)^4 = \begin{pmatrix} 1 & 0 \\ 0 & 1 \end{pmatrix}(\omega t)^4, \quad (\Omega t)^5 = \begin{pmatrix} 0 & 1 \\ -1 & 0 \end{pmatrix}(\omega t)^5$$

$$\vdots \qquad\qquad\qquad \vdots$$

の計算ができて，Ωt の偶数乗は対角行列に，奇数乗は歪対称行列にと分かれることになる．それぞれの和をとると $\cos \omega t$ と $\sin \omega t$ がでてきて

$$e^{\Omega t} = \begin{pmatrix} 1 & 0 \\ 0 & 1 \end{pmatrix} \cos \omega t + \begin{pmatrix} 0 & 1 \\ -1 & 0 \end{pmatrix} \sin \omega t$$

となる．これを (17) に用いれば，確かに微分方程式 (17) が以前の (15) に一致する答を与えることがわかる．

8.6 エネルギー積分の利用など

微分・積分を自由に使ってよいなら，単振動の問題はもっと別の仕方で解くこともできる．

時刻 t における m の座標を $x = x(t)$ とすれば，加速度 $d^2x(t)/dt^2$ だから，m を変位に比例する復元力の場においたときの運動方程式は

$$m\frac{d^2x(t)}{dt^2} = -kx(t) \tag{19}$$

となる．これが単振動の微分方程式である．

この方程式は，未知関数 $x(t)$ を定数倍しても形を変えない．つまり "線形" である．その上，どの項の係数も——つまり m も k も——定数である．このことを利用すると次のような解き方ができる．まず

$$x(t) = e^{pt}$$

とおいて，これが (19) を満たすように定数 p を定めることを考えよう．

$$\frac{d^2}{dt^2}e^{pt} = p^2 e^{pt}$$

だから，$p^2 = -k/m$ のとき，すなわち

$$p = \pm i\omega \quad (\omega \equiv \sqrt{k/m})$$

のとき (19) は満たされる．(19) には

$$e^{i\omega t} \quad \text{および} \quad e^{-i\omega t}$$

という解があるわけである．方程式 (19) の線形性から，これらに任意定数 C, D をかけて "重ね合わせ"

$$x(t) = Ce^{i\omega t} + De^{-i\omega t} \tag{20}$$

をつくっても，やはり解になる．これが (19) のもっとも一般的な解である．そして実質的に (16) と同じであることは，いうまでもない．

　もう 1 つの解き方は，いわゆる "エネルギー積分" を利用して (19) を $dx(t)/dt$ に対する方程式——1 階の微分方程式！——に引きなおすことである．

　すなわち，(19) の両辺に $dx(t)/dt$ をかけて

$$\frac{dx}{dt}\frac{dx^2}{dt^2} = \frac{1}{2}\frac{d}{dt}\left(\frac{dx}{dt}\right)^2, \qquad x\frac{dx}{dt} = \frac{1}{2}\frac{d}{dt}x^2$$

を利用する．そうすると

$$\frac{d}{dt}\left[\frac{m}{2}\left(\frac{dx}{dt}\right)^2 + \frac{k}{2}x^2\right] = 0$$

を得る．これはいわずと知れた "エネルギー保存則" である[2]．エネルギーの一定値を E とおけば，これは非負で

$$\frac{m}{2}\left(\frac{dx}{dt}\right)^2 + \frac{k}{2}x^2 = E. \tag{21}$$

これから

$$\frac{dx}{dt} = \pm\omega\sqrt{C^2 - x^2} \quad \left(C \equiv \sqrt{\frac{2E}{k}}\right) \tag{22}$$

という 1 階の微分方程式が得られる．右辺の複号は m が x 軸の正の向きに進むとき $+$，負の向きに進むときには $-$ をとる．まず，その $+$ のほうを考えると，

---

2)　図 3 において $u(t)^2 + v(t)^2 = $ 一定 となったのも，つまりはエネルギー保存則の現われであった．

$$\frac{dx}{\sqrt{C^2 - x^2}} = \omega dt.$$

積分して

$$\sin^{-1}\frac{x}{C} = \omega t + \phi_+ \quad (\phi_+ \text{ は積分定数}).$$

すなわち

$$x = C\sin(\omega t + \phi_+). \tag{23}$$

この結果は $dx/dt \geqq 0$ の範囲でだけ使うべきものである.

　他方, (22) の複号のうち $-$ のほうをとると, 上と同様にして

$$x = C\sin(-\omega t + \phi_-) \quad (\phi_- \text{ は積分定数})$$

を得る. これは $dx/dt \leqq 0$ の範囲でだけ使うべきものであるが

$$x = -C\sin(\omega t - \phi_-) = C\sin(\omega t - \phi_- - \pi)$$

とかきなおして $-\phi_- - \pi = \phi_+$ にとれば, 上の $dx/dt \geqq 0$ の解と滑らかにつながるようになる.

　つまり, C と ϕ を任意定数として

$$x = C\sin(\omega t + \phi) \tag{24}$$

が t の変域 $(-\infty, \infty)$ 全体の上で通用する解である. この解が —— 三角関数の加法定理の助けにより —— (16) の形になおせることはいうまでもない.

　微分方程式にかかわる発想の二, 三を書いてみた.

9. オイラー
―― 中継走者

9.1 はじめに

オイラーは，ニュートン力学の形を整え微積分法による表現を確定，つまり力学のニュートン形式を完成して1つの時代を画する一方，モーペルテュイにはじまる最小原理にも1つの一般的な表現をあたえて，続くラグランジュ形式の時代への端緒を開いた[1], [2]．オイラーは数理科学の草創期から現代への中継走者といえそうだ．

天体力学でいえば，惑星の運動方程式から楕円軌道を導きだす計算の決定版もオイラーによる．また，月の運動が，地球の引力に加えて太陽からの引力も考えに入れたときどう変わるかを計算した．こうして作った月の運行表は航海に利用された．

彼はまた，三角関数の sin, cos, tang（今日の日本では tan, 国によっては tg), cot, sec, cosec の記号や和の記号 $\sum$，階差の記号 Δ を創め，自然対数の底を e で表わした[3]．

他にもオイラーの名を今に留めるものは数多い：オイラーの公式 $(e^{ix} = \cos x + i\sin x)$，オイラー–ラグランジュの方程式（変分法），剛体の回転に対するオイラーの運動方程式，流体力学のオイラーの方程式，オイラーの定理（凸多面体の頂点の数 V，辺の数 E，面の数 F のあいだに $V - E + F = 2$ が成り立つ），オイラーの数（3次元空間内の滑らかな閉曲面の一水平面からの高さが極小の点，極大の点および鞍点の数を n_0, n_2, n_1 とするとき $n_0 - n_1 + n_2$ をいう．$2 - (孔の数)$ に等しい．また $\operatorname{sech} x$ のテイラー展開を $\sum_{n=0}^{\infty} \dfrac{E_n}{(2n)!} x^{2n}$ としたときの E_n をもいう），オイラー定数 $\left(1 + \dfrac{1}{2} + \dfrac{1}{3} + \cdots + \dfrac{1}{n} - \log n \text{ の } n \to \infty \text{ の極限 } 0.577\,215\,664\cdots\right)$，等々．

9.2 極小化問題から

オイラーは1707年にスイスのバーゼルに生まれた. このとき, ニュートンもライプニッツも存命である.

1720年に入学したバーゼル大学では, 数学の名門ベルヌーイ家の2代目で, ライプニッツの微分積分法を受け継ぐヨハンが教授として君臨していた. 彼は, 1696年, 最急降下線を求める問題を提出し解答を公募した. 最急降下線とは, 一様な重力場に鉛直に立てた平面内で与えられた2点 P_1, P_2 を結ぶ曲線のうち, それに沿って与えられた初速 v_0 で P_1 から滑り降りる質点が P_2 にいたるまでの時間が最短のものをいう. この問題にはニュートン, ライプニッツや兄のヤコブが応え, それぞれの仕方で正しくサイクロイドを得た. ヨハン自身の解は不完全であったが, このとき重力の加速度を g で表わすことを始めた[8].

ヨハンは, 1728年, 与えられた曲面上で与えられた2点を結ぶ最短の曲線(測地線)を決定するという問題をオイラーに与えた. 彼は一般的な方程式を導き, 魅惑されたラグランジュは変分法を確立し力学を見通しよくした.

9.3 惑星の運動, 順問題と逆問題

それに先立つ1710年, ヨハンは惑星の運動方程式をたて, 解いた. その問題は, 同時に兄ヤコブの弟子ヘルマンも解き, ともにパリの科学アカデミーで発表した. その記録につけられた解説は, 惑星の運動の問題を順逆の2つに分け, ニュートンは順問題しか解かなかったといい, 逆問題の初めての解としてヘルマンとヨハン・ベルヌーイの仕事を位置づけている. いや, もとを辿れば, 『プリンキピア』の欠を言ったのはヨハン・ベルヌーイその人であった([1], p.35).

ここにいう順問題とは, 物体 m の運動を知って m にはたらいている力の法則を見いだす問題であり, 逆問題とは物体 m にはたらく力の法則を知って m の運動を見いだす問題である[9].

ニュートンが『プリンキピア』(『自然哲学の数学的原理』)で順問題を解いたことは, そのとおりである. 逆問題は解かなかったか, といえば, 『プリンキピア』には命題41・問題28がある:

　　任意の種類の向心力を仮定し, 曲線図形の求積法を認め, 物体が運動する軌

90

道曲線を見いだすこと，さらに見いだされた軌道曲線の一点から他の各点まで物体が動いて行く時間を見いだすこと．

これは，まさに逆問題である．その答は『プリンキピア』に与えられているが，問題が"求積法を認め"となっているので，これこれの積分ができたとすれば，軌道はこうなる，という答え方でしかない．つづく系2, 3は，その答から直ちに従う結果を述べている．系3にくると，問題で任意とした向心力の一例を扱うのだが

向心力は中心からの距離の3乗に逆比例して中心に向かうものとし…

といって，読者を失望させる．ニュートンにとっても，惑星にはたらく逆2乗の力こそ関心事だったはずだ．なぜそれを例としなかったのだろうか？　この疑問は『プリンキピア』を訳した河辺六男も「解説」（[6]，p.52）に述べているが答はない．科学史家コーエン[10]はニュートンが"任意の種類の向心力"に対して命題を述べ得たことを称賛するばかりで，系3には触れない．そして"積分ができたとすれば"は『プリンキピア』に頻出するので，ここで特に問題とするにはおよばないという．

チャンドラセカールは最近の解説書で[11]，ニュートンは後の命題91で同種の積分を実質上しているので，できなかったわけではなく，むしろ分かりきったことだから書かなかったまでだ，としている．しかし，これは身びいきがすぎると，ぼくは思う．ニュートンは"軌道曲線の一点から他の各点まで物体が動いて行く時間を見いだすこと"まで問題にしており，その積分は元来できない（知られていた関数では表わせない！）ものだからである．山本義隆[1]は，『プリンキピア』の他の命題も検討した上でニュートンは順問題しか解かなかったと考えている．

思わずニュートンの評価にかかずらうことになったが，これは，やがてオイラーの評価にもつながることである．というのは，彼こそ逆問題を筋道正しく解いた最初の人とされているのだから！　彼は，平面極座標を導入し，直角座標で書き下ろした運動方程式（『プリンキピア』には運動方程式のかけらもない[2]！）を極座標に変換し，エネルギー積分をもとめ……という今日でも行なわれる方法で逆2乗の力から惑星の運動を決定した．

彼は，いわゆる3体問題[12]もとりあげた．月の運動をまず地球の引力のみ考えて解き，そうして得られる楕円軌道のパラメタが太陽の引力の影響でゆっくり変化する様子を計算した（1735）．これをもとにドイツのマイヤーの作った月の運行表は航海に必須のものとなり，英国政府の賞金を受けた．彼は，オイラーの考え

た摂動項を採り，理論値の代わりに観測値を入れて高い精度を得たのである[13]．
オイラーの近似法は，定数変化の方法として後にラグランジュが完成する[7]．

Landmarks　（E はオイラー）

ケプラー	1609	『新天文学』：第1，第2法則
	1619	第3法則
フェルマ	1629	『極大・極小論』：光の屈折に関する最短時間の法則 [2]
ガリレイ	1638	『機械学および地上運動に関する対話と数学的証明』[4]
デカルト	1664	『宇宙論』[5]
ニュートン	1687	『自然哲学の数学的原理』[6]
J. ベルヌーイ	1697	等周問題[1]，最急降下線
E	1707	スイス，バーゼルに生まれる．
J. ベルヌーイ	1728	E に曲面上の測地線を決定する問題をだす
E	1735	ケーニヒスブルクの橋の問題
E	1736	『力学，もしくは解析的に提示された運動の科学』 変分法のオイラーの方程式
モーペルテュイ	1744	「両立不可能とまで見える法則の統一」：最小作用
E	1744	『惑星と彗星の運動の理論』 『極大または極小の性質をもつ曲線を見いだす方法』
E	1750	「力学の新原理の発見」質点概念，物体の構成要素
ラグランジュ	1750	E の『極大または極小……』に魅惑される
E	1751	「モーペルテュイの〈統一〉について」
E	1753	月の運動の理論──3体問題，定数変化法 [7]
ラグランジュ	1754	18歳．E に手紙．翌年，変分法の着想を E に送る
E	1755	「流体運動の一般原理」，完全流体の運動方程式 [2]
E	1758	剛体回転のオイラーの方程式
E	1783	〈計算することと生きることを止めた〉（コンドルセ）
ラグランジュ	1788	『解析力学』
ラプラス	1799	『天体力学』
ハミルトン	1835	ハミルトンの原理：$\delta \displaystyle\int_{P_1,t_1}^{P_2,t_2} (K-V)dt = 0.$

---

1)　等周問題：与えられた周をもつ平面図形で，面積最大のものは何か？

9.4 力学の解析化

上に述べた天体力学の研究にさきだって，オイラーは『力学，もしくは解析学的に提示された運動の科学』（1736）を著して史上はじめて運動方程式を与えた．すなわち「時間要素 dt における速度の増加 dc は力を p として $p\,dt$ に比例する」とし，「複数の質点を同時に考えるときには dc に質量をかけねばならない」と注意した．この書物は，力を物体の運動を変化させる作用と定義し，質量を物体に内在して静止の状態または一様な直線運動を保持させる性能と定義することから始めて定義と論証によって力学を合理的科学として提示しようとした．思弁的に基礎法則にさえ証明を与えたのは後のダランベールの『力学論』（1743）も同じで，オイラーも時代の子である [13]．以後，彼は質点の運動方程式を力学の中心に据えて，それから剛体や流体の力学を組み立ててゆく．先にも触れた3体問題の運動方程式による定式化は初め 1747 年になされ 1748 年に公刊された．

　オイラーが質点の概念を明確に述べたのは 1750 年の「力学の新原理の発見」においてである．質点を彼は「無限小の物体」とよび，それに対する直角座標成分ごとの運動方程式

$$2M\,d^2x = P\,dt^2, \quad 2M\,d^2y = Q\,dt^2, \quad 2M\,d^2z = R\,dt^2$$

のみの中に力学の全原理が含まれている，と宣言した [2], [13]．そして，剛体は質点の集まりとみて，その各々に運動方程式を適用し重心のまわりの回転に対する運動方程式を導いた（1758）．質量を $2M$ としたのは運動エネルギーを Mv^2 とするためか？　彼が剛体の正確な定義や剛体に固定された座標系の導入をするのは 1760 年になってからである．その前にオイラーは流体の運動方程式を 1755 年に導いている [2]．

　オイラーが『解析学的に提示された運動の科学』（1736）を『力学の新原理の発見』（1750）で仕上げるまでの間に最小作用の原理に寄り道しているのは興味深い．力学の原理を模索していた時代が見えるようだ．1741 年に「中心力を受けて運動する物体の問題は等周問題の手法で解けないだろうか？」と D. ベルヌーイに訊ねられたオイラーは，モーペルテュイがアプリオリに最小原理を仮定して出発した（1744）のと異なり，すでに解が知られている例について極値をとる量をさがすという道をとった．その成果は 1744 年に「極大または極小の方法によって決定される，非抵抗媒質のなかでの放物体の運動」に発表された．それまでの研究の

集成『極大または極小の性質をもつ曲線を見いだす方法』の付録であった．この仕事に魅惑されたラグランジュは18歳の1754年，オイラーに手紙で接触，その翌年には変分法の始まりを印す研究を送っている[15]．それが『解析力学』に実るのは1788年である．

　こうした解析化の背景にはベルヌーイ一家にはじまる微分方程式の研究があった．オイラーは1728年に抵抗を受ける振子の問題を解いている．1739年には調和振動子の強制振動をとりあげ，外力の振動数が固有振動数に等しい場合，振幅が時間とともに限りなく増大することを強調した（すでに知られていた）．後には微分方程式の特異解（一般解に含まれない解）を調べている．1741年には，D. ベルヌーイの「糸でつながった物体，および垂れ下がった鎖の振動」(1733)の後をうけて「任意の数のオモリがついた糸の振動」を論じた．

　ダランベールが弦の振動の偏微分方程式を導き，その一般解 $\phi(x-ct)+\psi(x+ct)$ を提示すると，すぐオイラーは「弦の振動について」(1748)を書いて ϕ や ψ は —— 弦の両端固定という境界条件で制限されるが —— 初期条件で定めるべきもので1つの式で表わされる必要はなく，区間毎に別の式であってよいし導関数が不連続であってもよい —— いっそ勝手に描いた曲線をグラフとするものでよい[14], [3] と主張し，ダランベールと対立，1763年まで文通が断絶する[15]．これは関数とは何かの問題に発展，D. ベルヌーイが弦の振動にフーリエ級数解を与えたとき一層尖鋭化した．その解も十分に一般ではないとオイラーは考えた[16], [17]．

参考文献

[1]　山本義隆『古典力学の形成 —— ニュートンからラグランジュへ』，日本評論社 (1997)．同著者『重力と力学的世界 —— 古典としての古典力学』，現代数学社 (1981)．

[2]　István Szabó : *Geschichte der mechanischen Prinzipien*, Birkhäuser (1979).

[3]　伊東俊太郎，原 亨吉，村田 全『数学史』，数学講座 18，筑摩書房 (1975)，pp.134, 160, 170.

[4]　ガリレオ・ガリレイ『新科学対話』，今野武雄訳（上，下），岩波文庫 (1937, 1948)．年表にはあげなかったが，同著『天文対話』，青木靖三訳（上，下），岩波文庫 (1984, 1986)，『星界の報告，他一篇』，山田慶児，谷 泰訳，岩波文庫 (1976)．

[5]　『デカルト著作集 4』，「宇宙論」は野沢 協，中野重伸訳，白水社 (1973)．デカルトは「宇宙論」を 1633 年に「ほとんど完成」していたが，ガリレイの『世界体系』が出版と同時に全部焼かれたと聞き「法王のおぼえでたいあの人が罪に問われたりする理由は，地動説を主張したらしいということ以外に考えられな

い」と思って，出版をとりやめた．後に『方法序説』で紹介し，『哲学原理』で詳細に述べる．これらは『デカルト著作集』に収められている．また岩波文庫［落合太郎訳 (1953)，および桂 寿一訳 (1964)］でも読める．

[6] ニュートン『自然哲学の数学的原理』，河辺六男訳，世界の名著 26，中央公論社 (1971)．

[7] 小堀 憲編『18 世紀の自然科学』，恒星社 (1957)．

[8] 小堀 憲『18 世紀の数学』，数学の歴史 V，共立出版 (1979)．

[9] 順逆を区別して書いた入門書：江沢 洋『物理は自由だ 1 ── 力学』，日本評論社 (1992)．

[10] I. Bernard Cohen : *The Newtonian Revolution ── with illustration of the transformation of ideas*, Cambridge (1980), p.71.

[11] S. Chandrasekhar : *Newton's Principia ── for the common readers*, Oxford (1995)．中村誠太郎監訳，講談社 (1998) もあるが未見．[1] の著者による書評（「科学」，1999 年 5 月号）を参照．

[12] E. Whittaker : *A History of the Theories of Aether and Electricity*, vol.II ── *The Modern Theories*, 1900–1926, Dover (1989)．V 章 Gravitation は 18 世紀の状況の叙述から始まっている．霜田光一，近藤都登訳（講談社）は第 I 巻のみのようだ．

[13] 広重 徹『物理学史 I』，培風館 (1968)．

[14] M. Kline : *Mathematical Thought from Ancient to Modern Times*, Oxford (1972).

[15] U. ボタチーニ『解析学の歴史 ── オイラーからワイアストラスへ』，好田順治訳，現代数学社 (1990)．

[16] 彌永昌吉『現代数学の基礎概念』（上），弘文堂 (1944)．

[17] 近藤洋逸『数学思想史序説』，三一書房 (1948)；『近藤洋逸数学史著作集』第 2 巻，日本評論社 (1994)．

10. 変分法とオイラー

最小問題

　17 世紀も末，数学者の間で測地線を求める問題が関心を集めていた．測地線とは，与えられた曲面の上で与えられた 2 点 A, B を結ぶ曲線 Γ のうちで最も短いものをいう．

　直角座標系 O–xyz で曲面の方程式を $z = \alpha(x, y)$ とし，測地線を xy 平面に射影して $y = y(x)$ で表わせば，測地線に沿って $z = \alpha(x, y(x))$ となるから

$$dy = \frac{dy}{dx} dx, \qquad dz = \left(\frac{\partial \alpha}{\partial x} + \frac{\partial \alpha}{\partial y} \frac{dy}{dx} \right) dx$$

であって，Γ の線素片は

$$(dL)^2 = \left\{ 1 + \left(\frac{dy}{dx} \right)^2 + \left(\frac{\partial \alpha}{\partial x} + \frac{\partial \alpha}{\partial y} \frac{dy}{dx} \right)^2 \right\} (dx)^2$$

となる．よって，A と B を結ぶ曲線 Γ の長さは

$$L = \int_{\mathrm{A}}^{\mathrm{B}} dL = \int_{\mathrm{A}}^{\mathrm{B}} \sqrt{1 + \left(\frac{dy}{dx} \right)^2 + \left(\frac{\partial \alpha}{\partial x} + \frac{\partial \alpha}{\partial y} \frac{dy}{dx} \right)^2} \, dx \qquad (1)$$

である．これを最も小さくする関数 $y = y(x)$ を決定せよというのが測地線の問題である．

　1696 年に，ヨハン・ベルヌーイは，数学者たちへのチャレンジだといって次の問題を出した．重力加速度 g が一定な空間の鉛直平面内で 2 点 A, B を結ぶ曲線 Γ のうちで，その上を質点が A から B まで滑るのに要する時間が最も短いものを求めよ．ただし，質点は A を初速 v_{A} で出発し，滑るのにマサツはないとする．このような曲線を最急降下線という．

　鉛直面内に y 軸を鉛直下向きにして直角座標系 O–xy をとり，Γ を $y = y(x)$ と

すれば，位置 y にきたときの速さ v は，エネルギーの保存則から

$$\frac{m}{2}v^2 = \frac{m}{2}v_\mathrm{A}^2 + mg(y - y_\mathrm{A})$$

できまる．すなわち

$$v = \sqrt{2g(y + a)} \qquad \left(a = \frac{v_\mathrm{A}^2}{2g} - y_\mathrm{A}\right)$$

であるから，B につくまでに要する時間 T は

$$\sqrt{2g}\,T = \int_\mathrm{A}^\mathrm{B} \frac{\sqrt{1 + (dy/dx)^2}}{\sqrt{y + a}}\,dx \tag{2}$$

となる．これを最も小さくする関数 $y = y(x)$ を求めよというのが最急降下線の問題である．

　一般的にいえば，こうだ．関数 $y = y(x)$ とその導関数 $y'(x) = dy(x)/dx$，および場合によっては x も含む関数

$$\mathcal{L} = \mathcal{L}(x, y, y')$$

を与えられて，積分

$$I[y] = \int_a^b \mathcal{L}(x, y, y')dx \tag{3}$$

を最も小さくするような関数 $y = y(x)$ を求めよ．この $I[y]$ のように，関数を変数（変関数！）とする関数の親玉を汎関数という．汎関数とは「関数 $\mapsto$ 数」の写像である．

　17 世紀の当時の数学者たちは，これを $\mathcal{L}$ に応じてさまざまの工夫をして解いた．たとえば，ヨハン・ベルヌーイは最急降下線の問題を屈折率が $n \propto 1/\sqrt{y + a}$ の媒質中を走る光線の問題にすりかえて解いた．

オイラー登場

　1728 年にヨハン・ベルヌーイがオイラーに次の問題をもちかけた．与えられた曲面 S 上の測地線を，Γ が測地線ならばその接触平面は曲面 S に直交するという事実を利用して見いだすこと．

　この解法が (3) のような積分を最小にすることとどう関係するか，わからないが，この問題によってオイラーの測地線問題への関心が芽生え，積分 (3) の最小問題に向かったことは，まちがいない．

　オイラーは，一般に積分 (3) を最小にする問題をとりあげ，次のようにして解いた．

　まず，積分区間を分点 x_k $(x_0 = a,\ x_N = b\ ;\ k = 0, 1, 2, \cdots, N)$ で N 等分して，積分 (3) を和

$$I[y] \sim \sum_{k=1}^{N-1} \mathcal{L}(x_k, y_k, y_k')\Delta x \tag{4}$$

で近似する（図 1）．いうまでもなく

$$y_k = y(x_k), \qquad \Delta x = \frac{b - a}{N}$$

であり，

$$y_k' = \frac{y(x_{k+1}) - y(x_k)}{\Delta x}, \qquad y_{k-1}' = \frac{y(x_k) - y(x_{k-1})}{\Delta x}$$

とする．

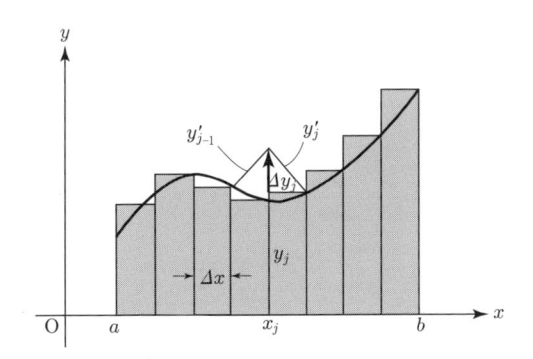

図 1　積分を有限和で近似する．

　$I[y]$ は正確には関数 $y = y(x)$ を変数（変関数！）とする汎関数であって，x の値ごとの y の値の関数，つまり無限次元の変数をもつ関数であったが，(4) のように近似することで，有限個の変数の関数になった．

　そこで I を最小にする関数 $y = y(x)$ を求める代わりに，和 (4) を最小にする有限個の $y_k = y(x_k)$ を求めることが，さしあたりの問題になる．もちろん適当なところで $N \to \infty$ の極限をとるのである．

　y_k の 1 つ y_j を少し変えて $y_j + \Delta y_j$ として I の変化を見よう（$j = 1, 2, \cdots, N - 1$）．最急降下線の問題におけるように，通常の最小問題では積分区間の両端

での y の値 $(y_0$ と $y_N)$ は与えられている.

和 I が $y_0, y_1, \cdots, y_N$ で最小になるならば,そこでは各 y_j を微小に変化させても和 I は変化しないはずである.

ただし,逆は必ずしも真でない.各 y_j を微小に変化させたとき I が変化しなくても I がそこで最小になるとはかぎらない.局部的な極小かもしれない.極大かもしれない.ある方向の変化に対しては極小,ある方向には極大の峠点かもしれない.しかし,ともかく各 y_j を微小変化させたとき I が変化しないことは I がそこで最小になるための必要条件である.

y_j を変えると y'_{k-1} も変わるから

$$
\begin{aligned}
\Delta I =& \mathcal{L}\left(x_j, y_j + \Delta y_j, y'_j - \frac{\Delta y_j}{\Delta x_j}\right) - \mathcal{L}(x_j, y_j, y'_j) \\
&+ \mathcal{L}\left(x_{j-1}, y_{j-1}, y'_{j-1} + \frac{\Delta y_j}{\Delta x_j}\right) - \mathcal{L}(x_{j-1}, y_{j-1}, y'_{j-1}).
\end{aligned}
$$

この右辺は,同じ $\mathcal{L}\left(x_j, y_j, y'_j - \dfrac{\Delta y_j}{\Delta x_j}\right)$ を引いて加え

$$
\begin{aligned}
&\mathcal{L}\left(x_j, y_j + \Delta y_j, y'_j - \frac{\Delta y_j}{\Delta x_j}\right) - \mathcal{L}\left(x_j, y_j, y'_j - \frac{\Delta y_j}{\Delta x_j}\right) \\
&+ \mathcal{L}\left(x_j, y_j, y'_j - \frac{\Delta y_j}{\Delta x_j}\right) - \mathcal{L}(x_j, y_j, y'_j) \\
&+ \mathcal{L}\left(x_{j-1}, y_{j-1}, y'_{j-1} + \frac{\Delta y_j}{\Delta x_j}\right) - \mathcal{L}(x_{j-1}, y_{j-1}, y'_{j-1})
\end{aligned}
$$

と書くことができる.これは

$$
\begin{aligned}
&(\text{第 1 行}) \sim \frac{\partial \mathcal{L}}{\partial y_j} \Delta y_j, \\
&(\text{第 2 行}) \sim \frac{\partial \mathcal{L}(x_j, y_j, y'_j)}{\partial y'_j}\left(-\frac{\Delta y_j}{\Delta x_j}\right), \\
&(\text{第 3 行}) \sim \frac{\partial \mathcal{L}(x_{j-1}, y_{j-1}, y'_{j-1})}{\partial y'_{j-1}}\left(\frac{\Delta y_j}{\Delta x_j}\right)
\end{aligned}
$$

となるが,第 2 行+第 3 行は

$$
-\frac{1}{\Delta x_j}\left(\frac{\partial \mathcal{L}(x_j, y_j, y'_j)}{\partial y'_j} - \frac{\partial \mathcal{L}(x_{j-1}, y_{j-1}, y'_{j-1})}{\partial y'_{j-1}}\right)\Delta y_j \sim -\frac{d}{dx_j}\frac{\partial \mathcal{L}(x_j, y_j, y'_j)}{\partial y'_j}\Delta y_j
$$

となる.よって,y_j を微小に変えたとき I が変わらないという条件は

$$\frac{\Delta I}{\Delta y_j} \sim \left(\frac{\partial \mathcal{L}}{\partial y_j} - \frac{d}{dx_j} \frac{\partial \mathcal{L}}{\partial y_j'} \right) = 0$$

であることが分かった. これが, 各 j に対して成り立つことが I が最小になる必要条件である. $N \to \infty$, あるいは $\Delta x_j \to 0$ として, オイラーは微分方程式

$$\frac{\partial \mathcal{L}}{\partial y} - \frac{d}{dx} \frac{\partial \mathcal{L}}{\partial y'} = 0 \tag{5}$$

に到達した. これが積分 (3) が関数 $y = y(x)$ において最小となるための必要条件である.

　念のために言えば, この方程式の意味はつぎのとおりである. $\frac{\partial \mathcal{L}}{\partial y}$, $\frac{\partial \mathcal{L}}{\partial y'}$ をつくるときは y と y' を $\mathcal{L}(x, y, y')$ の独立な変数のように見ているが $\left(\frac{d}{dx} \right) \frac{\partial \mathcal{L}}{\partial y'}$ では $\mathcal{L}$ が x, y, y' を通して x の関数であると見做している. たとえば, 最急降下線の問題では

$$\mathcal{L} = \frac{\sqrt{1 + (y')^2}}{\sqrt{y + a}} \tag{6}$$

として

$$p = \frac{\partial \mathcal{L}}{\partial y'} = \frac{y'}{\sqrt{1 + (y')^2} \sqrt{y + a}}$$

とおき

$$\frac{dp}{dx} = \frac{y''}{[1 + (y')^2]^{3/2} \sqrt{y + a}} - \frac{(y')^2}{2\sqrt{1 + (y')^2} \, (y + a)^{3/2}}$$

から

$$\frac{\partial \mathcal{L}}{\partial y} = -\frac{\sqrt{1 + (y')^2}}{2(y + a)^{3/2}}$$

を引いて 0, すなわち

$$\frac{1}{\sqrt{1 + (y')^2} \sqrt{y + a}} \left(\frac{y''}{1 + (y')^2} + \frac{1}{2(y + a)} \right) = 0$$

という微分方程式を解くことになる. しかし, いま $\mathcal{L}$ が x を含んでいないので

$$py' - \mathcal{L} = \mathcal{H} \tag{7}$$

が x によらないことが証明される. 実際,

$$\frac{d}{dx}(py' - \mathcal{L}) = py'' + y' \frac{dp}{dx} - \frac{\partial \mathcal{L}}{\partial y} y' - \frac{\partial \mathcal{L}}{\partial y'} y''$$

の右辺は，第1項と第4項，第2項と第3項が相殺して，0となる．したがって

$$\mathcal{H} = \frac{-1}{\sqrt{y+a}\sqrt{1+(y')^2}} = 定数 \tag{8}$$

という1階の方程式を解けばよいことになる．オイラーは，このほかにもたくさんの問題を解いた．

こうして，最小問題はオイラーによって強力な一般的方法を獲得し，解析学に一分野を拓くことになった．変分学である．微分方程式 (5) は，今日では，オイラーの微分方程式とよばれる．

お断りしておかなければならないことがある．いま数学史の本[1] を頼りに書いているのだが，それはオイラーの論法について「積分を有限和で置き換え，y_i を変化させて和の変化を 0 とおき，粗っぽい極限操作によって微分方程式を得た」としか書いてない．上に述べたことは，筆者の推定ということになるが，大きな間違いはしていないと思う．

ラグランジュの方法

1750 年，19 歳だったラグランジュ少年はオイラーの仕事を見て変分法に心惹かれた．1755 年に彼はオイラーに手紙を書いて新しい方法を知らせた．

積分 (3) を最小にする問題でいえば，関数 $y = y(x)$ を微小に変化させて $y(x) + \delta y(x)$ とし，ただし積分区間の両端での値は与えられているから

$$\delta x(a) = \delta x(b) = 0 \tag{9}$$

として

$$\mathcal{L}(x, y + \delta y, y' + \delta y') = \mathcal{L}(x, y, y') + \frac{\partial \mathcal{L}}{\partial y}\delta y + \frac{\partial \mathcal{L}}{\partial y'}\delta y'$$

から，積分の変化分

$$\delta \int_a^b \mathcal{L}dx = \int_a^b \{\mathcal{L}(x, y + \delta y, y' + \delta y') - \mathcal{L}(x, y, y')\}dx$$

を出して0とおく．すなわち

$$\delta I = \int_a^b \left(\frac{\partial \mathcal{L}}{\partial y}\delta y + \frac{\partial \mathcal{L}}{\partial y'}\delta y' \right) dx = 0. \tag{10}$$

---

[1]　M.Kline : *Mathematical Thought from Ancient to Modern Times*, Oxford (1972).

この右辺の括弧内の第 2 項で

$$\delta y' = \frac{d}{dx}\delta y$$

に注意して部分積分し

$$\int_a^b \frac{\partial \mathcal{L}}{\partial y'}\frac{d}{dx}\delta y dx = \left[\frac{\partial \mathcal{L}}{\partial y'}\delta y\right]_a^b - \int_a^b \left(\frac{d}{dx}\frac{\partial \mathcal{L}}{\partial y'}\right)\delta y dx$$

とすれば, 右辺の第 1 項は (9) によって消え, (10) は

$$\int_a^b \left(\frac{\partial \mathcal{L}}{\partial y} - \frac{d}{dx}\frac{\partial \mathcal{L}}{\partial y'}\right)\delta y(x)dx = 0 \tag{11}$$

となる. これは任意の変化 $\delta y(x)$ に対して 0 でなければならないから, その係数が積分区間のあらゆる x で 0 でなければならない:

$$\frac{\partial \mathcal{L}}{\partial y} - \frac{d}{dx}\frac{\partial \mathcal{L}}{\partial y'} = 0. \tag{12}$$

もしも 0 でない $x = x_1$ があったら, 関係する関数の連続性は仮定するので $x = x_1$ のある近傍で 0 でないことになり, そこで定符号で, 他の x では 0 の $\delta y(x)$ をとれば積分 (11) が 0 でないことになる.

(12) はオイラーの微分方程式にほかならないが, 今日の変分法の教科書はすべてラグランジュのこの導き方を採用している. この微分方程式をオイラー‐ラグランジュの方程式とよぶこともある. しかし, オイラーの方法にも味わいがあるではないか.

ラグランジュは, この方程式 (12) を用いて力学の最小作用の原理を研究した.

解析力学

質点の運動エネルギー $K = (1/2)m\dot{x}^2$ (「˙」は d/dt) とポテンシャル・エネルギー $V(x)$ から $\mathcal{L} = K - V(x)$ を定義し, 最小作用の原理を

$$\delta \int_a^b \mathcal{L}dt = 0 \tag{13}$$

の形に書いたのはポアソンで, 1833 年のことであった. この問題に対しては

$$p = \frac{\partial \mathcal{L}}{\partial \dot{x}} = m\dot{x} \tag{14}$$

は力学でいう運動量になり, オイラーの方程式は

$$\frac{dp}{dt} = -\frac{\partial V}{\partial x} \tag{15}$$

となって，ニュートンの運動方程式に一致する．ポアソンはラグランジュの一般化座標を用いて研究を進めた．力学の原理を変分原理の形に表現すると，それは実際におこる運動のところで積分が最小値をとる（極値をとると言ったほうがよい）ということなので，運動をどのような座標で表わしてもオイラーの方程式にしたがうことに変わりはない．変分原理は，自然法則の座標系によらない表現を与えている点で，理想的な形である．変数の選び方の自由を追求する力学を解析力学という．

　ポアソンは (14) を独立変数に加え，運動の法則を

$$p = \frac{\partial \mathcal{L}}{\partial \dot{x}}, \qquad \dot{p} = \frac{\partial \mathcal{L}}{\partial x} \tag{16}$$

と表現し，これを一般化座標で書いた．1835 年にハミルトンは

$$\mathcal{H}(x, p) = p\dot{x} - \mathcal{L} \tag{17}$$

を定義して，運動の法則を

$$\dot{x} = \frac{\partial \mathcal{H}}{\partial p}, \qquad \dot{p} = -\frac{\partial \mathcal{H}}{\partial x} \tag{18}$$

と表現した．この方程式は変分原理

$$\delta \int_a^b \{p\dot{x} - \mathcal{H}(x, p)\}dt = 0 \tag{19}$$

から得られるのだった．

　変分原理は，解析力学にかぎらず，物理学の基本原理の表現として広く用いられる．

11. 力学における変分法

　問題の関数 f_0 を，その関数をいったん $f = f_0 + \delta f$ として（否定），δf をいろいろに変えてみたとき，f のある積分（f という関数の関数，すなわち汎関数）が $\delta f = 0$ のとき（否定の否定），極値（極大，極小，停留）をとるとして特徴づけて求める方法が変分法である．物理法則には変分法の形に言い表わされるものが多い．ここでは力学における例を説明する．

11.1 ハミルトンの原理

　これはニュートンの運動の法則を変分法の形に言い表わしたものである．それによって力学は考え方に大きな自由を獲得する．

11.1.1 ニュートンの運動の法則

　例として太陽のまわりを周回する惑星の運動を考えよう．太陽は惑星よりはるかに質量が大きいから空間に静止しているものとする．惑星は太陽の位置 O を含む一平面上を運動する．その平面内に O を原点とする直角座標をとり時刻 t の惑星の位置を $(x(t), y(t))$ とし，それらの時間 t に関する導関数を $\dot{x}(t)$, $\dot{y}(t)$ と書く．

　惑星の運動を定める法則を，ニュートンは

$$\text{(惑星の質量)} \cdot \text{(惑星の加速度)} = \text{(惑星を太陽が引く力)} \tag{1}$$

の形に与えた．惑星の質量を m としよう．加速度，質量ともにベクトルで，それぞれ x 軸方向の成分と y 軸方向の成分とで定まる：惑星の運動方程式は，成分ごとに

$$m\ddot{x} = -C\frac{x}{(x^2+y^2)^{3/2}}, \qquad m\ddot{y} = -C\frac{y}{(x^2+y^2)^{3/2}} \tag{2}$$

となる．ここに $C > 0$ はある定数である．

11.1.2 変分法による運動の法則

これに対して，粒子の運動エネルギー K と位置のエネルギー V からつくった ラグランジアンという t の関数

$$L = K - V \tag{3}$$

の積分

$$S \equiv \int_{t_\mathrm{i}}^{t_\mathrm{f}} L\, dt \tag{4}$$

を**作用積分**（作用汎関数）とよび，これを用いて運動の法則を言い表わす流儀が ある．

惑星の場合でいえば，前節で定めた座標系で

$$K = \frac{m}{2}(\dot{x}^2 + \dot{y}^2), \qquad V = -\frac{C}{(x^2+y^2)^{1/2}}$$

となるから，

$$L = \frac{m}{2}(\dot{x}(t)^2 + \dot{y}(t)^2) + \frac{C}{(x(t)^2 + \dot{y}(t)^2)^{1/2}} \tag{5}$$

となる．

作用積分を用いて，運動の法則は，一般に

$$\delta S = \delta \int_{t_\mathrm{i}}^{t_\mathrm{f}} L(x, y, \dot{x}, \dot{y})\, dt = 0 \tag{6}$$

と言い表わせるという．これが**ハミルトンの原理**である．ここに δ は，各時刻に

$$x(t) \quad \text{を} \quad x(t) + \delta x(t), \qquad y(t) \quad \text{を} \quad y(t) + \delta y(t)$$

に微小変化させたときの (4) の積分の値の変化

$$\delta S = \int_{t_\mathrm{i}}^{t_\mathrm{f}} L(x(t) + \delta x(t),\, y(t) + \delta y(t),\, \dot{x}(t) + \delta\dot{x}(t),\, \dot{y}(t) + \delta\dot{y}(t))\, dt$$

$$- \int_{t_\mathrm{i}}^{t_\mathrm{f}} L(x(t),\, y(t),\, \dot{x}(t),\, \dot{y}(t))\, dt \tag{7}$$

を表わす．ここで

$$\delta \dot{x} = \overline{\dot{\delta x(t)}}, \qquad \delta \dot{y} = \overline{\dot{\delta y(t)}} \tag{8}$$

であることに注意しよう.

$(\delta x(t), \delta y(t))$ を運動の**変分**という. (6) は運動の**任意の変分**に対して $\delta \int_{t_i}^{t_f} L\,dt$ が常に 0 であることを要求しているのだ. ただし, 運動の観察を始める時刻 t_i と終える時刻 t_f における粒子の位置

$$A : (x(t_i), y(t_i)), \qquad B : (x(t_f), y(t_f)) \tag{9}$$

は固定しておく. すなわち

$$\delta x(t_i) = \delta y(t_i) = 0, \qquad \delta x(t_f) = \delta y(t_f) = 0 \tag{10}$$

とする. だから, (6) は, 位置のエネルギー V の場における粒子 m の**運動は (4)** の積分が極値(極大, 極小, 停留)をとるようにおこることを主張している.

11.1.3 オイラー–ラグランジュの方程式

さて, 積分の差 (7) は被積分関数の差の積分としてよいから

$$\delta S = \int_{t_i}^{t_f} \sum_{k=1}^{2} \left(\frac{\partial L}{\partial x_k} \delta x_k + \frac{\partial L}{\partial \dot{x}_k} \delta \dot{x}_k \right) dt$$

と書ける. この右辺のうち, 項

$$\int_{t_i}^{t_f} \frac{\partial L}{\partial \dot{x}_k} \delta \dot{x}_k dt$$

は, (8) により部分積分して

$$-\int_{t_i}^{t_f} \frac{d}{dt} \frac{\partial L}{\partial \dot{x}_k} \delta x_k + \left[\frac{\partial L}{\partial \dot{x}_k} \delta x_k \right]_{t_i}^{t_f} \tag{11}$$

と書き直すことができるが, 最後の $\left[\cdots \right]_{t_i}^{t_f}$ は (10) によって消えるから

$$\delta S = \int_{t_i}^{t_f} \sum_{k=1}^{2} \left(\frac{\partial L}{\partial x_k} - \frac{d}{dt} \frac{\partial L}{\partial \dot{x}_k} \right) \delta x_k dt \tag{12}$$

となる. ハミルトンの原理は, これが任意の $\delta x_k(t)$ に対して消えることを要求するので, 被積分関数が $t_i < t < t_f$ のすべての t で消えなければならない :

$$\frac{d}{dt} \frac{\partial L}{\partial \dot{x}_k} - \frac{\partial L}{\partial x_k} = 0. \tag{13}$$

もしどこかの t で被積分関数の $k = l$ の部分が消えないとしたら，その小さな近傍でのみ正の値をとり，それ以外では 0 となる $\delta x_l(t)$ をとれば積分が 0 でなくなるからである．(15) を**オイラー-ラグランジュの方程式**という．この方程式を惑星の運動のラグランジアン (5) に適用すれば，たしかに運動方程式 (2) が得られる．

11.2 座標系は自由に選べる

ハミルトンの原理は，運動エネルギーと位置のエネルギーの差の時間積分が実際におこる運動のところで極値になることをいうので，粒子の運動をどんな**座標系で表現**しようが常に成り立つのである．座標が 2 つですむ（自由度 2 の）場合でいえば，粒子の座標 q_1, q_2 で書いたラグランジアン $L(q_1, q_2, \dot{q}_1, \dot{q}_2, t)$ に対してハミルトンの原理は

$$\delta \int_{t_\mathrm{i}}^{t_\mathrm{f}} L(q_1, q_2, \dot{q}_1, \dot{q}_2, t)\, dt = 0 \tag{14}$$

となり，オイラー-ラグランジュの方程式は

$$\frac{d}{dt}\frac{\partial L}{\partial \dot{q}_k} - \frac{\partial L}{\partial q_k} = 0 \quad (k = 1, 2) \tag{15}$$

となる．座標を上手に選ぶと方程式 (15) は格段に解きやすくなる．

実際，惑星の運動を極座標 $(r(t), \varphi(t))$ で表わせば，ラグランジアン (5) は

$$L = \frac{m}{2}(\dot{r}^2 + r^2\dot{\varphi}^2) + \frac{C}{r} \tag{16}$$

となり，オイラー-ラグランジュの方程式は

$$\frac{d}{dt}\frac{\partial L}{\partial \dot{r}} - \frac{\partial L}{\partial r} = 0 \quad \Longrightarrow \quad m\ddot{r} = mr\dot{\varphi}^2 - \frac{C}{r^2},$$

$$\frac{d}{dt}\frac{\partial L}{\partial \dot{\varphi}} - \frac{\partial L}{\partial \varphi} = 0, \quad \frac{\partial L}{\partial \varphi} = 0 \quad \Longrightarrow \quad \frac{d}{dt}\frac{\partial L}{\partial \dot{\varphi}} = 0 \tag{17}$$

となる．この第 2 式は面積速度一定の定理 $mr^2\dot{\varphi} = \mathrm{const.}$ を与える．これを使えば (17) の第一式は未知関数 $r(t)$ のみの式となる．解きやすさは歴然である．

11.3 L に含まれない座標がある場合

保存量の存在が見やすくなるという前節の結果は，一般にいえばこうなる．いま，ラグランジアン $L(q_1, q_2, \dot{q}_1, \dot{q}_2, t)$ が実は座標 q_2 を含まないとする．すると，

$$p_2 \equiv \frac{\partial L}{\partial \dot{q}_2} \tag{18}$$

の時間微分は (15) から

$$\frac{d}{dt} p_2 = \frac{\partial L}{\partial \dot{q}_2} = 0 \tag{19}$$

となるので p_2 は**保存量**である．この定数を $p_2 \equiv c_2$ とおこう．$\dfrac{\partial L}{\partial \dot{q}_2} = c_2$ を $\dot{q}_2$ について解き

$$\dot{q}_2 = f(q_1, \dot{q}_1, c_2, t) \tag{20}$$

と書く．いずれ q_1 は t の関数として定まるはずだが，そうすると (20) を t で積分して $q_2(t)$ も定まるので条件 (10) がみたされなくなる．変分の式は，(11) どまりとなり，

$$\delta \int_{t_{\mathrm{i}}}^{t_{\mathrm{f}}} L \, dt = \left[p_2 \delta q_2 \right]_{t_{\mathrm{i}}}^{t_{\mathrm{f}}} = c_2 \int_{t_{\mathrm{i}}}^{t_{\mathrm{f}}} \delta \dot{q}_2 \, dt$$

となるのである．すなわち

$$\delta \int_{t_{\mathrm{i}}}^{t_{\mathrm{f}}} (L - p_2 \dot{q}_2) \, dt = 0. \tag{21}$$

例　惑星運動のラグランジアンは極座標で書いて (16) とすると $\dot{\varphi}$ は含むが φ を含まない．したがって $p_2 = \dfrac{\partial L}{\partial \dot{\varphi}} = mr^2\dot{\varphi}$ は保存量（定数）になる．これを M とおけば，$\dot{\varphi} = \dfrac{M}{mr^2}$ となるから，(21) の被積分関数は，L に (16) を用いて

$$L - M\dot{\varphi} = \frac{1}{2m}\dot{r}^2 - \frac{1}{2m}\frac{M^2}{r^2} + \frac{C}{r} \tag{22}$$

となる．$\dot{\varphi}$ を消去した代償として太陽の引力ポテンシャル $-\dfrac{C}{r}$ に遠心力のポテンシャル $\dfrac{1}{2m}\dfrac{M^2}{r^2}$ が加わった．この結果は，もとのラグランジアン (16) に $mr^2\dot{\varphi} = M$ からの $\dot{\varphi}$ を代入したのとは違う！

11.4 ネーターの定理

運動の法則から保存則を見つける前節の方法は次のように拡張される．q_1, q_2, $\cdots$ をまとめて $\boldsymbol{q}$ と書く．

定理（ネーター）　ラグランジアン $L(\boldsymbol{q}, \dot{\boldsymbol{q}}, t)$ が，$\boldsymbol{q}$ の σ をパラメタとする連続変換

$$\boldsymbol{q}(t) \to \boldsymbol{q}(t, \sigma), \qquad \lim_{\sigma \to 0} \boldsymbol{q}(t, \sigma) = \boldsymbol{q}(t) \tag{23}$$

をしても不変であるなら

$$Q = \sum_k \frac{\partial L}{\partial \dot{q}_k} \frac{dq_k}{d\sigma} \tag{24}$$

は保存される．証明をする紙数はない（文献［1］の §4.4.4 を参照）．特に変換として $q_k(t, \sigma) = \{q_k(t) + \sigma\}\delta_{kl}$ をとれば，前節の場合に帰する．

11.5 最小作用の原理

ラグランジアンが t を含まないとする．また，後の議論の簡単のために座標には直角座標 x_k を用いることにする：

$$L = L(x_1, x_2, \dot{x}_1, \dot{x}_2) = \frac{m}{2} \sum_{k=1}^{2} \dot{x}_k^2 - V(x_1, x_2). \tag{25}$$

この節では，パラメタ τ を導入して L の変数は τ の関数と見ることにする．τ に関する導関数を $'$ で表わすことにすれば，変分問題は

$$\mathcal{L} = L(x_1, x_2, x_1', x_2', t')\, t' \tag{26}$$

を用い，t を第 3 の座標と見て 3 次元の座標 (x_1, x_2, t) に対する

$$\delta \int_{\tau_i}^{\tau_f} \mathcal{L}\, d\tau = 0 \tag{27}$$

とすることができる．ただし $\tau_i = \tau(t_i)$, $\tau_f = \tau(t_f)$ とする．(26) で L に t' をかけたのは L の t 積分を $\mathcal{L}$ の τ 積分にするためである．

新しいラグランジアン $\mathcal{L}$ は t' は含むが t を含まない．t は 11.3 節の q_2 に当たるのである．そこで，(21) に相当する変分問題を考えることになるが，p_2 に当たるのは

$$u = \frac{\partial \mathcal{L}}{\partial t'} = L + \sum_{k=1}^{2} \frac{\partial L}{\partial \dot{x}_k} \left[\frac{\partial}{\partial t'} \left(\frac{x'_k}{t'} \right) \right] t' = L - \sum_{k=1}^{2} p_k \dot{x}_k \tag{28}$$

であるから (21) に当たる変分問題は

$$\delta \int_{\tau_i}^{\tau_f} (\mathcal{L} - ut') d\tau = \delta \int_{\tau_i}^{\tau_f} (L - u) t' d\tau = 0.$$

すなわち, $L - u$ を (28) で書いて

$$\delta \int_{\tau_i}^{\tau_f} \sum_{k=1}^{2} p_k \dot{x}_k t' d\tau = 0 \tag{29}$$

となる. ところが $p_k = \dfrac{\partial L}{\partial \dot{x}_k} = m\dot{x}_k$ であるから $\sum\limits_{k=1}^{2} p_k \dot{x}_k$ は運動エネルギー

$$K = \frac{m}{2} \sum_{k=1}^{2} \dot{x}_k^2 = \frac{m}{2} \sum_{k=1}^{2} \left(\frac{dx_k}{d\tau} \frac{d\tau}{dt} \right)^2$$

の 2 倍に等しい. 他方, τ が $d\tau$ 進む間に粒子の進む距離 $\left(\sum\limits_{k=1}^{2} (dx_k)^2 \text{ の平方根} \right)$ を ds とすれば

$$t' = \sqrt{\frac{m}{2K} \sum_{k=1}^{2} \left(\frac{dx_k}{d\tau} \right)^2} = \sqrt{\frac{m}{2K}} \frac{ds}{d\tau} \tag{30}$$

となるので, (29) は

$$\delta \int_{\tau_i}^{\tau_f} \sqrt{K} \, ds = 0 \tag{31}$$

を与える.

いまラグランジアン (25) は時間をあらわに含まないとしているので, 作用積分が極値をとる運動に対して $K + V = E$ は t によらず一定値をとる. したがって, (31) が極値をとる運動を探す際にも $E = \text{const.}$ をみたす運動の中から探してよい. ゆえに, われわれの変分問題は

$$\delta \int_A^B \sqrt{E - V(x, y)} \, ds = 0 \tag{32}$$

と言い換えてよいことになる. A, B は, もともとの変分問題で時刻 t_i, t_f における粒子の位置として与えたものである. こうして, われわれの変分問題は, 運動の初めの位置, 終わりの位置を指定して途中の経路を定める問題に言い換えられた. ここまでくれば, 粒子の位置を表わすのに直角座標を用いる必要はない.

110

　この変分問題で経路が定まるという命題を**最小作用の原理**とよぶ．簡単な応用例を示そう．

　まず，ポテンシャル V がいたるところ一定の場合．(32) で $E-V$ は一定だから積分の外に出て

$$\delta \int_A^B ds = 0. \tag{33}$$

つまり点 A と B を結ぶ経路の長さが極値をとるというのだから，そのような経路は直線である．これは正しい．ポテンシャルは一定としたから粒子にはたらく力はいたるところで 0 であり，粒子は等速直線運動をするはずだからである．

　次に，ポテンシャルが直角座標 (x,y) で y のみに依存し，$y>0$ では一定値 V_1 をとり，$y<0$ では別の一定値 V_2 をとる場合を考える．粒子は図1の点 $A=(x_1,y_1)$ を出て点 $B=(x_2,y_2)$ にゆくものとして途中の経路を求めよう．

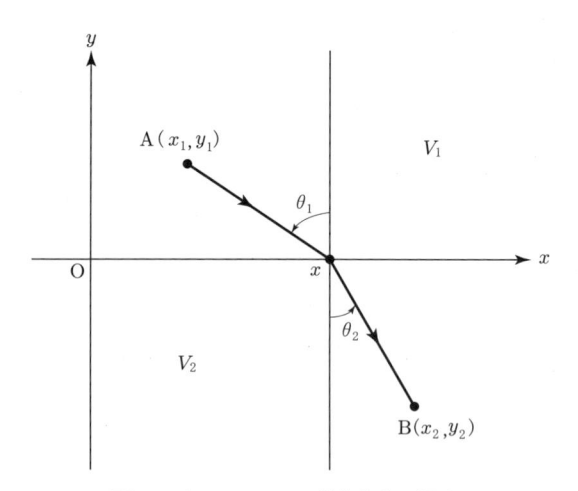

図1　ポテンシャルが段差をもつ場合．

　粒子は，はじめ $y>0$ の部分を走るが，その間ポテンシャルは一定だから上の結果から粒子の経路は直線である．粒子は，やがて $y=0$ に到達するが，そのときの x 座標を x とする．そのあと点 B までは粒子の経路は直線である．よって，(32) の積分は

$$\int_A^B \sqrt{E-V}ds = \sqrt{E-V_1}\sqrt{(x-x_1)^2+y_1^2} + \sqrt{E-V_2}\sqrt{(x_2-x)^2+y_2^2}$$

となる。これは x の関数で，これが極値をとる x が粒子の辿る経路をきめる。x で微分して 0 とおけば

$$\sqrt{E - V_1} \frac{x - x_1}{\sqrt{(x - x_1)^2 + y_1^2}} - \sqrt{E - V_2} \frac{x_2 - x}{\sqrt{(x_2 - x)^2 + y_2^2}} = 0. \tag{34}$$

ポテンシャル V_1 の中を走る速さを v_1 とし，V_2 の中で v_2 とすれば $E - V_1 = \dfrac{mv_1^2}{2}$ 等だから，これは

$$v_1 \sin \theta_1 = v_2 \sin \theta_2 \tag{35}$$

を意味する。ポテンシャルの段差に沿う速度成分が変わらないということで，これも正しい結果である。

ポテンシャルが y のみに依存する場における運動では，y 方向に微小な段差が積み重なっていると考え，各段差に (34) を適用することによって粒子の軌道を定めることができる。

放物運動への応用例が文献 [1] の§3.8 にある。

参考文献

[1] 江沢 洋『解析力学』，培風館 (2007).

第 3 部
確率過程

12. 確率過程とは何か

12.1 サイコロを投げる

　確率ときけば，サイコロが思い出される．1つのサイコロを邪心なく投げたとき3の目が出る確率はいくらか？　答えは1/6——これが通り相場というものであろう．3ではなくて1の目が出る確率も1/6．いや，2でも，3でも——1つの目が出ることを確率論では事象 (event) というが——つまり1から6までのどの目が出る事象の確率も1/6．本当に，いま，ぼくの手もとにあるサイコロがそんなふうにできているか，どうか．それは知らない．それを厳密に検定する方法はあるのだろうか？

　最初に投げたときには5の目が出た．では，次にもう一度投げたとき1の目が出る確率はいくらか？　その答は再び1/6——これが通り相場である．最初に出たのが5であったとしても，いや，どの目であったとしても，それにはかかわりなく，次に1の目が出る確率は同じであって，1/6．つまり，最初にnという目が出る事象と次にmという目が出る事象は独立である——まあそうだろうな，と思わせるものが，サイコロにはある．

　もう一度投げる，もう一度，もう一度，もう一度，……，と際限なく投げ続ければ，これはもうれっきとした確率過程である．

　出た目を順に並べてみようか．

$$M^{(1)} : 3, 1, 4, 1, 5, 2, 6, 5, \cdots$$

この数字の並びは，ある偶然によって生まれたのである．だから，もう一度試みれば，おそらく，まったく別の数列が生まれるだろう．ぼくが試みたときには

$$M^{(2)} : 2, 1, 2, 1, 2, 4, 5, 4, \cdots$$

ができた．同様の試行をくりかえせば，そのたびに新しい（？）数列が得られる．その1つ1つが"サイコロ連投"という確率過程の標本である．標本というのは，チョウの標本と同じく，大きな集団の中からとってくるものだが，いまの場合，典型的なものという意味はさらさらない．邪心なく，無作為にとらなければならない．

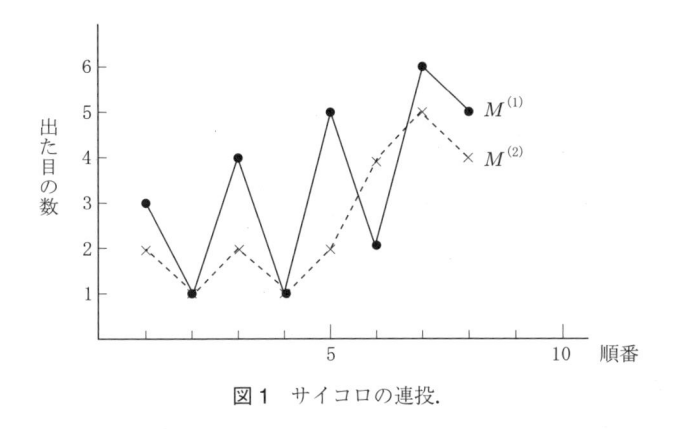

図1　サイコロの連投．

　さて，"確率過程"というのは，上の例のように"偶然に支配される物事の進行の道ゆき"のことである．

　サイコロの連投という確率過程において，上の $M^{(1)}$ は道ゆきの1つの標本，$M^{(2)}$ はもう1つの標本，……．では，このような標本は，いったい何種類あるのだろう？――サイコロを一度だけ投げるという冒頭の例では出る目の標本は $1, \cdots, 6$ の6種類であった．標本の種類の全体を数学者は"標本空間"という．数学者は実に空間という言葉がお好きである．

　サイコロの連投という確率過程においては，標本の種類は $0 \leqq \omega \leqq 1$ をみたす実数 ω の数だけある．だから，この確率過程の標本空間は ω 軸上の区間 $[0,1]$ とみてよい（図2）．

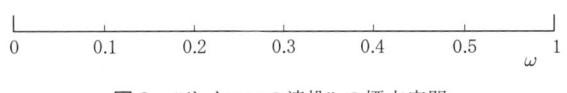

図2　"サイコロの連投"の標本空間．

なぜかというと，たとえば上の標本 $M^{(1)}$ には

$$M^{(1)} \to 2,\ 0,\ 3,\ 0,\ 4,\ 1,\ 5,\ 4,\ \cdots$$

のように各回のサイコロの目から 1 を引いてできる数列を対応させ，その上で，これに 0. をかぶせて

$$\omega_1 = 0.20304154\cdots$$

を 6 進法の小数として読むことにする．この規則によれば，さきの標本 M_2 には

$$\omega_2 = 0.10101343\cdots$$

が対応することになる．標本の種類という観点からすれば，$M^{(1)}$ が 1 回目に生まれ $M^{(2)}$ が 2 回目に生まれたという偶然に意味は認められないから，いっそ ω の値でラベルして M_ω と記すほうが気がきいているだろう．すなわち，

$$\text{上の } M^{(1)} \text{なら} \quad M_{0.20304154\cdots}$$
$$\text{上の } M^{(2)} \text{なら} \quad M_{0.10101343\cdots}$$

とするのである．そうすると，偶然によっては

$$M_{0.00000000\cdots} \quad \text{すなわち} \quad M_0$$

という標本が生まれることもあろうし，偶然によっては

$$M_{0.55555555\cdots} \quad \text{すなわち} \quad M_1$$

という標本が生れることもあろう．可能な標本の全体は $\{M_\omega ; \omega \in [0,1]\}$ になる．この $\{\cdots\}$ の意味は，標本をラベル ω に従って並べきると区間 $[0,1]$ が埋めつくされるということである．だから，サイコロの連投という確率過程の標本空間は区間 $[0,1]$ としてよい．

では，サイコロの連投を一度試みたとき，標本 $M_{0.3}$ が出る確率はいくらか？

容易に想像されるとおり，区間 $[0,1]$ 上にびっしり並んだ M_ω たちのうち，どれが特に出やすいということはない．そうすると，$M_{0.3}$ の出る確率は区間 $[0,1]$ から無作為に 1 つの数をとったとき，その数が（6 進法の）0.3 である確率に等しいことになる．この確率は，いうまでもなく，0 である．

しかし，もし，ω が区間 $[a, b]$ $(0 \leqq a < b \leqq 1)$ 内のどれかであるような M_ω が出る確率を問うなら，その答は $b - a$ である（6 進法に注意！）．

一般に，事象とは確率を問題にできる "標本の束" のことである．いまの場合，確率は区間 $[0,1]$ 上で一様としているが，たとえば，サイコロを連投したとき "2 回目に 5 の目が出る" 確率は計算できる．実際，この条件に合う標本は図 3 の標

本空間上の太線で示した部分に属するもので，その確率は（6進法で計算すると）

$$(0.1 - 0.05) \times 10 = 0.1$$

となる．10進法に直せば $1/6$ である．

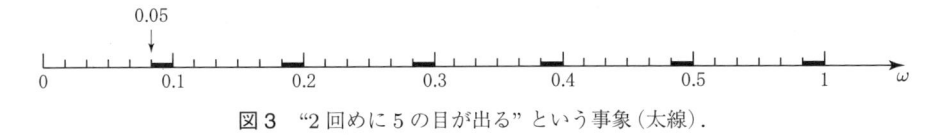

図3　"2回めに5の目が出る"という事象（太線）．

われわれは，サイコロの連投という確率過程について説明してきたのである．まず，その標本は

$$\{x_k \,;\, x_k \in N_6, \ k = 1, 2, \cdots\}$$

という数列であった（k を確率過程のパラメータという）．ただし N_6 はサイコロの目の数である $1, \cdots, 6$ の集合．そして，標本の全体は

$$標本空間 \quad [0, 1] \equiv \Omega$$

とみることができて，そうすると

$$確率 P は [0, 1] 上に一様な密度をもつ$$

ということになった．これに，これで確率が測れるような事象の全体 σ というものを併記するのが数学者の慣わしである．一般には，むしろ σ とそのメンバーのそれぞれに対する確率の計算規則が一緒になって P を定めるというべきであろう．

　数学者は（標本の一般形，標本空間，σ, P）のように並べて，これが考える確率過程だということが多い．

　もっとも，標本空間や σ は省略することもあって，たとえば，ブラウン運動の確率過程なら $(x_t, P_x \,;\, t \in [0, \infty), x \in \mathbf{R})$ という確率過程も考えられる．これは $[0, \infty)$ を動くパラメータ t の関数 x_t（その値域は実軸 $\mathbf{R}$ の全体）が標本で，その事象に確率 P_x が定まっているものとする，という意味である．ここではサイコロの連投の x_k の離散パラメータ k のかわりに連続的に動く t がきている．この t は時刻で，x_t は時刻 t に一粒子が x 軸上に占める位置を表わす．時間がたてば（t が動けば）一般に x_t も動き，つまり粒子が動く．それが図2に対応する (t, x_t) のグラフである．それがどんな曲線になるかを確率的に調べようというのである．

12.2 ブラウン運動

サイコロの連投を材料にして前節の例よりもおもしろい確率過程をつくることができる.

たとえば，次々に（出る目の数 -1）を加えてできる積算値の数列を考えるのである．前節の標本 $M^{(1)}$ からは

$$M^{(1)}: \quad 2-0 \quad 3 \quad 0 \quad 4 \quad 1 \cdots$$
$$\downarrow\nearrow\downarrow\nearrow\downarrow\nearrow\downarrow\nearrow\downarrow$$
$$A^{(1)}: \quad\quad 2 \quad 5 \quad 5 \quad 9 \quad 10$$

のように $A^{(1)}$ という数列ができる．これが新しい確率過程の標本ということになる．この種の標本を前節と同様な標本空間にいれようと思えば，たとえば標本 $A^{(1)}$ には

$$\omega^{(1)} = 0.\underbrace{00}_{2}1\underbrace{00000}_{5}1\underbrace{00000}_{5}1 \cdots$$

という2進法の数を対応させることが考えられる．しかし，この空間はあまり使いやすくない.

上のように確率的に独立な数を次々に加えていくことでつくられる確率過程を**加法過程**という.

昔から有名な例は"酔歩"である．酔っぱらいが x 軸上を一歩一歩あるくのだが，酔いまかせ風まかせ，右に一歩を踏み出すか左に踏み出すかが確率的になっている．このひょろひょろ歩きの道行きはどうなるか？　道行きとて一歩ずつの積算できまってゆくのであり，一歩一歩は確率的に互いに独立だから，これは加法過程である.

酔歩によく似ているのがブラウン運動である．水面に浮かべた微粒子——さしわたし $10^{-7} \sim 10^{-6}$ m という小さいもの——が熱運動している水の分子に衝突される．1回の衝突では動きもすまいが，ときに同じ向きの衝突が重なる．そうすると微粒子はついと動く．しかし，動けば水の抵抗を受けるから，すぐに動きはやむだろう．また，いつか水の分子の衝突が重なって，……．このくりかえし．微粒子の位置の x 座標 B_t は時間 t の経過とともに揺れ動く．もし微粒子が衝き動かされてから止まるまでの詳細は不問とし，位置 B_t の変動のみ追うことで満足するなら，これも加法過程とみなすことができるだろう.

　微粒子がついと動き出してから止まるまでの時間をざっとあたってみると[1]，直径 10^{-6} m の球が室温の水中にある場合 10^{-7} 秒の程度になる．この細かい動きを見る望みはない．

　たとえばペランは今世紀の初頭に水中のブラウン運動を観察して "分子の実在" を鮮やかに証明したのだが[1]，彼は大きさのわかっている(樹脂などの)小球を水面に落として，顕微鏡でのぞきながら 30 秒ごとの小球の位置を方眼紙の上に写しとったのである．得られた結果の 3 例を図 4 に示す．これは 30 秒ごとに小球の位置をしるして，見やすいように間を直線でつないだものだから，これらの直線にそって小球が動いたというわけではない．

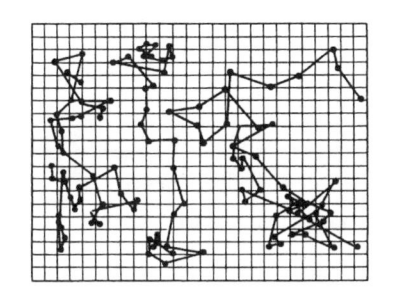

図 4　水面でのブラウン運動のスケッチ．

　本当は，それぞれの 30 秒の間を小球は 10^{-7} 秒程度の刻みでジグザグ運動をしているはずなのだ．$N \sim 30/10^{-7} = 3 \times 10^8$ 回のジグザグ！　その各回の変位を —— 簡単のために一定方向 (x 軸) に射影して —— $\Delta_1, \Delta_2, \cdots, \Delta_N$ とすれば，ペランの小球は $\Delta t = 30$ 秒の間に

$$B_{t+\Delta t} - B_t = \Delta_1 + \Delta_2 + \cdots + \Delta_N \tag{1}$$

だけ x 方向に変位することになる．ただし，はじめの時刻を t とした．つまり，ペランが観察した小球の変位はミクロな "要素変位" Δ_k の $N \sim 3 \times 10^8$ 個もの積み重ねの結果なのである．そして，各要素変位は，向き (正・負) においても大きさにおいても確率的に互いに独立とみてよい．いわば，そのたびごとにサイコロを振って要素変位をきめるようなもので，変位 $B_{t+\Delta t} - B_t$ が生成される仕方は，この節のはじめに $M^{(1)}$ から $A^{(1)}$ をつくったのに似ている．しかし，1 つだけ大きなちがいがあって，それは Δ_k が正・負の値を平等にとり平均すれば 0 になるということである．

急いで付け加えるが，ここで "平均" というのは，ある観察で得る $B_{t+\Delta t} - B_t$ の背後にある要素変位の列が

$$\{\Delta_1, \Delta_2, \cdots, \Delta_k, \cdots\}$$

だとしたら，二度目の観察で得る $B'_{t+\Delta t} - B'_t$ の背後には

$$\{\Delta_1', \Delta_2', \cdots, \Delta_k', \cdots\}$$

があり，さらに観察をくりかえしたとき……，というふうにして想定される多数（m 個とする）の標本について集団平均

$$(\Delta_k + \Delta_k' + \Delta_k'' + \cdots + \Delta_k^{(m)})/m$$

をとることを意味している．これを標語的に $\langle \Delta_k \rangle$ と書こう．$\langle \Delta_k \rangle$ は，m さえ大きければ，ほとんど確実に 0 になる．

ちょっと脱線の気味もあるが，ここで (1) の Δ_t を 30 秒に固定せず大きくしたり小さくしたり動かしてみるのも教訓的である．いや t を 0 とし，そのかわりに Δt を t とかいて変数とみれば，いっそ確率過程らしい．ついでに $B_{t=0} = 0$ ときめよう．このとき B_t は t とともにどう変わるか？

なにしろ B_t は，t が増すにつれて微小でランダムな要素変位が次々につけ加わることによってつくられてゆくのだから（加法過程！），t の関数としてグラフに描くと，ほとんど確実にひどくジグザグな線になるだろう．いや，$\sim 10^{-7}$ 秒ごとに新しい Δ_k が加わるという変動は，とても尋常なグラフには描ききれない．やはり，ペランがしたように適当な大きさの Δt をとって，Δt おきに B_t の点を描き，間を直線でつなぐという妥協をするしかないようである．ブラウン運動 B_t のグラフ（図 5）は，だから，想像をたくましくしながら読まなければいけない．

脱線の前に説明したことから，ペランの小球の観察される変位 $B_{t+\Delta t} - B_t$ の統計的性質をいろいろ導き出すことができる．統計的というのは，観察をくりかえして得る $B_{t+\Delta t} - B_t$, $B'_{t+\Delta t} - B'_t$, $\cdots$ という集団の平均的性質のこと．たとえば，それらにわたる平均を再び $\langle \cdots \rangle$ で表わして

$$\langle B_{t+\Delta t} - B_t \rangle = 0 \tag{2}$$

となる．これは $\langle \sum_k \Delta_k \rangle = \sum_k \langle \Delta_k \rangle$ に等しいからである．ところが，2 乗してからの平均は

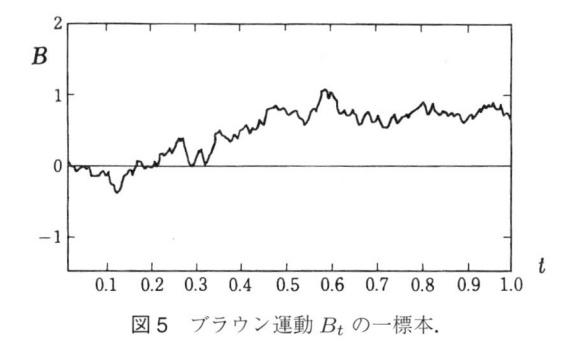

図5　ブラウン運動 B_t の一標本.

$$\langle (B_{t+\Delta t} - B_t)^2 \rangle = D\Delta t \tag{3}$$

となって，これは 0 でないばかりか，時間間隔 Δt に比例する（D はある定数）．なぜかといえば，

$$(B_{t+\Delta t} - B_t)^2 = \sum_k \Delta_k^2 + \sum_{k \neq l} \Delta_k \Delta_l$$

と書いたとき，要素変位が互いに独立なことから $k \neq l$ では

$$\langle \Delta_k \Delta_l \rangle = \langle \Delta_k \rangle \langle \Delta_l \rangle = 0$$

となるので

$$\left\langle \sum_{k \neq l} \Delta_k \Delta_l \right\rangle = \sum_{k=l} \langle \Delta_k \rangle \langle \Delta_l \rangle = 0.$$

他方，

$$\left\langle \sum_{k=1}^N \Delta_k^2 \right\rangle = \sum_{k=1}^N \langle \Delta_k^2 \rangle = N \langle \Delta_k^2 \rangle \tag{4}$$

となる．$\langle \Delta_k^2 \rangle$ が番号 k によるはずもないからである．そして，時間 Δt の間の要素変位の数 N は——ペランは実際 Δt を 5 秒，10 秒，……と変えて実験したのだが——Δt に比例する．

　いや，いや，慧眼の読者は，要素変位の数 N が標本ごとにちがいうることを見ぬいて，N を $\langle \cdots \rangle$ の外に引き出してしまった上の計算に異議を唱えておられるだろう．ごもっとも．そこで次のように計算を改めよう．たとえば (4) なら

$$\left\langle \sum_{k=1}^N \Delta_k^2 \right\rangle = \left\langle N \cdot \frac{1}{N} \sum_{k=1}^N \Delta_k^2 \right\rangle \tag{5}$$

と書いて，N が大きいとき（実際それは 10^8 という大きさだ！）

$$\frac{1}{N}\sum_{k=1}^{N}\varDelta_k^2 = \langle\varDelta_k^2\rangle \tag{6}$$

と見られることに注意する．実際，k の異なる $\varDelta_k$ は互いに独立なのだから，1つの標本の中で平均をとること [(6) の左辺] と，たくさんの標本について平均をとること [(6) の右辺] は同じはずである．そうすると $\langle\varDelta_k^2\rangle$ は定数だから，(5) の右辺の $\langle\cdots\rangle$ から外に出すことができて

$$\left\langle\sum_{k=1}^{N}\varDelta_k^2\right\rangle = \langle N\rangle\langle\varDelta_k^2\rangle$$

が得られるのである．いまは (4) について手当ての仕方を説明したが，上に記した他の計算についても同様の手当てができる．

　つい計算が長くなってしまった．しかし (2) と (3) はブラウン運動にとって真に基本的な関係式なのである．さらにいえば（説明は参考文献 [1] の §25），(3) の定数 D は，水の温度 T と粘性係数 ζ，小球の半径 a から定まり

$$D = \frac{RT}{N_{\mathrm{A}}}\frac{1}{6\pi a\zeta} \tag{7}$$

で与えられる．ただし，N_{A} は物質1モルに含まれる分子の数であって，物質によらない普遍定数（アヴォガドロ数），そして R は気体の状態方程式 $PV = RT$ で周知の定数（気体定数）．公式 (7) はブラウン運動の "ゆらぎ"(3) と "エネルギーの散逸"（粘性抵抗）とを結びつけるもので，"揺動散逸定理" の原型である．

　これまで，ブラウン運動の標本空間について何もいわずにきた．遅ればせながら補いをつけよう．

　まず，ブラウン運動の標本を与えることは，すなわち時々刻々の微粒子の位置 B_t を与えることであり，いいかえれば時間軸上の区間 $[0, \infty)$ から x 軸 $\boldsymbol{R}$ への関数を1つ与えることである（図5）．そのような標本の全体がすなわち標本空間 Ω であるから，これは $[0, \infty)$ から $\boldsymbol{R}$ への関数の全体という "関数空間" になる．そこで，標本空間をいろいろに区切って区画 σ の各々に確率をつけることは，関数空間に測度を入れる問題になる．そこに立ち入ることは，しかし，さしひかえたい（およその筋は参考文献 [2] に書いた）．

　ブラウン運動が見られるのは微粒子の運動にかぎらない．ブラウン運動のグラフ (t, B_t) のジグザグ（標本は図5）は，磁性体のスピンが熱的にゆらいで描き出す

"上向きスピンの領域と下向きスピン領域の境界線" の形の瞬間写真 (z, B_x) としても現われる (図6). 瞬間写真を何度も何度もとれば，境界線はさまざまの形で現われるが，それぞれの形 z, B_z が現われる頻度は正しく上記のブラウン運動の標本空間で対応する (t, B_t) の現われる確率に比例しているのである．ただし，ここの磁性体は正方形のスピン格子で，正方形の辺上のスピンは図6のように上・下の向きに凍結したスピンたちに接している．この境界線の形が磁性体の相転移点における臨界指数をきめているのではないかと思って，しばらく考えたことがある．

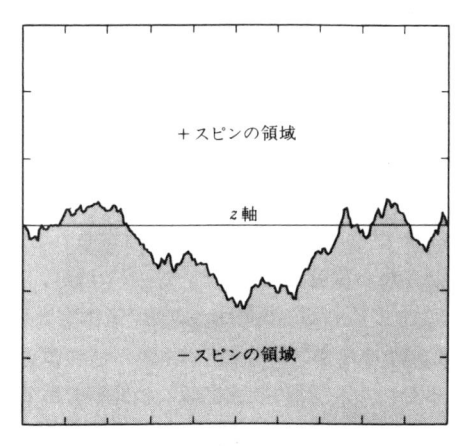

図6　$+$, $-$ スピンの領域の境界線.

12.3　確率微分方程式

ブラウン運動より手のこんだ確率過程をつくってみたいというなら，"微分方程式"

$$dx_t = b(x_t)dt + a(x_t)dB_t \tag{8}$$

を利用するのが一法である．ここに

$$dx_t \equiv x_{t+dt} - x_t, \quad dB_t \equiv B_{t+dt} - B_t$$

であって，$dt > 0$ にとることに約束する．それは，dB_t という増分を起こす要素変位 $\{\Delta_k\}$ が $a(x_t)$ の x_t と確率的に独立になるようにするためである [3]．(8) を確率微分方程式という．

ところで，ブラウン運動の基本的性質であるといった (2) と (3) は Δt が要素変位の時間 $(10^{-7}$ 秒$)$ よりきわめて長いとして導いたものである．いま，その Δt を (8) で dt におきかえるにあたって "(2) と (3) はどんな小さい Δt に対しても正しく成り立つ" という理想化をしよう．この理想ブラウン運動を "ウィーナー過程" とよぶことがある．

ここで，伊藤の公式とよばれる関係式

$$g(x_t + dx_t) = g(x_t) + g'(x_t)(bdt + adB_t) + \frac{1}{2}g''(x_t)a^2 Ddt \tag{9}$$

を紹介しておこう（$'$ は導関数を示す）．右辺の第三項がカンドコロである．ただし，dx_t は (8) から定まるもの．これに関して左辺をテイラー展開して，dx_t の 2 乗が (3) により

$$(bdt + adB_t)^2 = a^2 Ddt + O(dt)^{3/2}$$

となることに注意すれば (9) が得られる．

さて，確率微分方程式 (8) と初期条件（たとえば $x_{t=t_0} = x_0$）とから，ブラウン運動の 1 つの標本 $\{B_t,\ t \geqq 0\}$ に応じて 1 つの解 $\{x_t,\ t \geqq 0\}$ が定まる．そして，さまざまの $\{B_t,\ t \geqq 0\}$ はブラウン運動の標本空間 Ω の上に定まった確率分布 P_B をしているので，それが遺伝して $\{x_t,\ t \geqq 0\}$ の分布 P_x が定まる．

そこで，とくに，時刻 t における x_t の値の分布はどうなるか？　これは時刻 t_0 に点 x_0 にいた微粒子が後の時刻 t に区間 $(x,\ x+dx)$ 内にくる確率 $f(x,\ t|x_0,\ t_0)\,dx$ をたずねることである．その答は

$$\frac{\partial f}{\partial t} = \left[\frac{D}{2}\frac{\partial^2}{\partial x^2}a(x)^2 - \frac{\partial}{\partial x}b(x)\right]f \tag{10}$$

（フォッカー－プランクの前向き方程式）と初期条件

$$\lim_{t \downarrow t_0} f(x,\ t|x_0,\ t_0) = \delta(x - x_0) \tag{11}$$

とから定められる．

方程式 (10) を導くには，x の滑らかな関数 $\varphi(x)$ を任意に選んで，時刻 $t + \delta t$ における $x_{t+\delta t}$ の分布による平均を 2 通りに計算してみるのがよい．

第一に，それは f の意味からして

$$\int_{-\infty}^{\infty} \varphi(x)f(x,\ t + \delta t|x_0,\ t_0)\,dx \tag{12}$$

によって計算できる．第二に，それは (8) から

$$\left\langle \int_{-\infty}^{\infty} \varphi(x + \delta x) f(x, t|x_0, t_0)\, dx \right\rangle$$

によっても計算できる. ただし (8) 以下の d を dx の d との混乱をさけるため δ に読みかえる. 後者は伊藤の公式 (9) によれば

$$\int_{-\infty}^{\infty} \left\{ \varphi(x) + \varphi'(x) \langle b(x)\delta t + a(x)\delta B_t \rangle + \frac{1}{2} \varphi''(x) a^2(x) D \delta t \right\} f(x, t|x_0, t_0)\, dx$$

とかけるが, δB_t は (8) の下で注意したとおり $a(x)$ とは独立であり, $\langle \delta B_t \rangle$ は (2) により 0 である. (12) に等置して

$$\int_{-\infty}^{\infty} \varphi(x) \left[f(x, t + \delta t|x_0, t_0) - f(x, t|x_0, t_0) \right] dx$$

$$= \delta t \cdot \int_{-\infty}^{\infty} \left[\frac{d\varphi(x)}{dx} b(x) + \frac{1}{2} \frac{d^2\varphi(x)}{dx^2} a^2(x) D \right] f(x, t|x_0, t_0)\, dx.$$

この右辺で φ に作用している微分演算子を部分積分によって f のほうに追いやると, φ が任意だったことを思い出し, めでたく方程式 (10) が得られる.

フォッカー–プランクの偏微分方程式 (10) には時刻 t によらない解——Ω 上の不変測度——もある. 実際

$$f(x) = \frac{2}{D} \frac{1}{a(x)^2} \exp\left[\int^x \frac{2}{D} \frac{b(y)}{a(y)^2}\, dy \right] \tag{13}$$

が (10) を満たすことは代入してみれば直ちに確かめられる. $t \to \infty$ で微粒子の分布が平衡に達するとしたら, それはこの $f(x)$ で表わされるはずであろう. 特に

$$D = k_B T, \quad a(x) = 1, \quad b(x) = -\frac{1}{2} \frac{dV(x)}{dx}$$

の場合には, (13) は定数係数は別として

$$f_T(x) = \exp\left[-V(x)/k_B T \right]$$

となる. これは, ポテンシャル・エネルギーの場 $V(x)$ にまいた温度 T の気体における分子たちの位置の分布を与える[1], [3].

いま, (13) の $f(x)$ を規格化した

$$p_\infty(x) = f(x) \Big/ \int_R f(y)dy$$

をもちいてヒルベルト空間 $\mathscr{H}$ を定義しよう. x 軸上の(実数値)関数 ϕ, ψ に対して内積を

$$(\phi, \psi)_{p_\infty} = \int_R \phi(x)\psi(x)p_\infty(x)\,dx$$

で定義し，$(\psi, \psi)_{p_\infty} < \infty$ となるような ψ の全体を $\mathscr{H}$ とするのである．

こうしておくと，(10) の右辺の演算子の共役

$$\mathcal{G} = \frac{D}{2}a(x)^2\frac{\partial^2}{\partial x^2} + b(x)\frac{\partial}{\partial x}$$

がエルミート演算子になる．実際，

$$(\mathcal{G}\phi, \Psi)_{p_\infty} - (\phi, \mathcal{G}\Psi)_{p_\infty}$$

$$= \frac{D}{2}\int a(x)^2\frac{\partial}{\partial x}\left(\frac{\partial\phi}{\partial x}\Psi - \phi\frac{\partial\Psi}{\partial x}\right)p_\infty(x)dx$$

$$+ \int b(x)\left(\frac{\partial\phi}{\partial x}\Psi - \phi\frac{\partial\Psi}{\partial x}\right)p_\infty(x)dx \tag{14}$$

となるから，右辺は，第 1 項で部分積分をした上で，p_∞ が不変測度をあたえるということ，すなわち

$$-\frac{\partial}{\partial x}\left[\frac{D}{2}a(x)^2 p_\infty(x)\right] + b(x)p_\infty(x) = \text{const.} \tag{15}$$

に注意すれば消えることがわかる．

おしまいがかけ足になってしまったが，今回はこの辺で．

なお，最後に，"確率過程論における新概念導入の歴史" と題する伊藤 清先生の興味深い解説[4] があることを付記したい．

*

以上は雑誌「数理科学」(サイエンス社) の確率過程・特集号 (1981 年 6 月号) の序論として書いたものである．

この特集号には，それ以前の確率微分方程式・特集号 (1978 年 11 月号) とともに興味ぶかい話題が集められている．

参考文献

[1] 江沢 洋『だれが原子をみたか』，岩波書店 (1976).

[2] 江沢 洋：ブラウン運動，誌上セミナー，固体物理 **13** (1978), Nos. **10, 12, 14** (1979), Nos. **1, 3, 5, 11, 15** (1980), No. ˙**9**.

[3] 本巻，第 13 章.

[4] 伊藤 清：確率過程論における新概念導入の歴史，数理解析研究所講究録，No. **405** (1980 年 11 月).

13. 確率微分方程式の物理

13.1 原形からはじめて

確率微分方程式の概念は伊藤 清先生によって明確にされた．その経緯は先生御自身，雑誌「数理科学」にお書きになっている[1]．最初の発表は第二次大戦さなかの 1942 年，謄写版印刷であったという．

確率微分方程式の素朴な原形とでもいうべきものは，物理では 1908 年にランジュバンのブラウン運動の理論に現われていた[2]．ブラウン運動というのは，液体や気体の中に微細な（大きさが 10 万分の 1 cm といった程度の）粒をおくと小刻みに不規則に激しく震え動く，その運動のことであって，もとはといえば液体や気体の分子が熱運動のいきおいで粒子に衝突して，これを突き動かすために起こる[3]．震えといっても，左に振れれば次には右に同じだけ振れる振子みたいなわけにはいかない．熱運動は気まぐれだから，粒子はわずかながら右にゆきすぎることもあり，左にゆきすぎることもあり，その集積として多少とも移動をする．よく引くたとえは，おみこしである．これもジグザグに動く．といっても，ブラウン運動で粒子がよたるのは 30 秒も待って 1 万分の 1 cm くらいの距離でしかないが，これは，幸い顕微鏡を使えば測定できる程度に大きい．微粒子のブラウン運動を顕微鏡で調べると，目には見えない分子の数や速さがわかるので，これは今世紀のはじめに盛んに研究された．実は，この研究が実ったときに初めて "分子というものは，やはり実在するのだな，理論物理屋の虚構ではなかったのだな"と人々は納得をしたのだった．

ブラウン運動を分子の衝突に結びつけるには理論が必要だ．それに先鞭をつけたアインシュタインは，たくさんの微粒子の集団を考えて，のっけから統計的な見方をし，それで押しとおしたのだが (1905 年)[4]，ランジュバンは，1 つの微粒

子の運動がどんなものか，それを追ってみたいと思ったらしく，微粒子に対して次のような運動方程式をかいた (1908 年)：

$$m\frac{d}{dt}v(t) = -kv(t) + f(t). \tag{1}$$

ここで，$v(t)$ は時刻 t における微粒子の速度 ―― といっても勝手に選んだ一方向（x 軸の方向とよぶ）への成分としておく．k は媒質からの粘性抵抗の係数，そして $f(t)$ は媒質の分子たちが熱運動のいきおいで衝突して微粒子に及ぼす力 ―― の x 軸方向の成分 ―― である．

　しかし，$f(t)$ は多数の分子の乱雑な熱運動によるものだから変化が激しく乱雑であって，t の関数として定まった関数形が書き下せるようなものではない．それで乱雑力などという名前がつけられているが，ある場合に図 1 の見本 1 のようであったかと思うと，別の場合には見本 2 のようになるという具合．これらの図は実は統計サイコロという 0 から 9 までの目をもつサイコロを投げて出た目の数から 4.5 を引いて描いたもの．つまりデタラメな数の列である．こういうものは，やはり統計的にとらえるしかない．こんなたぐいの乱雑項をもつ微分方程式が確率微分方程式だと思えばよい．

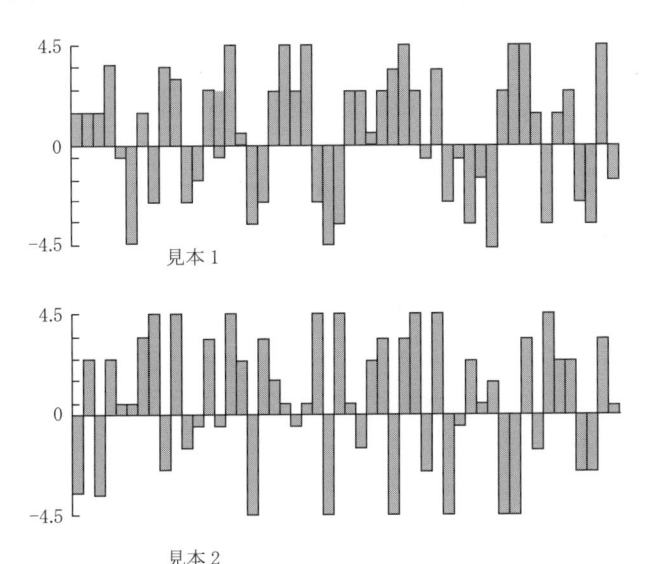

図1　乱雑力の見本．0 から 9 までの目を 2 つずつもつ正 20 面体の "統計サイコロ" を振り，でた目から 4.5 を引くことをくりかえして，得られた数列を棒グラフにした．

だから，これは1つの微分方程式ではないのである．乱雑力 $f(t)$ は見本1のようであったり，見本2のようであったり場合ごとにちがうので，それぞれを文字 ω で区別して $f(t, \omega)$ のように書いておくのがよい．$f(t, 見本1), f(t, 見本2), \cdots,$ というわけだ．微分方程式 (1) の解も $f(t, \omega)$ ごとにちがってくるから，ω で対応を示して $v(t, \omega)$ と書こう．ω は "見本（サンプル）の名前" である．1つの実験をして採集した見本1においては乱雑力は $f(t, 見本1)$ で微粒子の速度は $v(t, 見本1)$ である．統計的方法は，見本をたくさん集めて平均を調べたり分散を調べたりすることによって，乱雑でとらえがたい対象に迫る．前口上が長くなってしまったが，つまり，ブラウン運動する微粒子の運動方程式は見本番号 ω つきの微分方程式

$$m\frac{d}{dt}v(t, \omega) = -kv(t, \omega) + f(t, \omega) \tag{2}$$

の集団であって，統計的に扱うものだ，ということである．

13.2 物理学を見渡すと…

物理には，この種の微分方程式がよく現われる．いつのことか調べが間に合わないけれども，寺田寅彦先生に $f(t, \cdot)$ を "忘れた頃に" ポツン，ポツンとくる撃力とした場合（与えられた時間間隔のなかでおこる撃力の数がポアソン分布）の振子の運動の研究があるという．伏見康治先生にも「不規則な外力を受ける振子の運動」[5] という論文があり，ここで考えられている外力 $f(t, \cdot)$ は，伊藤先生の解説にでてくる B_t を t で微分したものとみてよい．事実，伏見先生は，その論文に続けて数学的な「補遺」を書かれて「偶然量に関する積分」[5] を論じ (1935年)，いまでいえば伊藤先生の確率積分にあたるものをとらえようとしておられる．その解説は先生の名著『確率論及統計論』（河出書房，1942年）にもある．伊藤先生の確率微分方程式の最初の論文が出たのも同じ 1942年だった．もし，伏見先生がこれを御覧になってから教科書をおかきになるという順に事がおこっていたら，確率微分方程式は日本の統計物理学者たちの御家芸になったかもしれない．伊藤理論が教科書にのったのは，先生の『確率論』（岩波書店，1953年）が最初だろう．

不規則な外力を受ける振子の運動といえば，熱輻射の場におかれた荷電調和振動子による輻射の放出・吸収の問題への応用が印象的であったことをおぼえている．これも同じ伏見先生の『量子統計力学』（共立出版，1948年）にのっている．熱輻射というのは，熱した空洞（つまり炉）のなかを飛びかう電磁波のことで，そ

のなかの一点——荷電調和振動子のある場所——での電場は強さも方向も乱雑に変化する. それが調和振動子に及ぼす力も乱雑に変化するわけである. 力を受けて振動子が振動をはじめることは, すなわち振動子による輻射の吸収である. この振動子は荷電しているから, 振動をすれば輻射を放出する. この過程を確率微分方程式に扱かって, さらにボーアの対応原理をもちこむと, 荷電調和振動子が輻射を放出・吸収する遷移確率がでてくる. 量子力学というものには, どうも概念的になじめないところがあるので, この辺に何か救いがあるのではないかと思ったりした.

　ブラウン運動や熱輻射の問題にかぎらず, 統計力学にとっては, 小さい部分系が全系の他の部分(外界)と相互作用してどのように時間発展してゆくかは基本的問題であって, とくに外界と熱平衡にない系がどのようにして平衡状態に近づいてゆくかも, 確率微分方程式によって調べられるはずであろう. そもそも, 統計力学そのものが, 無限大に近い自由度のなかから少数の粗視的・平均的自由度を"射影"によって取り出して. それらの関係を議論するのだから, やはり広い意味で部分系を取り出すわけであり, 外界の作用を乱雑力とみて一種の確率微(積)分方程式がたつことになる. この方面の研究は久保亮五・戸田盛和両先生の編になる『統計物理学』に概説されており, その巻末に精選された文献があげられている. 最近の動的臨界現象の理論[6]も興味深い.

　上に量子力学にふれたが, なにか世界に満ちたエーテルとでもいうものから粒子に乱雑力が常に働いているとして, ニュートンの運動方程式に似た一種の確率微分方程式をたてると, 粒子の位置の確率分布が量子力学と同じ法則に従うようになるというネルソンの「確率量子化」の理論がある[7]. 文献[7]に解説があるので, ここでは説明を省略するが, 東芝総合研究所の保江邦夫氏が非保存力のある場合などシュレーディンガー方程式がたてにくい場合に適用しておもしろい結果を得ている[8]. しかし, 物理学の基本からいえば非保存力は(系の一部を外界とみて無理に切り離したために生ずる)2次的なものであるから, その基本にもどればシュレーディンガー方程式はあるはずで, そこからも確率量子化による結果と同じものが出るかどうか検討する必要があろう.

13.3 ホワイト・ノイズ

方程式 (2) の意味は，まだ，はっきりしていない．乱雑というだけでは乱雑力 $f(t, \omega)$ を規定したことにならないからである．

(2) をブラウン運動に対する方程式としたとき，すぐ考えられるのは，この力を時刻 t は固定して異なる見本にわたって眺め渡すとプラスのものもありマイナスのものもありで，それらを平均すれば 0 になってしまうだろうということ：

$$\frac{1}{N} \sum_\omega f(t, \omega) = 0,$$

ただし，N は和に含めた見本の総数で，$N \to \infty$ にしたい．数学者は平均の操作 $N^{-1} \sum_\omega$ を E という文字で表わすので，それに従えば

$$\mathsf{E} f(t, \cdot) = 0. \tag{3}$$

次に，時刻 t の $f(t, \omega)$ と時刻 s の $f(s, \omega)$ とは $t \neq s$ なるかぎり確率的に独立としてよかろうということが考えられる．そうすると積 $f(t, \omega)f(s, \omega)$ の ω に関する平均が $f(t, \omega)$ の平均と $f(s, \omega)$ の平均の積に等しいことになり，上の (3) により $\mathsf{E} f(t, \omega)f(s, \omega) = 0 \, (t \neq s)$．今様に δ 関数を使って書くが，ランジュバンは一般に

$$\mathsf{E}\{f(t, \cdot)f(s, \cdot)\} = \gamma \delta(t - s) \tag{4}$$

としたのである．γ は正の定数．いま

$$\frac{1}{\sqrt{\gamma}} \int_0^t f(s, \omega)ds \equiv B_t(\omega) \tag{5}$$

としてみると，これは互いに独立な確率変数を "無数に加え合わせたもの" だから，t を固定して異なる見本 ω を眺め渡すとガウス分布になっているはずであり，しかも任意の $\Delta > 0$ に対して

$$B_{t+\Delta}(\omega) - B_t(\omega) = \frac{1}{\sqrt{\gamma}} \int_t^{t+\Delta} f(s, \omega)ds$$

もガウス分布をなし，(3) により，その平均は 0：

$$\mathsf{E}\{B_{t+\Delta} - B_t\} = 0. \tag{6}$$

また，分散は時間間隔 Δ に等しい：

$$\mathsf{E}\{B_{t+\Delta} - B_t\}^2 = \Delta. \tag{7}$$

なぜなら

$$\mathsf{E}\left\{\int_t^{t+\Delta} f(s, \cdot)ds\right\}^2 = \int_t^{t+\Delta} ds \int_t^{t+\Delta} du\, \mathsf{E}\{f(s, \cdot)f(u, \cdot)\}$$

が (4) によって

$$\gamma \int_t^{t+\Delta} ds \int_t^{t+\Delta} du\, \delta(s-u) = \gamma \int_t^{t+\Delta} ds = \gamma\Delta$$

と計算されるからである.

こうして見ると, (5) の $B_t(\omega)$ は

(1)　$B_0(\omega) = 0$　（すべての見本 ω について）

(2)　$B_{t+\Delta}(\omega) - B_t(\omega)$ は ω に関して平均 0, 分散 Δ のガウス分布をする. ただし, $t,\ \Delta > 0$.

という性質をもつことになり, つまり伊藤先生の解説の第 1 頁にあるブラウン運動にほかならないことがわかる. ランジュバン型の乱雑力は――すなわち一般に (3), (4) の性質をもつ $f(t, \omega)$ は――(5) が示すとおりブラウン運動 $B_t(\omega)$ の時間微分の定数倍（$\sqrt{\gamma}$ 倍）なのである.

ブラウン運動の時間微分をホワイト・ノイズとよぶ習慣に従えば, ランジュバン型の乱雑力はホワイト・ノイズの定数倍であるということになる. これは物理で考える乱雑力の典型であって, 量子力学を確率過程的にみるネルソン理論で使われる "エーテルの乱雑力" も, やはりこの型である. しかし, ブラウン運動は, どの時刻にも時間微分できないのではなかったか？　たしかに, ランジュバンの $f(t, \omega)$ は相関関数が (4) のように δ 関数になる特異な代物になっている. しかしそれを積分した (5) の $B_t(\omega)$ は上に見たとおり統計的に明確な意味をもっているから, 微分方程式 (2) も一度だけ積分をして ($t' > t$)

$$m\{v(t', \omega) - v(t, \omega)\} = -k \int_t^{t'} v(s, \omega)\, ds + \sqrt{\gamma}\,\{B_{t'}(\omega) - B_t(\omega)\}$$

と書けば意味がはっきりする. これを普通は簡略に

$$m dv(t, \omega) = -kv(t, \omega)\, dt + \sqrt{\gamma}\, dB_t(\omega) \tag{8}$$

と書いておくのである.

13.4 確率微分方程式の効用

確率微分方程式を用いると，乱雑力が働いている場合の運動の見本が目に見える形に得られるので，それだけでも，直観を尊ぶ物理屋にはありがたい．しかし，この方程式の効用は，それに止らないのである．確率分布を定めるのに厄介な偏微分方程式が解かずにすむようになることも，効用の1つかと思う．

例として，微小な軽い物体の自由落下をとりあげて，説明をしよう．鉛直方向の運動のみ考えるとすれば，見本 ω の時刻 t における速度——の鉛直上向き成分を $v(t, \omega)$ として，運動方程式は，(8) の流儀でかくなら

$$dv(t, \omega) = -\left[g + \kappa v(t, \omega)\right]dt + \sqrt{\gamma}\,dB_t(\omega) \tag{9}$$

である．ここに，g は重力加速度で，κ は空気の粘性抵抗の係数を粒子の質量 m でわったもの，とすると前節の記号をひきつぐなら乱雑力の $\sqrt{\gamma}$ は $\sqrt{\gamma}/m$ とすべきところだが，それは頭にいれて手抜きをした．

この方程式の

$$\text{初期条件} \quad v(0, \omega) = 0 \quad (\text{すべての}\omega\text{に対して}) \tag{10}$$

に応ずる解は

$$v(t, \omega) = -\frac{g}{\kappa}(1 - e^{-\kappa t}) + \sqrt{\gamma}\int_0^t e^{-\kappa(t-s)}dB_s(\omega) \tag{11}$$

である．

時刻 t の速度は見本ごとにさまざまになるが，その平均は，(6) によって $\mathsf{E}dB_s(\,\cdot\,) = 0$ だから

$$\mathsf{E}v(t, \cdot\,) = -\frac{g}{\kappa}(1 - e^{-\kappa t}) \tag{12}$$

となる．これは乱雑力のない場合の速度と同じである．次に，分散は

$$\mathsf{E}\{v(t, \cdot\,) - \mathsf{E}v(t, \cdot\,)\}^2 = \gamma\,\mathsf{E}\left\{\int_0^t e^{-\kappa(t-s)}dB_s(\,\cdot\,)\right\}^2$$

だが，(4) を思い出せば容易に計算できて

$$\mathsf{E}\{v(t, \cdot\,) - \mathsf{E}v(t, \cdot\,)\}^2 = \frac{\gamma}{2\kappa}(1 - e^{-2\kappa t}) \tag{13}$$

となる．

そして，この平均と分散とで問題の粒子の運動の集団としての性質は完全に定

まってしまっている．なぜなら，各見本の速度は (11) が示すとおりガウス分布する $dB_s(\omega)$ の線形結合だから，その集団もガウス分布をもつことになり，それは平均と分散によって完全に定まってしまうからである．速度の分布関数を $\phi_t(v)$ とすると —— というのは時刻 t に粒子が v と $v+dv$ の間の速度をもつ確率を $\phi_t(v)dv$ とすることだが，その分布関数は

$$\phi_t(v) = \frac{1}{\sqrt{\pi\dfrac{\gamma}{\kappa}(1-e^{-2\kappa t})}} \exp\left[-\frac{\left\{v+\dfrac{g}{\kappa}(1-e^{-\kappa t})\right\}^2}{\dfrac{\gamma}{\kappa}(1-e^{-2\kappa t})}\right] \tag{14}$$

となる（図 2）．ほかでもない，ガウス分布の一般公式

$$\phi_t(v) = \frac{1}{\sqrt{2\pi\cdot(分散)}} \exp\left[-\frac{\{v-(平均)\}^2}{2\cdot(分散)}\right]$$

に (12), (13) を代入したまでのことである．分布 (14) が $t\downarrow 0$ のとき

$$\phi_t(v) \underset{t\sim 0}{\sim} \frac{1}{\sqrt{2\pi\gamma t}} \exp\left[-\frac{v^2}{2\gamma t}\right] \underset{0\uparrow t}{\longrightarrow} \delta(v) \tag{15}$$

となることに注意しよう．これは初期条件 (10) の反映である．

　ところで，この分布関数をもとめるだけならば別の手もある．それはフォッカー－プランクの方程式というものを用いる手であって，いまの問題では，その方程式は

$$\frac{\partial}{\partial t}\phi_t(v) = \frac{\partial}{\partial v}\left[(g+\kappa v)\phi_t(v)\right] + \frac{\gamma}{2}\frac{\partial^2}{\partial v^2}\phi_t(v) \tag{16}$$

という形をしている．確率微分方程式 (9) との対応は目に見えて明らかであるが，なぜこういう対応になるのかを説明すること[9] は省略させていただく．

　問題はフォッカー－プランクの方程式 (16) を，さきに用いた粒子速度に対する初期条件に応ずる

　　　　初期条件　　$\phi_t(v) \underset{t\downarrow 0}{\longrightarrow} \delta(v)$

のもとで解くことであるが，どうだろう，これはそんなに容易でないのではないか．

　お察しのとおり，その答は，すでに (14) にもとまっている（読者たしかめてみよ）．上に確率微分方程式の助けによって厄介な偏微分方程式の解がわかってしまう場合もあるといったのは，このことである．

　そこで，読者に問題を出そう．上では粒子の速度のみに注目したのだが，位置 z についても見ることにすると，確率微分方程式は

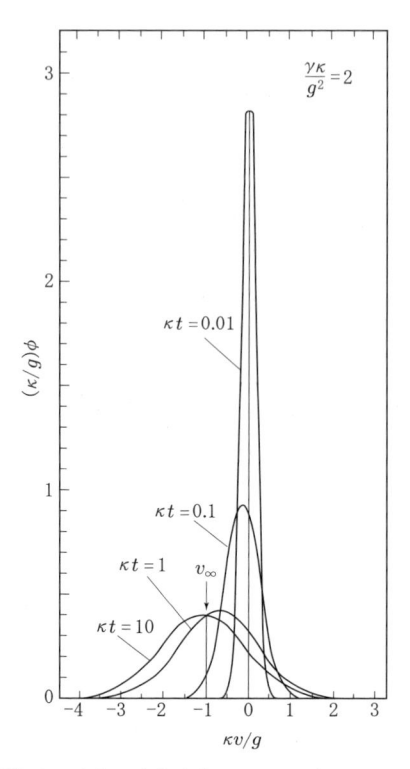

図2　空気中を落下する微粒子の速度の確率分布 (14). ただし, $\gamma\kappa/g^2 = 2$ として描いてある. 実際にはアインシュタインの関係 (17) で γ が空気の温度 T と粘性抵抗係数 κ から定まる. 微粒子を球形として半径を a, 質量を m とし, 空気の粘性係数を η とすれば, ストークスの法則から $\kappa = 6\pi\eta a/m$ となるので, (17) を考慮して

$$\frac{\gamma\kappa}{g^2} = \frac{2\kappa_{\mathrm{B}}T}{m}\left(\frac{6\pi\eta a}{mg}\right)^2, \quad \frac{g}{\kappa} = \frac{mg}{6\pi\eta a}.$$

標準大気 (0° C, 1 気圧) では $\eta = 1.72 \times 10^{-4}$ ポアズなので, m を微粒子の密度 ρ (g/cm^3) と半径 a (cm) で表わして　$\dfrac{\gamma\kappa}{g^2} = 1.2 \times 10^{-26}\dfrac{1}{\rho^3 a^7}$, $\dfrac{g}{\kappa} = 1.3 \times 10^6 \rho a^2$. ρ は 1 のオーダーである. a を 0.1 mm としても

$$\frac{\gamma\kappa}{g^2} = 1.2 \times 10^{-13}\frac{1}{\rho^3}, \quad \frac{g}{\kappa} = 1.3 \times 10^2 \rho \,(\mathrm{cm/s}).$$

$$d\begin{pmatrix} z(t,\,\omega) \\ v(t,\,\omega) \end{pmatrix} = \begin{pmatrix} v(t,\,\omega) \\ -g - \kappa v(t,\,\omega) \end{pmatrix} dt + d\begin{pmatrix} 0 \\ \sqrt{\gamma}\,B_t(\omega) \end{pmatrix}$$

となり, フォッカー–プランクの方程式は [9]

$$\frac{\partial}{\partial t}\phi_t(z, v) = \left[-\frac{\partial}{\partial x}v + \frac{\partial}{\partial v}(g + \kappa v) + \frac{\gamma}{2}\frac{\partial^2}{\partial v^2} \right]\phi_t(z, v)$$

となる. これを

$$\text{初期条件}\quad \phi_t(z, v)\xrightarrow[t \downarrow 0]{}\delta(z)\delta(v)$$

のもとで解け.

今度の方程式には,

$$\phi(z, v) = \sqrt{\frac{m^3 g^2 \beta^3}{2\pi}}\exp\left[-\beta\left(\frac{m}{2}v^2 + mgz \right) \right]\qquad (z \geqq 0)$$

という時刻によらない解もあることを注意しておく. ただし, $m\beta$ はアインシュタインの名でよばれる関係

$$\kappa = \frac{1}{2}m\beta\gamma \tag{17}$$

を満たすものとする. $\phi(z, v)$ は k_{B} をボルツマン定数として $\beta = 1/(k_{\mathrm{B}}T)$ から定まる絶対温度 T における熱平衡分布にほかならない. では, 上の問題の $\phi_t(z, v)$ は $t \to \infty$ でこの熱平衡分布に近ずくか?

13.5 揺らぐ磁場の中のスピン

一様な磁場 $\boldsymbol{H}$ の中におかれたスピン $\boldsymbol{S}$ は, 運動方程式

$$\frac{d}{dt}\boldsymbol{S} = \boldsymbol{S} \times \boldsymbol{H} \tag{18}$$

に従って $\boldsymbol{H}$ を軸に歳差運動をする. 本来なら右辺にはある係数がかかるのだが, それが 1 になるように磁場の単位を適当にとるものとした.

さて, $\boldsymbol{H}$ が静磁場だとして, これに x, y, z 成分ごとにホワイト・ノイズが加わって, 磁場が

$$H_x + \sqrt{\gamma}\,B_x(t, \omega), \quad H_y + \sqrt{\gamma}\,B_y(t, \omega), \quad \cdots$$

となったら, スピンの運動はどうなるか? ここに $B_x(t, \omega)$ などは前の $B(t, \omega)$ と同じブラウン運動とし, ただし各成分は確率的に独立であるとしよう. 頭の・は時間微分を表わす. スピンの運動方程式は

$$d\boldsymbol{S}(t, \omega) = \boldsymbol{S}(t, \omega) \times \left[\boldsymbol{H}dt + \sqrt{\gamma}\,d\boldsymbol{B}(t, \omega) \right] \tag{19}$$

となるはずだろう.

いや，こんどは実はもう少していねいにかく必要がある．x 成分でいうと，ω は省略することにして

$$dS_x(t) = S_y(t)\big[H_z dt + \sqrt{\gamma}\,\{B_z(t+dt) - B_z(t)\}\big]$$
$$- S_z(t)\big[H_y dt + \sqrt{\gamma}\,\{B_y(t+dt) - B_y(t)\}\big].$$

ここでは $dt > 0$ としている．見ていただきたいのは，$d\boldsymbol{B}$ が時刻 $t + dt$ での値と t での値の差にしてあって，$\boldsymbol{S}$ の時刻 t より "未来に向かって突出している" 点である．これが伊藤先生の確率積分の特質に由来していることは先生の解説に説明されている．

ところで，(7) によれば $Q(\omega) \equiv \{B_{t+dt}(\omega) - B_t(\omega)\}^2$ という量は，見本 ω の全体にわたって平均したとき

$$\mathsf{E}Q = dt \tag{20}$$

となり，dt のオーダーの無限小でしかない．もし $B_t(\omega)$ が t の滑らかな関数であったら，これは $(dt)^2$ のオーダーに落ちるところだった．次に Q の分散を見ると，それは $B_{t+dt}(\omega) - B_t(\omega)$ がガウス分布をすることから容易に計算され，$(dt)^2$ のオーダーになることがわかる．$dt \to 0$ とするときには，だから，Q は分散なしの値 dt とみてよい．同じことが $[B_z(t + dt, \omega) - B_z(t, \omega)]^2,\ \cdots$ についてもいえる．

このことを頭において上記の dS_x の 2 乗をつくってみると，ω は省略して

$$[dS_x(t)]^2 = \gamma S_y{}^2(t)\big[B_z(t+dt) - B_z(t)\big]^2 + \gamma S_z{}^2(t)\big[B_y(t+dt) - B_y(t)\big]^2 + \cdots,$$

すなわち

$$[dS_x(t)]^2 = \gamma\big[S_y{}^2(t) + S_z{}^2(t)\big]dt + \cdots \tag{21}$$

となって，dS_x の 2 乗を計算したというのに $(dt)^2$ のオーダーにならずに dt のオーダーの項が現われる．$\cdots$ は dt より高位の無限小である —— といった計算ができるのは，ここでたとえば $S_y{}^2(t)$ より $[B_z(t + dt) - B_z(t)]^2$ が未来に向けて突出しているせいで，ブラウン運動のマルコフ性により後者が前者から確率的に独立となり，その結果として前者は固定して後者のみの平均や分散がとれるおかげである．ここに伊藤型の確率微分方程式の特質が生きている．

しかし，一見 $(dt)^2$ のオーダーに落ちそうな項が実は dt のオーダーにとどまることがあるのだから，計算にはよほど注意がいる（といっても一般的な算法が確立

されているので，それに従えばよいのだが …）.

　たとえば，$\boldsymbol{S}^2 = S_x{}^2 + S_y{}^2 + S_z{}^2$ の時間変化が見たいとしよう. さっそく

$$S_x{}^2(t+dt) = S_x{}^2(t) + 2S_x(t)dS_x(t) + \left[dS_x(t)\right]^2$$

に問題の (21) が現われて，微分算の常識を狂わせる：

$$dS_x{}^2(t) = 2S_x(t)\,dS_x(t) + \gamma\left[S_y{}^2(t) + S_z{}^2(t)\right]dt.$$

y, z 成分についても同様に計算して合計すれば

$$d\boldsymbol{S}^2(t) = 2\boldsymbol{S}(t) \cdot d\boldsymbol{S}(t) + 2\gamma\,\boldsymbol{S}^2(t)\,dt.$$

　ところが，この右辺の第 1 項は運動方程式 (19) によって落ちるから，結局

$$\frac{d}{dt}\boldsymbol{S}^2(t,\,\omega) = 2\gamma\,\boldsymbol{S}^2(t,\,\omega). \tag{22}$$

これでは，スピンの大きさが

$$\boldsymbol{S}^2(t,\,\omega) = \boldsymbol{S}^2(0,\,\omega)\,e^{2\gamma t}$$

のように時間とともに大きくなってしまう.

　この破綻をさけるためには，スピンの運動方程式を (19) でなく

$$d\boldsymbol{S}(t,\,\omega) = \boldsymbol{S}(t,\,\omega) \times \left[\boldsymbol{H}dt + \sqrt{\gamma}\,d\boldsymbol{B}(t,\,\omega)\right] - 2\gamma\,\boldsymbol{S}(t,\,\omega) \tag{23}$$

とすればよい. これは，運動方程式の形は (19) のままにして，その解釈を伊藤式でなくストラトノーヴィッチ式にすることと同じである. その説明をする余裕はないが，ストラトノーヴィッチ式の確率積分は文献 [7]，[10] の解説にもでている. それぞれの解釈に立つ確率微分方程式の間の変換公式もそれらに示されている.

　確率微分方程式をいかに書き下すかは，もちろん物理の問題ごとに考えるべきことで，上の例は，この点を強調するために述べたのである.　(23) では時間反転不変性が見えにくいが，ストラトノーヴィッチ式にかきなおすと目に見えてくる. 時間反転不変な方程式の書き方には別にネルソンの確率量子化に用いた方法もある.

13.6 最確軌道

　確率微分方程式を，一般に

$$dX(t, \omega) = V(X, t)dt + \Gamma(X, t)\,dB(t, \omega)$$

とかいたとしよう. X, V, B は n 次元の列ベクトル, Γ は $n \times n$ 行列である. これを与えられた初期条件のもとで解くと, n 次元ブラウン運動 B の見本 1 つに対して n 次元の運動 X が 1 つ定まる. ところが, ブラウン運動の見本は, どれも同じ確率でおこるというものではなく, あるものは大きな確率をもち, あるものは小さい確率しかもたない. そうした確率の大小が確率微分方程式を通じて $X(t, \omega)$ に遺伝することになる. ある見本 $X(t, \omega)$ は大きい確率をもち, … という具合[11]に.

では, 確率最大の標本 $X(t, \omega)$ を見出すにはどうすればよいか？　本当をいうと, ブラウン運動の見本 1 つ 1 つに確率がつくわけではなく (1 つ 1 つの確率は 0 !), いわば見本の束に確率がつくのであるから, $X(t, \omega)$ についても同様であって, 確率最大の見本という設問の意味を定める必要がある. そのために確率の径路積分表示が役に立ち, "確率最大" の見本 $X(t, \omega)$ を特徴づけるラグランジアンもつくれる[12]. そして, 非可逆過程の統計力学への視座が得られる[13]ことになる.

参考文献

[1]　伊藤 清：確率微分方程式——生い立ちと展開,「数理科学」1978 年 11 月号.

[2]　江沢 洋：原子物理入門 (第 5 回), 固体物理, Vol.5, No.7 (1970).

[3]　江沢 洋『だれが原子をみたか』, 岩波書店 (1976)：岩波現代文庫 (2013).

[4]　A. アインシュタイン：熱の分子論から要求される静止液体中の県濁粒子の運動について. 湯川秀樹監修『アインシュタイン選集 1』, 共立出版 (1971) に収められている.

[5]　K. Fusimi : *Complementary Notes to our previous Work, "Vibrating Systems exposed to irregular Forces"*, Geophys. Mag. **9** (1935), 49–60.

[6]　P. C. Hohenberg and B. I. Halperin : *Theory of Dynamic Critical Phenomena*, Rev. Mod. Phys. **49** (1977), 435–479.

[7]　江沢 洋：量子力学不要の説——ランダム現象としての極微世界のイメージ,「数理科学」, 1975 年 3 月号, サイエンス社；『物理学の視点』, 培風館 (1983).

[8]　K. Yasue : *Quantization of Dissipatiue Dynamical Systems*, Phys. Lett. **64B** (1976), 239–241 ; *A Note on the Derivation of the Schrödinger–Langevin Equation*, J. Stat. Phys. **16** (1977), 133–116 ; *Detailed Time–Dependent Description of Tunneling Phenomena Arising from Stochastic Quantization*, Phys. Rev. Lett.

40 (1978), 665–667.

[9]   たとえば，堀 淳一『ランジュバン方程式』，応用数学叢書，岩波書店 (1977)，第4章．江沢 洋：誌上セミナー「固体物理」**13** (1978), No.5. 10, 12, 14 ; **14** (1979), No.5. 1, 3, 5, 11, 15 ; **15** (1980), No.9.

[10]   堀 淳一：前掲書，pp.70–71.

[11]   H. Ezawa, J. R. Klauder and L. A. Shepp : *A Path Space Picture for Feynman–Kac Averages,* Ann. Physics **88** (1974), 588-620.

[12]   D. Dürr and A. Bach : *The Onsager–Machlup Function as Lagrangian for Most Probable Path of a Diffusion Process,* Commun. math. Phys. **60** (1978), 153–170.

[13]   H. Hasegawa : *Variational Principle for Non–Equilibrium States and the Onsager–Machlup Formula,* Prog. Theoret. Phys. **56** (1976). 44–60.

14. 物理学による免疫系のモデル化 [1)]

　免疫系の使命は，寄生虫や細菌，ウィルスなど病気をおこすあらゆる有機体(抗原と総称する)から体を守ることである．それは1人の体あたり約2×10^{13}個の細胞からなり，いくつかのグループに分けられる．もっとも重要なグループはB細胞であって，およそ5×10^{12}個あり，免疫系において情報収集係の役をする．近年，理論物理学の方法を用いて免疫系のある種の特徴をモデル化することが行なわれるようになった．以下，そのいくつかの概略を示そう．

　免疫系は学習能力をもち，抗原が体に有害かどうかを見分けることができる．記憶もできて，同じ病気に2度めに感染すれば抗原を直ちに消去してしまう．抗原が既知のものか新しいものかを識別することもできるので，免疫系に既知の抗原を合わせたものは，しばしば免疫学的エゴ(自己)とよばれる．それは普通の("神経学的な")エゴとはちがう．B細胞は，18世紀に哲学者ライプニッツが考えたモナド(単子)[1]に似ており，免疫学的エゴの"モナド"と考えることができる．

　B細胞は，全体として5×10^7個の異なったクローンからなり，各クローンは大体10^5個の遺伝学的に同一の細胞からなる．各B細胞は外側の膜に多数の受容分子(抗体)をもっている．これら受容分子は特別の形をしたポケットをもつ．その形は同じクローンのすべてのB細胞では同じだが，異なるクローンは異なる形で特徴づけられる．

　各B細胞は生体の細胞の間をブラウン運動する．そして受容分子に捕らえられるものを一々検査する．こうしてB細胞は，細胞膜にある受容分子に捕らえられた抗原を信号として蓄積するのである．

　最近，ブラウン運動によって蓄積される信号が，江沢らによって数学的に研究

---

1)　F. W. Wiegel，中村 徹，渡辺敬二と共著．

された（3 次元のモデルについては文献 [2] を，低次元のモデルについては文献 [3] [4] を参照）．その結果を用いると，B 細胞系の集めた情報は次のことに十分であることが示される：(1) 体のどこが病気に感染しているかを知る，(2) 感染領域の大きさを評価する，(3) 感染領域における抗原の密度を評価する．これは体の 1 つの部分から情報を得た B 細胞が対応する 1 つのリンパ節に集められるために可能となるのである．いくつかの受容分子に抗原を捕らえてリンパ節にやってくる B 細胞の割合は，感染領域の大きさについての情報をもつことが示される（文献 [5] を見よ）．捕らえられた抗原の数の分布は感染領域における抗原の密度を教える．感染領域は，もちろん抗原が見つかるリンパ節の受け持ち範囲のどこかにある．

いったん B 細胞の受容分子が緩くでも結合し得る抗原に出会うと，B 細胞–抗原の複合体は最寄のリンパ節に運ばれ，そこではげしい変異過程にはいる．B 細胞は 2 つの娘細胞に分裂し，それらの受容分子は（ランダムな突然変異の結果として）結合ポケットの形が少しちがっている．この細胞分裂は約 6 ないし 7 時間ごとに繰り返され，最初の世代の B 細胞がすべて抗原にぴったり適合する受容分子を得るまで続く．こうしてできる B 細胞が，感染源を消去する多数の抗体をつくるのである．最近，この超変異の過程も統計物理学に示唆された数学的方法によってモデル化されている[6]．

免疫系は，今日 "分布情報収集系"（多数のものが協力してシステムとして情報を集める系）とよばれる特徴をもつ．そのどの部分も特に賢くはないが，系全体としては著しく優れている．その大略は次のとおりである．

(a)　各 B 細胞は，1 つのタイプの抗原とのみ結合する．しかし，免疫系全体としては，どんな新しい抗原でも —— 地球上にかつてなかった抗原でさえ —— 消去できる．

(b)　新しい抗原は 2 段階で認知される：まず（やや粗い）見分けにより 10 万グループのどれに属するかが決定される．ついで，選ばれた 1 グループが前に述べた超変異の過程でより細かい 10 万グループに区分けされるのである．

(c)　免疫系が既知と未知の抗原を見分けるのは，2 つのタイプの細胞が関わる複雑な仕組みによる：抗原を対応する B 細胞が認知し，それが未知の抗原であれば T 細胞が超変異をスタートさせる：もし既知のものなら対応する T 細胞が存在しない．

(d)　こうした基本過程のほとんどはリンパ節でおこる．リンパ節は免疫系の頭脳である．これも分布情報系をなし，たくさんの（人間では約 420 個の）リンパ節が体全体にばらまかれている．必要なら，新しいリンパ節がつくられる．

ここに述べた数学的モデルは，免疫系のデザインの特徴を明らかにしている．

参考文献

[1]　G. W. Leibniz : *Principes de la philosophie, ou Monadologie,*（原版は 1714），A.Robinet ed., Presses Universitaire de France (1854)；ライプニッツ，河野与一訳『単子論』，岩波文庫 (1951).

[2]　T. Nakamura et al.: *J. Phys. Soc. Jpn.*, **73**, 843 (2004).

[3]　H. Ezawa et al.: *J. Phys. Soc. Jpn.*, **72**, 2481 (2003).

[4]　H. Ezawa : *J. Phys. Soc. Jpn.*, **71**, 35 (2002).

[5]　F. W. Wiegel : in *Garden of Quanta*, J. Arafune et al. eds., World Scientific (2003), pp.425–435.

[6]　A. S. Perelson & F. W. Wiegel : *Complexity*, **4**, 29 (1999).

第4部
量子力学と数学の交流

15. 固有値問題は奥が深い

　固有値問題といえば，量子力学における系のエネルギー・スペクトルの決定の問題を思い浮かべる向きが多いだろう．ハミルトニアン演算子 $\mathcal{H}$ の固有値問題 $\mathcal{H}u_n = E_n u_n$ である．もっと一般に，量子力学的な**物理量**（オブザーバブル）$\widehat{\mathcal{A}}$ の固有値問題 $\widehat{\mathcal{A}}v_m = a_m v_m$ もでてくる．そして，固有関数の全体 $\{v_n\}$ が完全系をなすといわれる．これは量子力学の観測の理論にとって決定的に重要な事実である．任意の状態 ψ があたえられたとき，これが $\psi = \sum_m \gamma_m v_m$ のように展開できる，というのが固有関数系の完全性であって，この状態において $\widehat{\mathcal{A}}$ の観測をすると，どれかの番号 s に対する値 a_s が確率 $|\gamma_s|^2$ で得られ，そのあとの系は状態 v_s にジャンプしている，という．これが観測の理論の教えるところである．この教えが意味をなすためには任意の状態 ψ が $\{v_n\}$ で展開できなければならない．

　ところが，量子力学の講義では，この展開定理まで証明する余裕がない．展開定理を証明するには，演算子が自己共役であるということを厳密に定義してかかる必要がある．演算子 $\widehat{\mathcal{A}}$ が自己共役であるということは，量子力学の講義では，任意の状態ベクトル ψ, φ に対して $\langle \varphi, \widehat{\mathcal{A}}\psi \rangle = \langle \widehat{\mathcal{A}}\varphi, \psi \rangle$ が成り立つことだ，といって済ませてしまうが，これでは，たちまち困ってしまう．たとえば，x 軸上の区間 $[0, L]$ の関数で，その両端で 0 という境界条件をおいたものに対して微分演算子 $-i\hbar d/dx$ を考えると，部分積分によって

$$\left\langle \varphi, -i\hbar \frac{d}{dx}\psi \right\rangle = \int_0^L \varphi^*(x) \left(-i\hbar \frac{d}{dx}\psi(x) \right) dx$$

$$= -i\hbar \left[\varphi^*(x)\psi(x) \right]_0^L + i\hbar \int_0^L \left(\frac{d}{dx}\varphi^*(x) \right) \psi(x) dx$$

となるが，$\left[\varphi^*(x)\psi(x) \right]_0^L$ は境界条件から 0 であるから

$$\left\langle \varphi, \left(-i\hbar \frac{d}{dx}\psi\right)\right\rangle = \left\langle \left(-i\hbar \frac{d}{dx}\varphi\right), \psi\right\rangle \qquad (*)$$

が成り立つ．したがって，量子力学の講義によれば，区間の両端で 0 という境界条件をつけて考えた演算子 $-i\hbar d/dx$ は自己共役になるが，その固有値問題

$$-i\hbar \frac{d}{dx}v(x) = pv(x), \qquad v(0) = v(L) = 0$$

は，$v(x) = 0$ 以外の，解を 1 つももたないのである．完全系をなすどころではない．

もっとも，上の計算で区間の両端で 0 の任意の関数に対して $(*)$ が証明されたわけではない．微分できない関数もあるからである．演算子が自己共役であるというためには，どんな関数たちに対してこの演算子を作用させると考えるのかを明らかにしてかかる必要がある．いわゆる演算子の定義域の問題である．

そう思って，量子力学でおなじみの固有値問題を見直すと，水素原子のハミルトニアン

$$\widehat{\mathcal{H}} = -\frac{\hbar^2}{2m}\left(\frac{\partial^2}{\partial x^2} + \frac{\partial^2}{\partial y^2} + \frac{\partial^2}{\partial z^2}\right) - \frac{e^2}{4\pi\varepsilon_0}\frac{1}{r}$$

の基底状態の固有値関数として

$$u_0(x, y, z) = \exp\left[-\frac{r}{a_{\mathrm{B}}}\right]$$

が与えられている．ここに $r = \sqrt{x^2 + y^2 + z^2}$ であり，a_{B} はボーア半径 $0.53 \times 10^{-10}\,\mathrm{m}$ である．ところが，この u_0 は $r = 0$ でトンガリ帽子の形をした関数だ（図 1）．こんな関数にどうやって $\partial^2/\partial x^2 + \cdots$ を作用させたらよいのだろう？

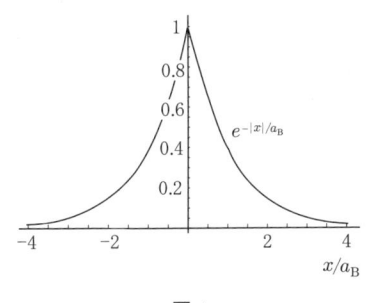

図 1

普通は，ラプラシアンを極座標で書いて u_0 に作用させるので原点をまたいで微分することをしない．だからトンガリ帽子のトンガリが微分できないことを見逃

してしまうのである.

　ここでは固有値問題のかかえる問題——普通の量子力学の講義では，おそらく触れる余裕がないだろうと思われる問題を指摘した.

　固有値問題は，奥深いのである.

16. 無限遠に達するか否かが問題

Über merkwürdige diskrete Eigenwerte という題の報告をフォン・ノイマンと
ウィグナーが書いたのは 1929 年のことである[1].

量子力学の文献を見ると，電子が原子系から無限遠に逃げ去るのに（古典力学的
に計算して）十分な運動エネルギーをもつ場合エネルギー固有値は連続スペクト
ルに属すると結論できるかのように書いてあることが多い，と二人はいう．この
事情は 1971 年の今でも変わっていないだろう.

彼等は，この推論が一般には正しくないことを 2 つの例によって示したのであ
る．これから，その 1 つを紹介しよう.

考えるのは，中心力ポテンシャル $V(r)$ の中を動く質量 m の粒子．その角運動
量が 0 の場合をとれはシュレーディンガーの固有値方程式は，

$$\left[-\frac{\hbar^2}{2m} \left(\frac{d^2}{dr^2} + \frac{2}{r} \frac{d}{dr} \right) + V(r) \right] u(r) = Eu(r). \tag{1}$$

もちろん，E が固有値，$u(r)$ が固有関数で，r は力の中心からの距離である.

いま，試みに，a, α, β を定数として

$$u(r) = r^\alpha \sin \left(\frac{r}{a} \right)^\beta \tag{2}$$

とおき，これを (1) の離散固有値 $E = 0$ の固有関数とするようなポテンシャル
$V(r)$ があるか否かを調べてみよう.

離散固有値に属する固有関数は，なによりもまず

$$\int_0^\infty |u(r)|^2 r^2 dr < \infty \tag{3}$$

---

1) *Phys. Zeits.* **30** (1929), 465–467. これはフォン・ノイマンの全集（A. H. Taub 編,
Pergamon Press, 1961）の第 I 巻，pp.550–552 にものっている.

の条件をみたさねばならない. $r = 0$ の近くでの振舞 $u(r) \sim r^{\alpha+\beta}$ から, 積分がそこで収束するためには $2(\alpha + \beta) + 2 > -1$ が必要である. $r \to \infty$ を考えると, $2\alpha + 2 < -1$ という条件がでる. これら 2 つの条件をみたす α, β の範囲に灰色をつけて図 1 に示した.

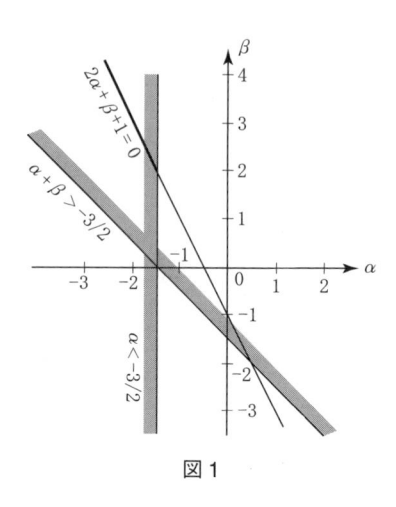

図 1

さて, 固有値方程式 (1) で $E = 0$ とすると, ポテンシャルは固有関数で書けてしまう:

$$V(r) = \frac{\hbar^2}{2m} \left(\frac{u''}{u} + \frac{2}{r} \frac{u'}{u} \right),$$

ただし, $'$ は r による微分を示す. (2) を代入すると,

$$V(r) = \frac{\hbar^2}{2ma^2} \left[\alpha(\alpha + 1) \left(\frac{r}{a} \right)^{-2} - \beta^2 \left(\frac{r}{a} \right)^{2\beta-2} \right]$$
$$+ \frac{\hbar^2}{2ma^2} \beta(2\alpha + \beta + 1) \left(\frac{r}{a} \right)^{\beta-2} \cot \left(\frac{r}{a} \right)^{\beta}$$

が得られる. したがって, もし $V(r)$ が $r = 0$ 以外では特異性をもたないことを要求すれば,

$$2\alpha + \beta + 1 = 0$$

とおくことになる. このとき, ポテンシャルは

$$V(r) = \frac{\hbar^2}{2ma^2} \left[\frac{\beta^2 - 1}{4} \left(\frac{a}{r} \right)^2 - \beta^2 \left(\frac{r}{a} \right)^{2\beta-2} \right]. \tag{4}$$

　こうして要求にかなうポテンシャルが求まった. このポテンシャル $V(r)$ の中で運動する粒子は, ちょうど $E = 0$ のエネルギー準位をもつのである.

　同時に, これは最初に述べた迷信に対する反例になっている.

　実際, 図1からわかるように $\beta > 2$ だから, 上の $V(r)$ の r^{-2} の項は斥力型だが, 遠方 $r \to \infty$ で強く増大する $r^{2\beta-2}$ の項は引力型なのだ!　ポテンシャルは $r \to \infty$ にゆくにつれて限りなく深くなるので, 古典力学的には, どんなエネルギーの粒子も深淵に吸い込まれるように $r \to \infty$ に飛び去ってしまうはずである (図2).

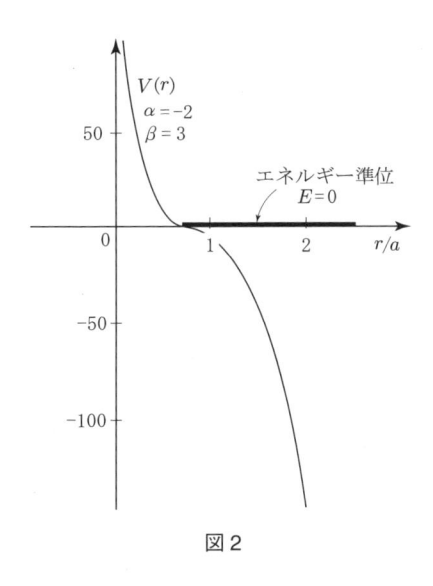

図2

　ところが, 上に見たとおり, 量子力学的には, このポテンシャルが $E = 0$ の束縛状態をもつのだ. おそらく, このほかにも束縛状態はあるのだろう. 束縛状態といった意味は, こうである:条件 (3) により波動関数 $u(r)$ は遠方 $r \to \infty$ では0にゆくわけで, | 波動関数 $|^2$ が粒子の存在確率の密度をあたえるのだから, つまり粒子は力の中心から無闇に遠くに離れることはない. ポテンシャル $V(r)$ により $r = 0$ のまわりに束縛されていることになるのである.

　この量子力学からの結論は古典力学からの結論と矛盾するように思われるだろう.

　いや, 矛盾しはしないのだとフォン・ノイマンとウィグナーはいう. ポテン

シャル $V(r)$ は $r \to \infty$ でどんどん深くなるので遠くにゆくほど粒子の運動エネルギーは大きくなる．したがって粒子の速さも無闇に大きくなってゆくわけで，どんな点もサッと通り過ぎてしまう．そのため遠方では粒子の存在確率の密度は小さくなって当り前である．仮に原点 $r = 0$ を通る直線に沿って運動する粒子を考えると，距離 r における古典力学の意味の速さはエネルギーの保存則から，$dr/dt = \pm\sqrt{(2/m)\left[E - V(r)\right]}$ と求められる．

そこで，粒子が $r = R$ から $r = \infty$ まで走るのに要する時間 $T = t_\infty - t_R$ を計算してみると，

$$T = \int_{t_R}^{t_\infty} \frac{dr}{dr/dt} = \int_R^\infty \frac{dr}{\sqrt{\dfrac{2}{m}\left[E - V(r)\right]}} \tag{5}$$

となる．いまの問題では $r \gg a$ において $V(r) \sim r^{2\beta-2}$ だから $R \gg a$ にとれば，

$$T \sim \text{const.} \int_R^\infty \frac{dr}{r^{\beta-1}} . \tag{6}$$

これは $\beta > 2$ では有限である．粒子は有限時間のうちに無限遠に着いてしまう！

上の量子力学的の議論の結論と比べてみるとき

量子力学	古典力学
束縛状態の存在	無限遠まで行く時間が有限

という2つの条件がともに $\beta > 2$ となって一致していることは大変に興味ふかい．

量子力学が古典力学とちがうのは，量子力学では粒子が無限遠点に到達したとき，そこで"反射"されて原点に向かって戻ってくることである．

無限遠まで行く時間が有限ならば，無限遠から帰ってくるのに要する時間も有限だ．

だから，量子力学的の粒子は往復運動をくりかえし，その結果として束縛状態のおもむきを呈することになるのである．

おもしろいのは，これだけではない．無限遠まで到達する時間 (5) が有限か否かが，ハミルトン演算子

$$\mathscr{H} = -\frac{\hbar^2}{2m}\left(\frac{d^2}{dr^2} + \frac{2}{r}\frac{d}{dr}\right) + V(r)$$

を自己共役にするために $r \to \infty$ で特別な境界条件を必要とするかどうかにちょ

うど対応し，その判定条件として関数解析に現われるという事実がある[2].

　物理と数学は，内容においては，外見ほどに疎遠ではない.

---

2)　N. Dunford and J. T. Schwartz：*Linear Operators*, Interscience, New York (1963),
Chap.XIII, §6. たとえば定理 16 を見よ.

17. 物理的直観と数学
—— 電子が無数にある系の量子力学

　ウラニウムの原子には電子が92個もある．原子の世界の力学は量子力学であって，シュレーディンガー方程式を基礎方程式としている．ウラニウム原子の電子たちの場合でいうと，それは $3 \times 92 = 276$ 個の独立変数を含む偏微分方程式である．正直な物理学者は，これを解かなければならない．

17.1　電子1個の場合

　シュレーディンガー方程式は，まず簡単に電子が1個だけという場合をとって書くと

$$\left[-\frac{\hbar^2}{2m} \left(\frac{\partial^2}{\partial x^2} + \frac{\partial^2}{\partial y^2} + \frac{\partial^2}{\partial z^2} \right) + V(x,y,z) \right] u(x,y,z) = Eu(x,y,z) \quad (1)$$

となる．(x,y,z) が電子の位置を表わす直角座標である．$V(x,y,z)$ は点 (x,y,z) で電子がもつ位置のエネルギー（ポテンシャル）であって，$-(\hbar^2/2m)(\partial^2/\partial x^2 + \cdots)$ が電子の運動エネルギーを表わす．この '表わす' とはどういう意味かときかれると，どうも手短かには答えられないが，とにかく，その運動エネルギーなるものを位置のエネルギーに加えると (1) の右辺が全エネルギー E になるということだ．$m = 9.1 \times 10^{-31}$ kg は電子の質量，$\hbar = 1.05 \times 10^{-34}$ J·s はプランクの定数である．

　$u(x,y,z)$ を波動関数とよぶ．偏微分方程式 (1) は

$$\int |u(x,y,z)|^2 dxdydz = 1 \quad (2)$$

という条件のもとで解く．物理的に $|u(x,y,z)|^2 dxdydz$ は点 (x,y,z) の近傍 $dxdydz$ なる体積に電子が見出される確率（存在確率）と解釈されるので，(2) は電子が全

空間のどこかに必ず存在することを言っている．申し遅れたが，(2) の積分は全世界にわたって行なうのである．

(2) の左辺の積分が存在しない場合もある．たとえば (1) で $V = $ 一定 $\equiv V_0$ だったら

$$u = \sin k_x x \, \sin k_y y \, \sin k_z z \tag{3}$$

が解になる．sin をいくつか cos にしてもよい．ただし k_x, k_y, k_z は実数で，全エネルギー E は

$$\frac{\hbar^2}{2m}(k_x^2 + k_y^2 + k_z^2) + V_0 = E \tag{4}$$

となる．この (3) に対しては積分 (2) は存在しない．(3) が (1) の解になるというだけのためには k_x, k_y, k_z は実数でなくてもよいが，もし複素数を許すと積分 (2) はもっとひどく発散することになる．遠方を探すほど電子を見出す確率が高いということになるので，こういう解 はどんな実験の状況にも対応しない．

こういう非物理的な解がでてくるのは $V = $ 一定の場合にかぎらない．むしろ，(1) の解はたいがいこの種のものである．例外的に E が特別の値をとったとき，(1) は (2) の積分を有限確定にするような解 u をもつことがある．そのような E の値を '問題 (1), (2)' の固有値とよび，それに応ずる解 u を固有関数という．このようにして量子力学は原子がとびとびの (離散的な) エネルギー値 (エネルギー準位) しかとれないことを説明し，原子のだす光が線スペクトルになることを説明するのである．

これは「数学セミナー」だから，区切りを待ちかねたようにして学生から質問がとんでくる．上のアンダーラインの 'こういう解' というのはあいまいだ．(3) で k_x, k_y, k_z が実数の場合を含むのか，含まないのか？　実数であってもなくても (2) の積分が発散することにかわりはない．たしかに k_x, k_y, k_z が実数の場合も電子の存在確率は遠方でも小さくならないが，しかし，これは電子が遠方から飛来して遠方に飛び去る散乱現象に結びつけて解釈されるので，虚数部分を含む場合のように非物理的として排除することはできない．ついでに言えば (2) の積分が収束するような u では，電子の存在確率は遠方にゆくほど小さくなり，いわば原点の '近く' に集中しているので，これは電子がポテンシャル V に束縛されていることと解釈される．原子においては，電子は，原子核からおよそ 10^{-8} cm といった距離の範囲内に束縛されている．

17.2 かたい壁をもつ箱のなかでの運動

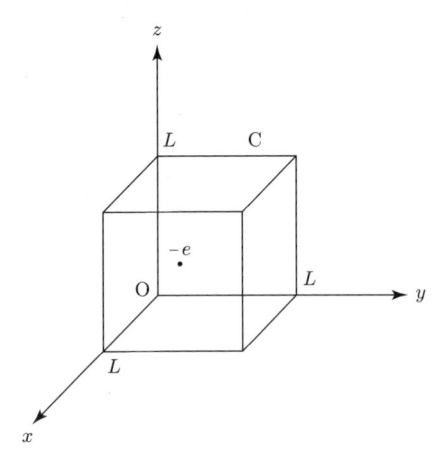

図1 電子を閉じこめる箱.

一稜の長さ L の立方体の箱

$$\text{C}: \quad 0 \leqq x,\, y,\, z \leqq L \tag{5}$$

のなかでしか電子が運動できないという状況があれば，それは，電子の波動関数が境界条件

$$u(x, y, z) = 0, \quad (x, y, z)\ \text{が C の外部または壁面上にあるとき} \tag{6}$$

をみたすべきこととして言い表わされる．このときには (2) の積分は C 上でおこなうことになる．電子は決して遠方にゆかず，常に C のなかに束縛されている．

箱 C のなかでポテンシャル V が一定 $(\equiv V_0)$ なら，シュレーディンガー方程式は (3) の形の解をもつ．これが境界条件 (6) を満足するのは k_x, k_y, k_z が π/L の整数倍のときであり，そのときにかぎる：

$$k_x = n_x \pi/L, \quad n_x = 1, 2, 3, \cdots,\ \text{など}. \tag{7}$$

そのため，電子のとりうるエネルギーは，(4) から

$$E(n_x, n_y, n_z) = \frac{\pi^2 \hbar^2}{2mL^2}(n_x^2 + n_y^2 + n_z^2) + V_0 \tag{8}$$

という離散的な値にかぎられることになる．特に，このエネルギーには最小値が

あって，それを E_0 と書けば

$$E_0 = E(1,1,1) = \frac{3\pi^2\hbar^2}{2mL^2} + V_0 \tag{9}$$

となる．仮に箱 C の大きさを原子の大きさ程度として $L = 2 \times 10^{-10}$ m にしてみると

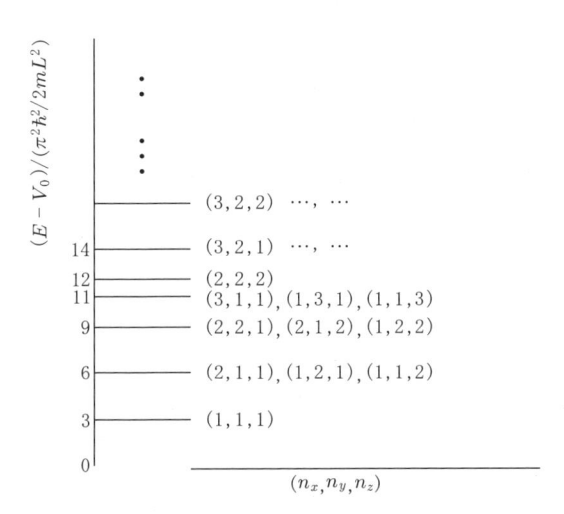

図2　箱 C のなかを動く 1 電子のエネルギー準位．

$$E_0 - V_0 = \frac{3\pi^2}{2} \frac{(1.05 \times 10^{-34}\,\mathrm{kg \cdot m^2/sec})^2}{(9.1 \times 10^{-31}\,\mathrm{kg}) \times (2 \times 10^{-10}\,\mathrm{m})^2}$$

$$= 4.5 \times 10^{-18}\,\mathrm{J}.$$

これが箱のなかで電子がもつ運動エネルギーの最小値である．エネルギーの単位 $1\,\mathrm{eV} = 1.6 \times 10^{-19}\,\mathrm{J}$ におなじみであれば $E_0 - V_0 = 28\,\mathrm{eV}$．原子の世界での電子の運動エネルギーは，およそ，この程度のものだ．

　これが教室での講義だったら，学生諸君から抗議の矢がとんできそうである．これでは初等量子力学の講義ではないか．標題の物理的直観とやらはどこにいったのか．そもそも「数学セミナー」が講義ばかりではおもしろくない．

　そうだった．もっと学生諸君に参加してもらわねばならない．

17.3 パウリの原理

箱 C のなかにある電子が 1 個でなくて 2 個だったら，それらの運動はどうなるか？　ぼくは話のきっかけだけあたえればいいのだった.

学生の 1 人 P 君が，こう答える. 箱のなかでの 1 個の電子の運動状態は上に見たとおり正整数の 3 つ組 (n_x, n_y, n_z) で表わされる. だから，電子 2 個の運動状態は 3 つ組 2 つ $(n_{x1}, n_{y1}, n_{z1} ; n_{x2}, n_{y2}, n_{z2})$ で表わされると言いたいところだが，パウリの原理というものがあって，2 個以上の電子が同一の状態をとることはできないので，2 つの 3 つ組は同じでないという条件がつく. すなわち

$$(n_{x1}, n_{y1}, n_{z1}) \neq (n_{x2}, n_{y2}, n_{z2}). \tag{10}$$

3 つ組の対応するメンバーがどれかちがうのだ.

学生 Q 君が整数の 3 つ組で運動を指定することに異議を申し立てた. 電子 1 個の場合だが，たとえば

$$u_{123} = \left(\frac{2}{L}\right)^{3/2} \sin\frac{\pi x}{L} \sin\frac{2\pi y}{L} \sin\frac{3\pi z}{L},$$

$$u_{213} = \left(\frac{2}{L}\right)^{3/2} \sin\frac{2\pi x}{L} \sin\frac{\pi y}{L} \sin\frac{3\pi z}{L}$$

という状態のほかに，

$$u' = \alpha u_{123} + \beta u_{213}$$

という線形結合も (1), (2) をみたす. ただし，α, β は $|\alpha|^2 + |\beta|^2 = 1$ をみたす任意の複素数. この u' だって電子の可能な運動状態の 1 つだろう. これは u_{123}, u_{213} の表わす状態とはちがうだろう. そうだとしたら，電子の運動状態は整数の 3 つ組だけでは表わしきれないではないか. この Q 君の異議申し立てに P 君がたじろいだとき，R 君がなにか早口でまくしたてた. それは Q 君を納得させたようだが，あまりに早口で記録がとれなかったのは残念である.

そのあと，S 嬢が質問した. 電子が 2 個のとき波動関数はどうなるのか？　もし 2 個の電子状態が $(1, 2, 3 ; 2, 1, 3)$ で表わされるようなものだったら，と言って，P 君が黒板に

$$v_{123,213} = \begin{vmatrix} u_{123}(x_1, y_1, z_1) & u_{123}(x_2, y_2, z_2) \\ u_{213}(x_1, y_1, z_1) & u_{213}(x_2, y_2, z_2) \end{vmatrix} \tag{11}$$

のような行列式を書いた. これが 2 個の電子からなる系の波動関数だというのだ.
Q 君がまた早口で‘スピンは…’ とかなんとか言ったが, P 君は無視し, (11) がシュ
レーディンガー方程式

$$\left[\sum_{i=1}^{2} -\frac{\hbar^2}{2m}\left(\frac{\partial^2}{\partial x_i^2} + \frac{\partial^2}{\partial y_i^2} + \frac{\partial^2}{\partial z_i^2}\right) + \sum_{i=1}^{2} V(x_i, y_i, z_i)\right] v = Ev \qquad (12)$$

をみたすとつけ加えて席にもどる. 彼は $V(x_i, \cdots)$ なんて書いたが, これはいま
箱 C のなかでは一定なのだ. 今度は R 君が異議申し立て, にぎやかでいい. 電子
は電荷をもっているから, 2 個あればクーロン相互作用のポテンシャル・エネル
ギーをもつ. それを上の $\sum V$ に加えておかなければいけない. P 君は‘それは無
視するのだ’ なんてボソボソ.

　黒板をにらんでいた S 嬢は, 2 個の電子が同じ状態のとき行列式 (11) が消える
ことに気づいて御満悦の表情にかわった. この行列式は, たしかにパウリの原理
を体現している.

　2 個の電子が波動関数 (11) で表わされる状態にあるとき —— (x_1, y_1, z_1) を 1
と略記するなどして ——

$$|v_{123,213}|^2 = \frac{1}{2}\left\{|u_{123}(1)|^2 |u_{213}(2)|^2 + |u_{213}(1)|^2 |u_{123}(2)|^2 \right.$$
$$\left. -2\operatorname{Re} u_{123}^{*}(1)u_{213}^{*}(1)u_{123}(2)u_{213}(2)\right\} \qquad (13)$$

に $dx_1 dy_1 dz_1 dx_2 dy_2 dz_2$ をかけると, これは電子 1 が点 (x_1, y_1, z_1) の近傍 $dx_1 dy_1 dz_1$
に電子 2 が点 (x_2, y_2, z_2) の近傍 $dx_2 dy_2 dz_2$ にそれぞれ見出される確率をあたえ
る. もし, 電子 2 はどこにいてもよい, 電子 1 の存在確率だけが知りたい, とい
うなら, (13) を電子 2 の座標について積分して

$$\int |v_{123,213}|^2 dx_2 dy_2 dz_2 = \frac{1}{2}\{|u_{123}(1)|^2 + |u_{213}(1)|^2\}. \qquad (14)$$

これに $dx_1 dy_1 dz_1$ をかけたものが求める確率である. 実際に (3), (7) を用いて
(13) を積分し (14) をだす計算は ——Q 君, 黒板でやってごらん. …… よろしい.
では S さん, 2 電子の状態が一般に $(n_{x1}, n_{y1}, n_{z1} ; n_{x2}, n_{y2}, n_{z2})$ のとき (14) に
当る式はどうなりますか？…… よろしい. では, この状態で電子 1 または電子 2
を点 (x, y, z) の近傍 $dxdydz$ に見出す確率は？　　R 君の答：

$$\rho(\boldsymbol{r}) \equiv \sum_{i=1}^{2} |u_{\boldsymbol{n}_i}(x, y, z)|^2 \qquad (15)$$

160

に $dxdydz$ をかけたものです．よろしい．R君は (n_{xi}, n_{yi}, n_{zi}) をベクトルの成分に見立てて $\boldsymbol{n}_i$ とシャレたのだが，添字の i が $\boldsymbol{n}$ と同列に並んでしまったのは，いただけない．こういう乱暴をする学生が近頃ときどきいる．

17.4 電子が無数にある系

　このセミナーでは，ウラニウム原子のように電子をたくさん含んでいる系の量子力学を考えたかったのである．ウラニウム原子の電子たちに対するシュレーディンガー方程式を書いてみよう．ただし，R君の流儀で (x_i, y_i, z_i) を $\boldsymbol{r}_i$ と書き，ベクトルの長さを $|\boldsymbol{r}_i|$ のように表わす．シュレーディンガー方程式は

$$\mathscr{H} u(\boldsymbol{r}_1, \cdots, \boldsymbol{r}_N) = E u(\boldsymbol{r}_1, \cdots, \boldsymbol{r}_N), \tag{16}$$

ここに

$$\mathscr{H} = \sum_{i=1}^{N} \left(-\frac{\hbar^2}{2m} \frac{\partial^2}{\partial \boldsymbol{r}_i^2} \right) + \sum_{i=1}^{N} \left(-\frac{Ze^2}{|\boldsymbol{r}_i|} \right) + \sum_{i>j} \frac{e^2}{|\boldsymbol{r}_i - \boldsymbol{r}_j|}. \tag{17}$$

$\partial^2/\partial \boldsymbol{r}_i^2$ の意味は，いわずと知れている．N は電子の総数，Ze は電子核の電荷で，$-e$ が電子の電荷である．$e = 1.6 \times 10^{-19}$ C．中性ウラニウム原子では $N = Z = 92$ だ．(17) には，さきにR君が気にした電子同士のクーロン・ポテンシャルも入っている．最後の項がそれである．波動関数 u は，(2) に相当する条件

$$\int |u(\boldsymbol{r}_1, \cdots, \boldsymbol{r}_N)|^2 d\boldsymbol{r}_1 \cdots d\boldsymbol{r}_N = 1 \tag{18}$$

がつく．ここに $d\boldsymbol{r}_i$ は $dx_i dy_i dz_i$ の略記である．積分は各 $\boldsymbol{r}_i$ ごとに全空間にわたる．

　波動関数 u には，また，パウリの原理からの条件

$$u(\cdots, \boldsymbol{r}_i, \cdots, \boldsymbol{r}_j, \cdots) = -u(\cdots, \boldsymbol{r}_j, \cdots, \boldsymbol{r}_i, \cdots) \tag{19}$$

がつく．すなわち，任意の2つの電子の座標を交換したとき波動関数は符号を変えなければならない．実は，これがパウリ原理の最も一般な言い表わしなのであって，まえにP君の書いた (11) は，たしかに，この条件をみたしている．しかし，今度の (16) の u は行列式の形に書けない．$\mathscr{H}$ に電子同士の相互作用を含めたので，(11) のような行列式の形は偏微分方程式 (16) の解にならないのだ．

　では，(16) はどのようにして解いたらいいか？　くりかえすが，ウラニウム原

子の場合 $N = 92$ である．核の電荷も $Z = 92$ で大きいから，電子たちは核の近くに強く引き寄せられているだろう．いきおい電子と電子の距離 $|r_i - r_j|$ も小さくなるから，電子同士の相互作用は大きいはずである．無視することは許されない．

17.5　トーマス−フェルミの模型

トーマスとフェルミとが，それぞれ 1926 年と 1927 年に独立に次のような同じアイデアを提出した ―― といっても，ぼくはまだ原論文を見る機会に恵まれていないので，彼等のアイデアの根っこにあったものが何かを，彼等の生の声をかりてお伝えすることができない．

アイデアの果実だけでいうなら，こうだ：

固有値問題 (16), (18) で，エネルギー固有値 E のうち最も小さいものの値（最低固有値）E_0 が知りたい ―― おそらく原子のエネルギーは少なくとも低いほうでは離散的で最小が存在するだろう．最低固有値 E_0 に応ずる固有関数 u_0 はどんなものか，これも知りたいところだ．

以下，電子を無数に含む原子の最低エネルギー固有値の状態について考える．電子が多いだけ原子核の電荷 Ze も多いから，まえにも言ったとおり大部分の電子は核の近くに引きつけられているだろう．そこで物理的直観がはたらく．

直観 1　せまい空間に沢山の電子がつめこまれているのだから，電子たちの密度分布 $\rho(r)$ というものを空間座標 r の連続関数として考えることができるだろう．$\rho(r)dr$ が点 r の近傍 dr に見出される電子の数を表わす．

こう言ったら，早速 Q 君が異議をとなえた．量子力学では電子の存在確率は (15) のようにあたえられる．これを電子の密度分布とみてよいのではないか．これは空間座標の連続関数だから，'直観 1' だなんて，あらためて言いたてる必要はないだろう．御説ごもっとも．このことは，しかし，あとで考えることにしたい．

電子の密度分布が仮にわかったとすれば，(17) のうち，電子たちが核に引かれることでもつポテンシャル・エネルギーは

$$\sum_{i=1}^{N} \left(-\frac{Ze^2}{|r_i|} \right) \sim -Ze^2 \int \frac{\rho(r)}{|r|} dr \tag{20}$$

のようにおきかえていいだろう．(17) の電子同士の相互作用エネルギーも

$$\sum_{i>j} \frac{e^2}{|\boldsymbol{r}_i - \boldsymbol{r}_j|} \sim \frac{1}{2}e^2 \int \frac{\rho(\boldsymbol{r})\rho(\boldsymbol{r}')}{|\boldsymbol{r} - \boldsymbol{r}'|}\,d\boldsymbol{r}d\boldsymbol{r}' \tag{21}$$

のようにおきかえていいだろう．ここでR君がけげんな顔をして'微分方程式 (16) のなかでこのようなおきかえをするのですか'と質問した．いや，ちょっとちがうんですが，すこし待ってください．

つぎは電子たちの運動エネルギーである．

仮に，電子たちが (5) のような箱に閉じこめられているとしたら運動エネルギーの総和はどうなるだろう？　箱のなかでポテンシャルは一定とする．いま，エネルギー最低の状態を考えるのだから，電子を運動エネルギーの低い準位から順につめてゆくとして

$$(\text{運動エネルギーの総和}) = \sum_{n\in\mathrm{B}} \frac{\pi^2\hbar^2}{2mL^2}(n_x^2 + n_y^2 + n_z^2). \tag{22}$$

ただし，正整数の3つ組 $(n_x, n_y, n_z) \equiv \boldsymbol{n}$ を直角座標にもつ格子点の全体を考え，その原点を中心にもつ球体を B とした．B の半径は

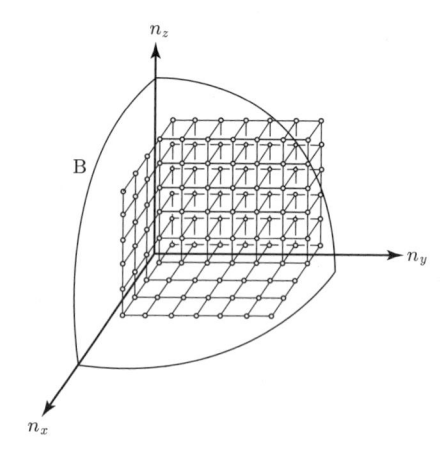

図3　格子の各点が電子の状態を表わす．球体 B の半径を $n_{\max}$ としよう．(23) の左辺の和は，$\rho L^3 \gg 1$ のとき，およそ球体 B の体積の 1/8 とみられるから

$$\frac{1}{8} \cdot \frac{4\pi}{3}n_{\max}^3 = \rho L^3$$

この $n_{\max}$ に相当する (8) の値を $E_{\max}$ と書けば

$$E_{\max} = \frac{\hbar^2}{2m}[6\pi^2\rho]^{2/3} + V_0$$

となる．これが，電子の数密度が ρ のとき電子のとるエネルギーの最大値である．

$$\sum_{n \in \mathrm{B}} 1 = \rho L^3 \tag{23}$$

となるように定めるものとする．ρ は箱 C のなかの電子の数密度である．

　さて，箱 C のなかに電子が無数にいるとき，すなわち $\rho L^3 \gg 1$ であるとき，(22) の和はどうなるか．「数学セミナー」の読者なら，すぐ答をだしてくださると思う．ぼくのセミナーでは，いくらか時間がかかったけれども

$$(\text{運動エネルギーの総和})/L^3 \underset{\rho L^3 \gg 1}{\sim} \kappa \rho^{5/3} \tag{24}$$

がでた．ここに

$$\kappa = \frac{3}{10}(6\pi^2)^{2/3}\frac{\hbar^2}{m}.$$

(22) の総和が $\rho L^3 \gg 1$ では，おもしろいことに，箱の体積 L^3 に比例するので，これで割って単位体積あたりに直した値を (24) には書いた（なお電子のスピンを考慮に入れると $6\pi^2$ が $3\pi^2$ にかわる）．そこで

　直観 2　ポテンシャルが一定でなく場所々々でちがっている場合でも，そして箱 C などというものがなくても

$$\begin{pmatrix} \text{電子たちの運動} \\ \text{エネルギーの総和} \end{pmatrix} \sim \kappa \int \rho(\boldsymbol{r})^{5/3} d\boldsymbol{r}. \tag{25}$$

さすがの Q 君も声がない．みんな，あっけにとられている．

　電子たちの全エネルギーは (20), (21), (25) の和であるから

$$E[\rho] = \kappa \int \rho(\boldsymbol{r})^{5/3} d\boldsymbol{r} - Ze^2 \int \frac{\rho(\boldsymbol{r})}{|\boldsymbol{r}|} d\boldsymbol{r} + \frac{1}{2}e^2 \int \frac{\rho(\boldsymbol{r})\rho(\boldsymbol{r}')}{|\boldsymbol{r}-\boldsymbol{r}'|} d\boldsymbol{r} d\boldsymbol{r}'. \tag{26}$$

　直観 3　いま考えている最低エネルギーの状態では，電子たちは，この $E[\rho]$ を最小にするような分布 $\rho(\boldsymbol{r})$ をとるにちがいない．

　こんなこと，あらためて言う必要はないのに，という顔を Q 君はしている．$E[\rho]$ の最小値が E_0 だ，そして $E[\rho]$ なんて [　] で書いたのはこれが関数 $\rho(\boldsymbol{r})$ を '変数' とする関数，つまり汎関数だからだなどとつぶやいているのは S 嬢である．これは，ぼくが言うべきだった．

　(25) の右辺を最小にする $\rho(\boldsymbol{r})$ を求めるのは変分法の問題だ．ただし，電子の総数が N であるという条件

$$\int \rho(\boldsymbol{r}) d\boldsymbol{r} = N \tag{27}$$

のついた条件つき変分法である．解くにはラグランジュの未定乗数法をつかおう．未定乗数を μ として

$$I[\rho] \equiv E[\rho] - \mu \left(\int \rho(\boldsymbol{r}) d\boldsymbol{r} - N \right)$$

を $\delta I[\rho] = 0$ にする $\rho(\boldsymbol{r})$ をさがせばよいというのが，その方法である．計算してみよう．

$$\delta I[\rho] = \frac{5}{3} \kappa \rho(\boldsymbol{r})^{2/3} + V(\boldsymbol{r}) - \mu = 0 , \qquad (28)$$

ただし

$$-\frac{Ze^2}{|\boldsymbol{r}|} + e^2 \int \frac{\rho(\boldsymbol{r}')}{|\boldsymbol{r} - \boldsymbol{r}'|} d\boldsymbol{r}' \equiv V(\boldsymbol{r}) \qquad (29)$$

とおいた．これは電子が点 $\boldsymbol{r}$ でもつポテンシャルだ．(28) から

$$\rho(\boldsymbol{r}) = \left\{ \frac{3}{5\kappa} \big[\mu - V(\boldsymbol{r}) \big] \right\}^{3/2} . \qquad (30)$$

この μ の値は条件 (27) からきめる．

とはいうものの (30) の右辺の $V(\boldsymbol{r})$ は (29) で定義されたもので，問題の $\rho(\boldsymbol{r})$ が未知では定まらない．(29) と (30) を連立方程式とみて $\rho(\boldsymbol{r})$ はきめるべきものだ，ということになった．

「数学セミナー」の読者なら，おそらく

$$\frac{\partial^2}{\partial \boldsymbol{r}^2} \frac{1}{|\boldsymbol{r} - \boldsymbol{r}'|} = -4\pi \delta(\boldsymbol{r} - \boldsymbol{r}')$$

という公式を御存知だろう．$\partial^2 / \partial \boldsymbol{r}^2$ はラプラシアンで，右辺の δ はディラックのデルタ関数である．(29) から $\mu - V(\boldsymbol{r})$ を作り，上の公式によってラプラシアンをかけて (30) を用いると

$$\frac{\partial^2}{\partial \boldsymbol{r}^2} \big[\mu - V(\boldsymbol{r}) \big] = \sigma_0 \big[\mu - V(\boldsymbol{r}) \big]^{3/2} - 4\pi Z e^2 \delta(\boldsymbol{r}) . \qquad (31)$$

ただし，$\sigma_0 \equiv 3e^2/5\kappa$．これは $\chi(\boldsymbol{r}) \equiv \mu - V(\boldsymbol{r})$ に対する非線形の方程式であるが，これが解けると (30) から求める $\rho(\boldsymbol{r})$ が得られる．$\chi(\boldsymbol{r})$ も，したがって $\rho(\boldsymbol{r})$ も球対称な——$\boldsymbol{r}$ の大きさだけにより方向によらない——解をとる．怠惰な物理学者は同じ記号で $\rho(\boldsymbol{r}) = \rho(r)$ と書く．

計算の結果を $D(r) \equiv 4\pi r^2 \rho(r)$ にして図 4 に示す（ここでは電子がスピン 1/2 をもつことを考慮にいれている）．上が $N = Z = 18$ の中性アルゴン原子の場合，下は $N = Z = 80$ の中性水銀原子の場合である．比較のために，偏微分方程式

(16) をハートリーという人の近似法で解いて (15) のようにして —— $\sum_{i=1}^{2}$ を $\sum_{i=1}^{N}$ に かえて —— $\rho(r)$ を求め $D(r)$ を計算した結果を，あわせて示した．レンツ–イェ ンゼンと記した曲線は変分問題 (26), (27) をリッツの直接法で解いて得たもの． 詳しい説明は省略しよう．

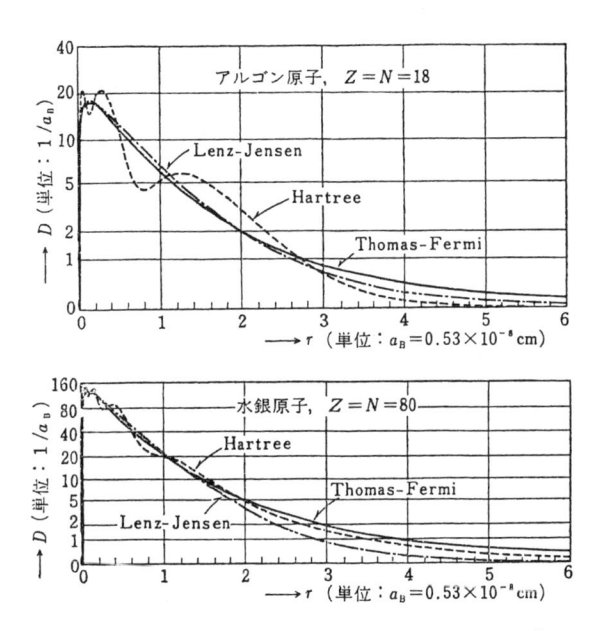

図 4　中性原子における電子数の動径分布，$D(r) = 4\pi r^2 \rho(r)$.
これに dr をかけると原子核から距離 r と $r+dr$ の間にある電子の数になる．$r \to 0$ で $\rho(r) \backsim r^{-3/2}$ となることは図ではわからないが，図5に見るエネルギーの誤差の原因である．Gombás (1956) の p.133 よりトーマス–フェルミ・モデルに電子たちの交換効果と相関をいれて補正するとハート リー近似との一致が多少よくなるようだ．Gombás, p.147 のグラフを見よ．

　図 4 をみて，トーマス–フェルミの物理的直観にもとづく計算結果と，偏微分 方程式を解くという真正面な計算の結果がかなりよく一致していることを味わっ てほしい．一致は，r の小さいところほどよく（凸凹をならして見ればだが），ま た $Z = N$ が大きいほどいい．

　原子のエネルギー E_0 については，トーマス–フェルミのモデルから，中性原子 $N = Z$ の場合

$$E_0 = -20.93\, Z^{7/3}\, \text{eV} \tag{32}$$

という結果が得られる（ここでも電子が
スピン 1/2 をもつことを考慮にいれて
いる）．実験値との比較を図 5 に示す．
トーマス−フェルミ・モデルの物理的背
景からいって，(31) は $Z = N$ が大きい
ほどよい近似になっているはずだろう．
たしかに，そういう傾向は図 5 にでてい
る．では，(32) につけるべき補正項は Z
の何乗になるだろう？　　Lieb (1976) の
予想——彼の式 (41)——を参照．

17.6　数学的証明

　トーマス−フェルミのモデルが提案
されたのは 1926, 27 年である．こん
なに古い話をいまあらためてとりあ
げたのは，近頃これは $Z \rightarrow \infty$ で
厳密に正しいという証明が現われた
からであった (Lieb–Simon 1973, Lieb–
Lebowitz 1972)．これまで，ぼくはトー
マスとフェルミの直観的描像にある抗し
がたい魅力を感じながらも，しかし理解
しきれないでいたのである．こういう物
理的直観によるモデルが数学的厳密に基
礎づけられるのだから，やはり物理はす
ばらしい．

　ぼくが不勉強であったせいもある．
トーマス−フェルミのモデルには，伏見
康治先生が御自身の密度行列の理論に
よって示された導き方 (1940) があるこ
とを最近になって知った．

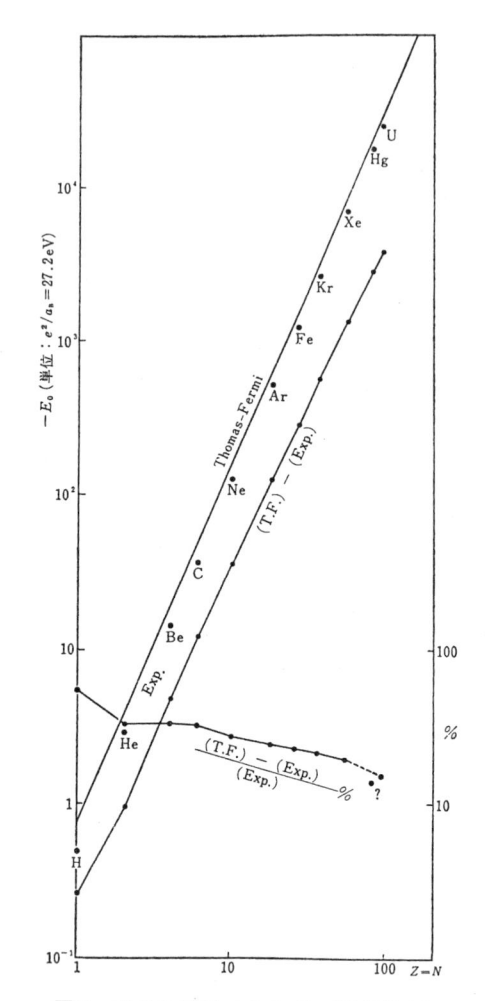

図5　原子の最低エネルギー固有値 E_0.
トーマス−フェルミ模型による結果が実験
値とちがう 1 つの原因は前の図 4 のところ
に記した．$-E_0$ は原子を完全にバラバラ
にするのに必要なエネルギーである．グラ
フは Gombás (1956), p.183 の表によって
作った．

　数学的な背景の話に入るまえに，しかし，R君のコメントをきかなければならない．

R君は，図3の説明にある $E_{\max} = \cdots$ の式と (30) を見比べて，これらが実質的に同じであることを発見したのだ．実際，$E_{\max} = \cdots$ の式を $E_{\max} = \mu$, $V_0 = V(\boldsymbol{r})$ とおいて ρ について解くと (30) が得られる．この事実は (30) が簡単な物理的解釈を許すことを示す．まえに '直観2' を述べたとき '箱 C などなくても' といったが，その箱を復活して，空間を小さい箱に分割し，それぞれの箱にその点の電子密度にしたがって $\overline{\rho(\boldsymbol{r})}L^3$ 個の電子を閉じこめると（— は箱のなかでの平均），電子の最高エネルギー $E_{\max}$ は箱によらぬ一定値になる．そうなるような数密度の分布 $\rho(\boldsymbol{r})$ が原子の最低エネルギーの状態では実現することを (30) は言っているわけである．

　このR君のコメントをきいて一同騒然となった．空間を箱に分けて，そこに電子を閉じこめるというのは，わからないというのだ．それを議論するうちに，そもそも '直観2' からしてわからんということになってしまった．

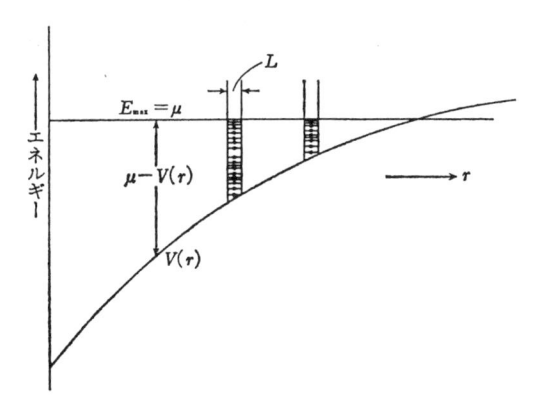

図6　場所々々に設けた箱 C のエネルギー順位を電子 (黒丸) が占める様子.

　箱を考えて，そのなかでのエネルギー準位を下から順に電子を占めてゆくものとすると，そこでの電子数の分布は (15) と同様にして計算され

$$\rho(\boldsymbol{r}) = \sum_{|\mathbf{n}| \leqq n_{\max}} \left(\frac{2}{L}\right)^3 \left[\sin\frac{n_x \pi x}{L} \sin\frac{n_y \pi y}{L} \sin\frac{n_z \pi z}{L}\right]^2$$

となる．この各項は振動する関数なので箱のなかの $\rho(\boldsymbol{r})$ も凸凹が激しくなりそうだ，とても図4のような滑らかな密度分布は得られそうもない，といって箱の考えに反対したのはQ君である．彼は，まえに '直観1' を述べることに反対したこ

168

とを忘れているようだ．'直観1'は，いまにして思えば，$\rho(\boldsymbol{r})$ が $V(\boldsymbol{r})$ の程度に滑らかな関数になることをいっていたのだった．ともかく，$\rho(\boldsymbol{r})$ は，計算をしてみたら，箱のなかの電子数が十分に大きいなら，すなわち $\rho L^3 \gg 1$ なら滑らかとみてよいことがわかった．この条件は '直観2' のところでも用いている．どうやら，電子がやたら沢山いるのでないとトーマス−フェルミの直観はなりたたないようだ．$Z \to \infty$ ではじめて厳密になるというのも，むべなるかな．

トーマス−フェルミのモデルが $Z = N \to \infty$ で厳密になりたつことを示すリープたちの証明には，2つの土台がある．第1に，運動エネルギーに対する不等式 (Lieb, 1976)

$$\left\langle \left(\sum_{i=1}^{N} -\frac{\hbar^2}{2m} \frac{\partial^2}{\partial \boldsymbol{r}_i^2} \right) u \right\rangle \geqq \mathrm{const.} \int \rho_u(\boldsymbol{r})^{5/3} d\boldsymbol{r} .$$

ここに $u = u(\boldsymbol{r}_1, \cdots, \boldsymbol{r}_N)$ はパウリの原理 (19) にしたがう任意の波動関数で，それから作った密度分布を $\rho_u(\boldsymbol{r})$ とした．$\langle \ , \ \rangle$ は

$$\langle u, v \rangle = \int u^*(\boldsymbol{r}_1, \cdots, \boldsymbol{r}_N) v(\boldsymbol{r}_1, \cdots, \boldsymbol{r}_N) d\boldsymbol{r}_1 \cdots \boldsymbol{r}_N$$

を表わす．u は $\langle u, u \rangle = 1$ に規格化してあるものとする．

第2の土台は，電子同士の相互作用に関する不等式 (Thirring, 1976) である：

$$\sum_{i=j} \frac{1}{|\boldsymbol{r}_i - \boldsymbol{r}_j|} - \sum_i \int \frac{\rho(\boldsymbol{r})}{|\boldsymbol{r}_i - \boldsymbol{r}|} d\boldsymbol{r} + \frac{1}{2} \int \frac{\rho(\boldsymbol{r})\rho(\boldsymbol{r}')}{|\boldsymbol{r} - \boldsymbol{r}'|} d\boldsymbol{r} d\boldsymbol{r}'$$

$$\geqq -3.68\gamma N - \frac{3}{5\gamma} \int \rho(\boldsymbol{r})^{5/3} d\boldsymbol{r} .$$

これが任意の $\rho(\boldsymbol{r}) \in L^1(\boldsymbol{R}^3) \cap L^{5/3}(\boldsymbol{R}^3)$ と任意の $\gamma > 0$ に対してなりたつという．不等式の左辺は――e^2 をかけて――正電荷の分布 $e\rho(\boldsymbol{r})$ のなかに電子をばらまいたときの静電エネルギーを表わしている．

これらの不等式には，箱などというものは現われていない．

これで，トーマス−フェルミ・モデルの問題がどういうものか大体わかったでしょう．物理的直観というものが真実に近い答をつかみだすこともわかっていただけたでしょうか．リープたちの証明を調べることは宿題です．

参考文献

● P. Gombás : *Statistische Behandlung des Atoms*, Hdb. d. Phys. XXXVI, Springer (1956).

● K. Husimi : Formal Theory of Density Matrix, *Proc. Phys.-Math. Soc. Japan* **22** (1940), 264 ; 伏見康治：密度行列のいくつかの形式的性質について，『物理学論文選集・原子力論集』，伏見康治コレクション，別巻，日本評論社 (2015).

● E. H. Lieb and J. L. Lebowitz : The Constitution of Matter : Existence of Thermo-dynamics for Systems Composed of Electrons and Nuclei, *Adv. Math.* **9** (1972), 316–398.

● E. H. Lieb and B. Simon : Thomas–Fermi Theory Revisited, *Phys. Rev. Lett.* **31** (1973), 681–683.

● E. H. Lieb : The Stability of Matter, *Rev. Mod. Phys.* **48** (1976), 553–569 ;
The Stability of Matter from Atoms to Stars, Springer (1990).

多粒子系の最低エネルギーを見積るのにハイゼンベルクの不確定性関係を利用する，別の直観的な考え方を紹介したこともあるので，ついでに記しておく：

● 江沢 洋『量子と場』，第 4 章，世界の安定性，ダイヤモンド社 (1976) ;『量子力学的世界像』，江沢 洋選集，第 III 巻，第 17 章，日本評論社 (2019).

18. 量子力学の数学

　量子力学の数学は，ヒルベルト空間とそれによる演算子の表現を主な問題とする．これを一歩一歩ていねいに描いた，ありがたい本，

　　加藤敏夫著・黒田成俊 編注『量子力学の数学理論』，近代科学社（2017）

が現われたので，この本の力をかりて，その世界の景観を描き出してみよう．

18.1　概要

　同じ目的で書かれた本にフォン・ノイマンの『量子力学の数学的基礎』[1]（1932）があるが，こちらは数学的基礎をうちたてるための枠組みを提示したもので，その枠組みに盛り込むべき内容までは描き出していない．物理量を表わす演算子は自己共役でなければならないとしたが，水素原子のハミルトニアンですら，それが自己共役であることを証明していない．本書の主題は，一般の原子についてその証明をし，証明の基盤となる摂動論の基礎づけをすることである．

　著者の加藤敏夫は東大物理の助教授として吉田耕作，小平邦彦らと関数解析の黄金時代を築いたが，1962 年にカリフォルニア大学バークレイ校に転じ，1999 年に没した．遺著に

　　Perturbation Theory for Linear Operators, Springer (1966, 2nd ed. 1976)

の大作や

　　『位相解析 —— 理論と応用への入門』，共立出版 (1967)，旧題『函数空間』(1957)
　　吉田耕作との共著『大学演習・応用数学』，裳華房 (1961)
　　『量子力学の数学理論 —— 摂動論と原子等のハミルトニアン』，近代科学社 (2017)

などがある．遺された大量の研究資料の中から本書『量子力学の数学理論』のもとになった原稿は発見された．その緒言に記された日付から 1945 年 6 月に一応の完成をみたものと分かる．それを弟子のひとり黒田成俊が整理し懇切な補注をつけて本書はできた．

1945 年の仕事と聞くと古い本と思われるかもしれないが，そんなことはない．その頃に量子力学の数学理論に一新紀元を画した加藤その人が，おそらく専門外の人のための入門書を意図して書いたものである．その懇切な解説は，熟読に値する．

18.2 定義域を与えなければならない

本書を開くと，「演算子はその定義域を与えなければきまらないことは自明のことであるが，一般の物理学者にとっては注意すべき事柄である」に出会う．その後にも「エルミート演算子もその定義域が与えられなければ意味がない．量子力学においてはこれが明確に定義されないことが多いから特に注意が必要」と繰り返す．この章では，このことを強調する本書の雰囲気が多少なりとも伝えられたらと思う．

ほとんどの物理の教科書は演算子のエルミート性と自己共役性は同義としているが，数学では違う．前者は「演算子 R の定義域 $\mathcal{D}(R)$ の中に収束列 $\{f_k\}$ があれば極限 $f_k \to f$ を $\mathcal{D}(R)$ に加えた $[D(R)]$ がヒルベルト空間に一致する場合[1]，

$$(Hf, g) = (f, g^*)$$

がすべての $f \in D(R)$ に対して成立するような $g, g^* \in D(R)$ があれば R の共役演算子 R^* が $R^* g = g^*$ によって定義される．g は $\in D(R)$ とは限らないから $D(R^*) \supset D(R)$ である．このとき R はエルミート演算子とよばれる．$D(R^*) = D(R)$ のとき R は自己共役演算子である．自己共役演算子 H であって初めて射影演算子 $E(\lambda)$ を用いた H の対角化 $H = \displaystyle\int_{-\infty}^{\infty} \lambda dE(\lambda)$ が可能になり，観測との関係が成り立つのだから，自己共役性は重要である．

---

1) $\bar{a}$ を a の複素共役数として $(af, g) = a(f, g)$, $(f, ag) = \bar{a}(f, g)$ としている点，物理の慣行と違う．

18.3 自己共役性

さて，問題は原子のシュレーディンガー演算子 $\mathcal{H}_S = T + V$，ただし

$$T = -\sum_{i=1}^{s} \beta_i \nabla_i^2 - \beta_0 \left(\sum_{i=1}^{s} \nabla_i \right)^2, \tag{1}$$

$$V = \sum_{i=1}^{s} \frac{e_i}{r_i} + \sum_{i<j} \frac{e_{ij}}{r_{ij}}$$

（の拡張）を自己共役演算子として定義することである（図1）．なお，T の右辺の第2項は，核 ＋ 電子の全系の運動量を 0 として，核の運動量を電子たちの運動量の総和（の符号を変えたもの）で表わした結果である．

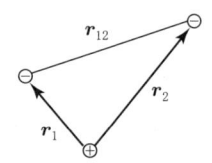

図1 記号の説明．考える電子が 2 個の場合に示す．

実は，運動エネルギーの演算子を，フーリエ変換 $\widetilde{f}(\boldsymbol{p}_1, \cdots,, \boldsymbol{p}_s)$ の世界で

$$T(\boldsymbol{p}) = \sum_{i=1}^{s} \beta_i \boldsymbol{p}_i^2 + \beta_0 \left(\sum_{i=1}^{s} \boldsymbol{p}_i \right)^2$$

をかける演算子として，定義域を

$$\int T(\boldsymbol{p})^2 \, |\widetilde{f}(\boldsymbol{p}_1, \cdots)|^2 d\boldsymbol{p}_1 \cdots < \infty$$

という $\widetilde{f}$ の全体とするアプローチがあり，V が T に関し minor な演算子であることから同じ定義域 $\mathcal{D}$ で $T + V$ が自己共役になることを示す．V が T の minor な演算子だとは，定義域の広さを $\supset$ で表せば $\mathcal{D}(V) \supset \mathcal{D}(T)$ であること．

18.4 別のアプローチ

しかし，これでは T が微分演算子であることが見え難くなるというのか，加藤は別の方法も提示している．

まず，定義域を「条件（ⅰ）任意の $\boldsymbol{x}_k$ につき何回でも微分でき，（ⅱ）どんな多

項式 $P(\boldsymbol{x}_1, \cdots, \boldsymbol{x}_s)$ をかけても遠方 $|\boldsymbol{x}_1| + \cdots + |\boldsymbol{x}_s| \to \infty$ で 0 に収束する」を みたす関数 $f(\boldsymbol{x}_1, \cdots, \boldsymbol{x}_s)$ の全体 $\mathcal{D}^*$ に限った H_S を $\widehat{H}$ と書く．H_S の微分演算 子は $\mathcal{D}^*$ より広い範囲で意味をもつので $H_S \supset \widehat{H}$ である．

　一般に，演算子 R の定義域が $\mathcal{D}(R)$ のとき，与えられた $f \in \mathcal{D}(R)$ に対し，そ の部分集合 $\mathcal{D}_1$ で $f_n \to f$ となる列 $\{f_n\}$ をもつものがあればそれを R の準定義 域という．また $f_n \in \mathcal{D}(R)$ $f_n \to f$, $Rf_n \to f^*$ なら $f \in \mathcal{D}(R)$, $f^* = Rf$ とな るとき R を閉演算子という．R が線形閉拡大をもてば，その中の最小のものを $\widetilde{R}$ と書く．

　われわれの問題に戻って H_S, $\widehat{H}$ の線形閉拡大は $\widetilde{H}_S \supset \widetilde{\widehat{H}}$ となる．また，V は T の minor な演算子だから $\mathcal{D}^*$ は H の準定義域となり $\widetilde{\widehat{H}} = H$ となる．よって $\widetilde{H}_S = H$．ところが H は自己共役だったから $\widetilde{H}_S$ も自己共役である．こうして微 分演算子を含む H_S からの拡大として自己共役な演算子が得られた．

　なお，証明の最後に「H は自己共役だったから」とあり，そのことから「$\widetilde{H}_S$ も 自己共役」としているのは同じハミルトニアンに関する同語反復に見えるが，「H は自己共役」とした H は "別のアプローチ" の前の節で自己共役とした H であ り，「$\widetilde{H}$ も自己共役」とした $\widetilde{H}_S$ は別のアプローチで導入したものなので同語反 復ではないということなのだろうか？

18.5　水素原子

　原子の（非相対論的な）ハミルトニアンの自己共役なことが確立されたので，水 素原子から始めて，そのハミルトニアンから何がいえるかを調べてみよう．

　水素原子のハミルトニアンは，単位を適当にとれば

$$\mathcal{H} = \frac{1}{2}\boldsymbol{p}^2 - \frac{Z}{r} \qquad (Z = 1 : \ 定義域 : \mathcal{D}) \tag{2}$$

にとれる．

　いま，このハミルトニアンが固有値 $-\varepsilon^2$ をもつと仮定し，固有関数を u とす れば

$$\left(\frac{1}{2}\boldsymbol{p}^2 - \frac{Z}{r}\right)u = -\varepsilon^2 u \tag{3}$$

が成り立つことになる．ただし，数学者の用語法では，固有値といえば離散固有 値を意味し，連続固有値は固有値とよばない．

174

演算子 $\boldsymbol{p}^2$ は正定値だから $(1/2)(\boldsymbol{p}^2 + 2\varepsilon^2)$ は逆 $2(\boldsymbol{p}^2 + 2\varepsilon^2)^{-1}$ をもち,それは有界な演算子だから

$$u(\boldsymbol{p}) = 2(\boldsymbol{p}^2 + 2\varepsilon^2)^{-1} \frac{1}{(2\pi)^{3/2}} \int \frac{2Z}{r} u(\boldsymbol{r}) e^{-i\boldsymbol{p}\cdot\boldsymbol{r}} d\boldsymbol{r} \tag{4}$$

が成り立つ.これは,$2(\boldsymbol{p}^2 + 2\varepsilon^2)^{-1}$ と $(2Z/r)u$ の $\boldsymbol{p}$ 表示の積が u の $\boldsymbol{p}$ 表示に等しいといっている.これを $\boldsymbol{r}$ 表示に移すと,$2(\boldsymbol{p}^2 + 2\varepsilon^2)^{-1}$ の $\boldsymbol{r}$ 表示,

$$\frac{1}{(2\pi)^{3/2}} \int \frac{2}{\boldsymbol{p}^2 + 2\varepsilon^2} e^{i\boldsymbol{p}\cdot\boldsymbol{r}} d\boldsymbol{p} = 2(2\pi)^{1/2} \frac{e^{-\sqrt{2}\varepsilon r}}{r}$$

と $(2Z/r)u(\boldsymbol{r})$ の "たたみこみ" が $u(\boldsymbol{r})$ に等しいことになる:

$$\frac{2}{2\pi} \int \frac{e^{-\sqrt{2}\varepsilon|\boldsymbol{r}-\boldsymbol{s}|}}{|\boldsymbol{r}-\boldsymbol{s}|} \frac{2Z}{s} u(\boldsymbol{s}) d\boldsymbol{s} = u(\boldsymbol{r}). \tag{5}$$

この式から関数 $u(\boldsymbol{r})$ の性質がいろいろと発掘される.たとえば,$2Z/r$ が連続微分可能な点においては,$u(\boldsymbol{r})$ は微分方程式

$$\left(-\frac{1}{2}\nabla^2 - \frac{Z}{r}\right) u(\boldsymbol{r}) = \varepsilon^2 u(\boldsymbol{r}) \tag{6}$$

をみたす.これは水素原子に対するシュレーディンガー方程式である.ポテンシャルが微分できるところという成立の要件が,積分方程式を経由して導き出すことでわかった.同様にして,一般のポテンシャル V に対するシュレーディンガー方程式

$$\left\{-\frac{1}{2}\nabla^2 + V(\boldsymbol{r})\right\} u(\boldsymbol{r}) = Eu(\boldsymbol{r}) \tag{7}$$

も導出される.

しかし,思い出そう.この結論は,ハミルトニアン (2) が負の固有値をもち,相応の固有関数をもつという仮定をして導き出したものである.(3) は u がハミルトニアン (2) の定義域に入っているとし,それに演算子 (2) をかけるものとして書かれている.その仮定から導かれたものとして書かれた (5) は,しかしフーリエ変換の式になっているから微分・積分の世界のものとして扱うことができる.

というわけで,固有値,固有関数が存在するか否かは本書でも別の問題として扱われている.また,クーラン–ヒルベルトの教科書[2] も肯定的に解決している.ただし,ハミルトニアン (2) が自己共役なことを前提にしているので,彼らの論証はわれわれの考察で補わなければならない.

18.6 ヘリウム原子

ヘリウム原子は，陽子，中性子2個ずつからなる原子核と2個の電子からなる．全系のハミルトニアンは，単位を適当にとれば

$$\mathcal{H} = \boldsymbol{p}_1^2 + \boldsymbol{p}_2^2 + 2\beta\,\boldsymbol{p}_1 \cdot \boldsymbol{p}_2 - \frac{2}{r_1} - \frac{2}{r_2} + \frac{1}{r_{12}} \tag{8}$$

と書くことができる．ここに

$$\beta = \frac{m}{M+m} \sim \frac{1}{4 \times 1800}$$

である．

18.6.1　スペクトルの構造

この $\mathcal{H}$ のスペクトル（エネルギー準位）を調べるのに変数分離を利用する．すなわち，$\mathcal{H}$ が，スペクトルの既知な

$$\mathcal{H}_{0k} = (1-\beta)\,\boldsymbol{p}_k^2 - \frac{2}{r_k} \qquad (k=1,\ 2)$$

の和

$$\mathcal{H}_0 = \mathcal{H}_{01} + \mathcal{H}_{02}$$

に摂動

$$V = \beta(\boldsymbol{p}_1 + \boldsymbol{p}_2)^2 + \frac{1}{r_{12}} \tag{9}$$

を加えたものと見るのである．どの演算子も

$$\mathcal{D}(\boldsymbol{p}_1, \boldsymbol{p}_2) = \left\{ \Phi \,\middle|\, \int (\boldsymbol{p}_1^2 + \boldsymbol{p}_2^2)^2 |\Phi(\boldsymbol{p}_1, \boldsymbol{p}_2)|^2 d\boldsymbol{p}_1 d\boldsymbol{p}_2 < \infty \right\}$$

を定義域とする．

$\mathcal{H}_{0k}$ のスペクトルは

離散スペクトル　：　$-\dfrac{1}{(1-\beta)n^2}$,　　　（縮退度 $= n^2$, $n = 1, 2, \cdots$）

連続スペクトル　：　$(1-\beta)k^2$,　　　　　$(0 \le k \le \infty)$

からなる．このことをスペクトル射影 $E(\lambda)$ を用いて

$$\mathcal{H}_{0k} = \int_{-\infty}^{\infty} \lambda\, dE_{0k}(\lambda)$$

と書き表わす．$E(\lambda)$ は $\lambda = -\infty$ から λ までの固有値に属する固有空間への射影

176

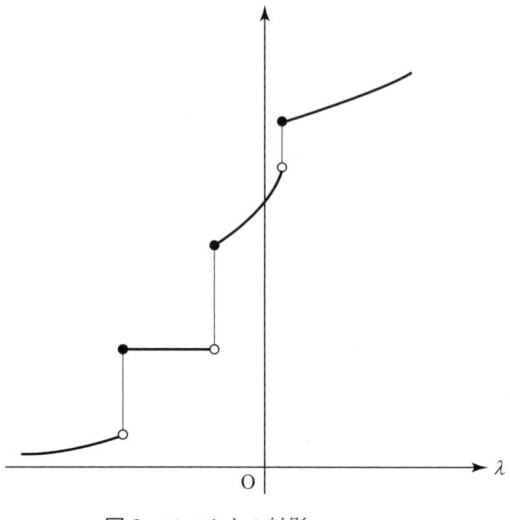

図2 スペクトル射影.

演算子であって，離散固有値のところで 1 だけ跳んで (図2)，その固有値に属する固有空間への射影演算子 E_n となる：

$$\frac{dE}{d\lambda} = \delta(\lambda - \lambda_n)\, E_n\,.$$

さて，$\mathcal{H}$ と $\mathcal{H}_0$ のスペクトルを比べよう．$\mathcal{H}_0$ のスペクトルは $-1/(1-\beta)$ から 0 までは離散的だから

$$\lambda < -\frac{1}{1-\beta} \quad \text{なら} \quad \dim E_0(\lambda) < \infty \tag{10}$$

が成り立つ．$\dim E_0(\lambda)$ とは $\mathcal{H}_0$ の固有値が $-\infty$ から $-\lambda < 0$ までの範囲に入る固有関数が張る空間の次元を意味する．この範囲の固有値は離散的なものばかりだから，その固有空間の次元の総和 $\dim E_0(\lambda)$ は有限である．

摂動 V は見てのとおり正定値だから

$$\langle \varphi, \mathcal{H}\varphi \rangle > \langle \varphi, \mathcal{H}_0\varphi \rangle$$

となるが，このとき $\mathcal{H}$ の固有空間の次元 $\dim E(\lambda)$ に対して

$$\dim E(\lambda) \le \dim E_0(\lambda) \tag{11}$$

の成り立つことが証明される．これからの議論は混み入ってくるので，その大筋をたどることで満足し，定理の証明は省略することにしよう．(10) と (11) から

$$\lambda < -\frac{1}{1-\beta} \quad なら \quad \dim E(\lambda) < \infty$$

が知れる. この範囲には高々離散スペクトルしかないというのである.

離散スペクトルが<u>存在</u>することは次のようにしてわかる. N 次元の線形部分空間 $\mathcal{M}_N$ があって

$$\langle \varphi, \mathcal{H}\varphi \rangle < -\frac{1}{1-\beta} \langle \varphi, \varphi \rangle \qquad \forall \varphi \in \mathcal{M}_N \tag{12}$$

が成り立つなら

$$\dim E\left(-\frac{1}{1-\beta}-0\right) \geq N$$

となることが証明される. これは, (11) で λ としてきたスペクトルの限界を無限小だけずらせば不等号の向きが逆になることを意味する. 線形部分空間の中に $\mathcal{H}$ の離散スペクトルに属するものが少なくとも 1 つ <u>存在する</u> というのである. ただし, (12) の成り立つ線形部分空間が <u>つくれたならば!</u>

そこで, 最後に $\mathcal{M}_N$ をつくるのであるが, それには $\mathcal{M}_N$ を $\mathcal{H}_{01}$, $\mathcal{H}_{02}$ の固有関数の積の線形結合で表わす. その際, $\mathcal{H}$ のスペクトルに離散的なものが, どこにどのように含まれるかの知見を目標とするので, $\mathcal{H}$ の固有関数を正確にもとめる必要はない. これがポイントである. 『量子力学の数学理論』の著者, 加藤は $N = 25585$ 次元の線形空間まで考えれば所要の (12) をみたす線形部分空間が得られると見積もっている.

こうした考察によって次のことがわかった:

$\lambda < -1/(1-\beta)$ には離散スペクトルしかない. 離散スペクトルは, 多重度をそのまま数えて少なくとも 25585 個ある.

さらに次のことは示せる:

$\lambda \geq -1$ はすべて $\mathcal{H}$ のスペクトルに属し, 可付番個の離散スペクトルを除きすべて連続スペクトルである.

残りの範囲 $-1/(1-\beta) < \lambda < -1$ のスペクトルの様子は不明としている.

18.6.2　基底状態のエネルギー[2]

ヘリウム原子の基底状態のエネルギーを変分法でもとめてみよう. 変分法というのは, ハミルトニアン $\mathcal{H}$ の最低固有値は, 任意の規格化された関数 u による期

---

2)　この部分は加藤の本から離れる.

待値 $\langle u, \mathcal{H}u \rangle$ より大きくないという一般定理に基づいて次のようにする：

パラメタ β を含む関数

$$u = u(\boldsymbol{r}_1, \boldsymbol{r}_2; \beta) \tag{13}$$

をとって，期待値 $\langle u, \mathcal{H}u \rangle$ をつくり，その値を極小にする $\beta = \beta_0$ をさがす：

$$\frac{d}{d\beta}\langle u, \mathcal{H}u \rangle = 0 \quad \text{at} \quad \beta = \beta_0.$$

そのときの $\langle u, \mathcal{H}u \rangle$ の値を $\mathcal{H}$ の最低固有値の近似値として採用する．このとき試しにつかう関数 (14) を試行関数という．

われわれは，u として $\mathcal{H}_{0k}$ の最低固有値の固有関数 $v(r_k)$ のスケールをパラメタ β で変えた

$$v(r_k; \beta) = \sqrt{\frac{\beta^3}{\pi}} e^{-\beta r_k} \tag{14}$$

の積 $v(r_1; \beta)\, v(r_2; \beta)$ を試行関数 u として採用しよう．ヘリウム原子の原子核の電荷が e の Z 倍でなく 2β 倍だったら，これは $\mathcal{H}_{01} + \mathcal{H}_{02}$ の最低固有値の固有関数である．これを採用した背後にある物理的な目論見は次のとおり：電子同士のクーロン相互作用 $1/r_{12}$ は，各電子におよぼす核のクーロン引力を互いに遮蔽しあうようにはたらく，つまり各電子から見ると核のクーロン引力が多少弱まって見えるだろうというところにある．

$\mathcal{H}$ の期待値を計算しよう．第 1 の電子について，まず

$$\langle \boldsymbol{p}_1 v \rangle = 0 \tag{15}$$

である．次に運動エネルギーであるが

$$\frac{\partial}{\partial x_1} e^{-\beta r_1} = -\beta e^{-\beta r_1} \frac{x_1}{r_1},$$

$$\frac{\partial^2}{\partial x_1^2} e^{-\beta r_1} = \beta^2 e^{-\beta r_1} \left(\frac{x_1}{r_1}\right)^2 - \beta \frac{e^{-\beta r_1}}{r_1} + \beta \frac{e^{-\beta r_1}}{r_1} \left(\frac{x_1}{r_1}\right)^2. \tag{16}$$

y, z 方向に対しても同様の計算をして加え合わせると

$$\left\langle u, \left(\boldsymbol{p}_1^2 - \frac{Z}{r_1}\right) u \right\rangle = \left\langle v(r_1), \left(-\beta^2 + (2\beta - Z)\frac{1}{r_1}\right) v(r_1) \right\rangle \left\langle v(r_2), v(r_2) \right\rangle \tag{17}$$

となるが

$$\left\langle v(r_1), \frac{1}{r_1} v(r_1) \right\rangle = \beta$$

であるから

$$\left\langle u, \left(\boldsymbol{p}_1^2 - \frac{Z}{r_1} \right) u \right\rangle = -\beta^2 + \beta(2\beta - Z) = \beta^2 - Z\beta. \tag{18}$$

第2の電子に関する期待値も同様である. そして, 最後に電子の相互作用に関する

$$\left\langle u, \frac{1}{r_{12}} u \right\rangle = \frac{5}{8}\beta \tag{19}$$

を加える. こうして

$$\langle u, \mathcal{H}u \rangle = 2 \times (\beta^2 - Z\beta) + \frac{5}{8}\beta \tag{20}$$

を得る. 極小値の条件

$$\frac{d}{d\beta}\langle v, \mathcal{H}v \rangle = 4\beta - 2Z + \frac{5}{8} = 0 \tag{21}$$

より

$$\beta = \frac{Z}{2} - \frac{5}{32} \tag{22}$$

となり, その最小値は, $Z = 2$ として書けば, $\beta = 27/32$ に対して

$$\langle u, \mathcal{H}u \rangle|_{Z=2} = -\left(\frac{27}{16}\right)^2 = -\left(\frac{27}{16}\right)^2 \tag{23}$$

となる.

このとき, 試行関数は, 電子1の部分のみ書けば

$$u = \sqrt{\frac{\beta^3}{\pi}} e^{-\beta r_1}, \qquad \beta = \frac{Z}{2} - \frac{5}{32}, \tag{24}$$

電子2についても同様, となっているが, これを電子間相互作用がないとした場合の $\beta_0 = Z/2$ の波動関数 (これは正確な固有関数である!) より広がっている. これが各電子が互いに相手の感ずる核の電場を遮蔽している証しである.

(23) を原子の物理学で普通に現われるエネルギーの単位, すなわち基底状態にある水素原子の電子の位置エネルギー(の符号を変えたもの)を単位にとって書けば

$$E_0 = -\left(\frac{27}{16}\right)^2 \frac{e^2}{4\pi\epsilon_0} \frac{1}{a_{\mathrm{B}}} = -(13.606\,\mathrm{eV} \times 2)\left(\frac{27}{16}\right)^2 = -77.49\,\mathrm{eV} \tag{25}$$

となる. これはヘリウム原子のイオン化エネルギー[3] 23.08 eV に直して実験値 24.59 eV に比べると 6% しか違わない!

---

[3] $Z = 2$ の核を1個の電子がまわる "水素原子" の基底状態のエネルギー $-13.606\,\mathrm{eV} \times Z^2$ との差.

われわれは変分法を用いてヘリウム原子の最低固有エネルギーを近似的に定めた．しかし『量子力学の数学理論』p.214 によると，変分法による扱いは最低の固有値が存在することが既知でない限り無意味であるという．

われわれは，18.6.1 節で，『量子力学の数学理論』に従って，(8) が最低固有値をもつことを示した．この本は，その縮退の程度を追求して p.212 で 1s 1s 状態であるというところまで追い詰めたように見えるが，それが $\boldsymbol{p}_1 \cdot \boldsymbol{p}_2$ や r_{12} を含む (8) の固有状態になるとはどういう意味か，分からない．

18.7 問題は尽きない

加藤は『量子力学の数学理論』において，さらに進んで $\mathcal{H}_0$ に加える摂動 αV から minor の条件をはずすと固有値の α に関する展開も許されなくなることを解けるモデルで示し，regular な摂動の概念を導入して 3 次までの漸近展開を調べ誤差の評価を与えている．

次に量子力学的な状態の変化に対する摂動論に移り，初期状態 ψ_0 が V の定義域に入っていても摂動 V の高次の項は定義域を飛び出す恐れから V がかけられなくなり有限次で止まるほかないと指摘している．その結果から遷移確率を計算してエネルギーの保存をいい，あるいは ウィグナー–ワイスコップ流の摂動計算で遷移確率を $e^{-\Gamma t}$ に比例するとする論法を鋭く批判しており，未開の地であることを感じさせる．

『量子力学の数学理論』は，巻末に中村 周さんによる「Schrödinger 方程式の数学——その生誕と成長」を添えて，この本が執筆された後の理論のめざましい発展を「いくつかの標準的かつ専門的な教科書の内容を紹介しながら」概説している．

＊

『量子力学の数学理論』は 一歩一歩綿密に論を進めてゆくので読み進めるには忍耐を要するが，読み終えたら確実さが手に入る．物理からも挑戦する人の現われんことを！

量子力学で物理量を表わす演算子に対して，それがエルミート性に留まらず自己共役性をももつように定義域を定めることがいかに重要かは『量子力学の数学理論』が力説しているところである．それに異を唱えるつもりは毛頭ないが，テ

クニカルな近似計算の場面では，エルミート的でないハミルトニアンにも量子力学の世界に出番があることを述べた

　　N. Moiseyev : *Non-Hermitian Quantum Mechanics*, Cambridge (2011)

もあることを注意しておこう．

参考文献
［1］　翻訳がある：井上 健・広重 徹・恒藤敏彦訳『量子力学の数学的基礎』，みすず書房 (1967).

［2］　R. Courant and D. Hilbert : *Methods of Mathematical Physics*, Interscience (1953), pp.448–450.　ドイツ語版では S.390.

19. 場の理論とは，どんなものか

　場の量子論というのは，どういう理論か？　この問に答えるのは，たいへん難かしい．そういう名に値する整った理論体系は，まだ存在していないからである．これは，物理学の体系が，現在までに実験の手がとどいている範囲においても未だ組み上っていないことを意味する．

　しかし，2つのことは言えるだろう．第一に，そのような物理学の枠組ができるとすれば，それは「場」の量子論という形をとるだろうということ．おそらく，多くの人びとが，そう思っているだろう．場の量子論には，こういう姿であってほしいという物理の側からのイメージが，かなり具体的にできているわけである．そして第二に，そういうイメージを適切に操って計算をすると，実験によく合う答がでること．量子電磁力学のばあいには，理論値と実験値が実に 9 桁も 10 桁も合うのであって[1]，しかも，このばあい計算規則に任意性はほとんどない．だから，上にイメージを適切に操ってといったのは必ずしも適確ではなかった．その上，場の量子論の最近の発展は，この量子電磁力学を，電磁現象のみでなく一層ひろい範囲の現象も併せて統括する'統一理論'のなかに包みこもうとさえしている．

　できあがっていない'理論'のイメージを描きだすために，よく使う手は，歴史的な発展をたどることである．最近の発展については脚注1) の「科学」，湯川・朝永生誕 100 年記念号 (2006 年 4 月号) の諸項で詳しく述べられているので，ここでは入門もかねて，いっそ極く古いところの話をしよう．電磁場の古典論と量子

---

　1)　その状況は，次の解説に要約されている：

　木下東一郎：QED の精密計算と朝永理論，「科学」，2006 年 4 月号；量子電磁力学の現状，江沢 洋・恒等敏彦編『量子物理学の展望(上)』，岩波書店 (1977).

化された電子場の話である．

　しかし，そのまえに，物理がなぜ場の理論という形をとらなければならないのか，簡単に説明しておきたい．

なぜ '場' なのか

　物理でいう '場' とは，ひとつの時刻 t に空間を眺め渡すものとして，空間の場所場所にある物理量の分布のことである．その物理量がなんであるかに応じて，その場には，いろいろの名がつく．気圧の場を等圧線で表わしたのが天気図であって，これには毎日の天気予報でおめにかかる．もっとも，これは 3 次元の空間における気圧の場の 2 次元的断面にすぎないけれども．

　場は，眺め渡す時刻 t を変えれば，それこそ刻々に様相を変えてゆくだろう．つまり，問題にする物理量の，空間の各点における値が変わってゆく．この変化までこめて考えるには，物理量 Q の場を時刻 t と空間の場所 $\boldsymbol{x}$ の関数 $Q(\boldsymbol{x}, t)$ とみるのが便利である．この意味で気圧の場が将来までこめてすっかりわかれば，お天気の長期予報ができることになるだろう．

　さて，物理学を定式化するのに場の言葉をつかわなければならないといわれるのは，なぜだろうか？

　物質は，つきつめていけば素粒子の集まりだという．それならば，ちょうど地球が太陽からの万有引力をうけて楕円軌道を描くというように，素粒子たちが互いに力をおよぼして運動を規定しあうという形に物理を記述してもよいはずでは

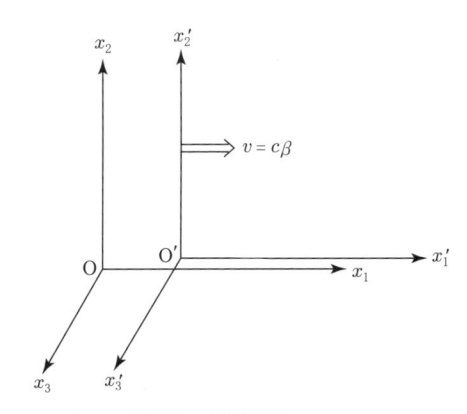

図 1　座標系の相対運動．

ないか．そうしたほうが，刻々に空間全体を眺めわたすのよりも，ずっと簡単ではないか？

それが許されないのは，自然の諸現象が相対論的共変におこっていることが，どうも確からしいからである．

相対性理論によれば，空間の離れた2点におこる事象が同時刻かどうかは，座標系によってちがう．ある座標系で同時刻に見えても，それにたいして運動している座標系（図1）から見ると同時刻には見えないというのである（図2）．

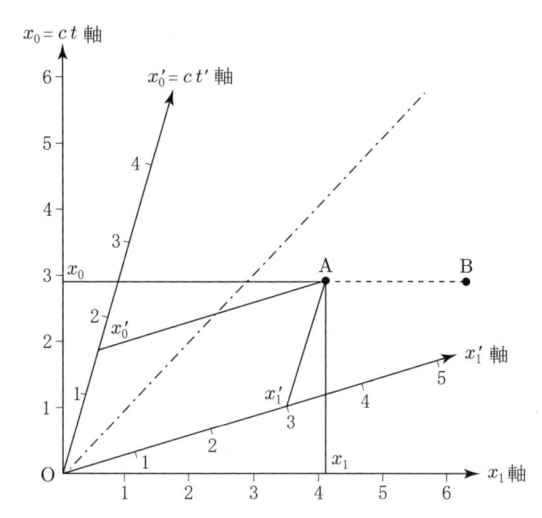

図2 同時刻の相対性．ひとつの座標系 $(x_0 \equiv ct,\ x_1)$ から見て同時刻に見える2つの事象 A, B も，その座標系にたいして速度 $c\beta$ で動く座標系の時間 t' で見れば同時刻ではない．この図で，x_1' 軸と x_1 軸，x_0' 軸と x_0 軸のあいだの角をともに $\tan^{-1}\beta$ とし，ダッシュのついた軸の目盛をダッシュなしの軸のより $\sqrt{(1+\beta^2)/(1-\beta^2)}$ 倍だけ粗くしておくと，ちょうどローレンツ変換になる（変換の公式は後で示す）．

ところが，地球が太陽からの万有引力をうけるというとき，ひとつの時刻 t に地球にはたらく力は，その時刻 t に太陽がどこにいるかできまる．相対性理論では，いろいろに動く座標系を考えるのだから，太陽だって動いて見えることもあるわけで，その位置を指定するには一般には時刻を指定しなければならないのである．だから，太陽が地球におよぼす万有引力の大きさは，地球と太陽との同時刻における距離の2乗に反比例するのであり，その力の方向は同じ t における太陽の位置にむかう．これがニュートンの万有引力の法則であった．

この法則は，しかし，どの座標系でも同じ形でなりたつというものではない．

地球と太陽という異なる 2 点の同時刻ということは座標系によることだからである．こうして，太陽が遠く離れた地球を同時刻的に引くという，いわゆる**遠隔作用**は相対性理論の立場からは受け入れられないことになる[2]．

それに代わって登場するのが '場' であり，それにもとづく '近接作用' である（'局所相互作用' ともいう）．

まず，太陽が自分のまわりに重力の '場' をつくる．地球は，自分が今いる場所の重力場を感じて今どんな加速度をもつべきかを決定する，ということになる．同じ時刻・同じ場所の地球と重力場が相互作用するのだから，離れた 2 点の同時刻という問題は，ここにはない．他方，太陽が自分のまわりに重力場をつくる仕方も相対論的共変でなければならないから，仮に時刻 t に太陽になにかの異変がおきたとして，その同じ時刻 t に全空間の重力場がパッと一斉に変わるというわけにはいかない．そういう変わり方は，座標系をかえると違って見える．すなわち相対論的共変でない．そこで，場の変化も，場の自身との局所相互作用といったものによってジワジワと空間を伝番してゆくほかないだろう．

しかし，空間の各点で，場が，同じ時刻・同じ場所の自身と相互作用することで，はたして場の伝番がおこるものだろうか？　これを説明するには具体例をもちだしたほうがよさそうだ．

電磁場の古典論，局所相互作用

場の理論の 1 つの典型は，電場・磁場をあつかうマクスウェルの理論である．ただし，この理論は，アンテナが電波を放射したり鏡が光を反射したりする過程には適用されるが，しかし，ひとつひとつの原子が光を放射したり散乱したりする過程には適用できないことがわかっている．この理論の基礎方程式をマクスウェルが書き下したのは 1873 年のことであった[3]．

この理論において，電場 $E(x, t)$，磁束密度 $B(x, t)$ というのは各時刻 t に空間の各場所 x に定義されるもので，その時刻にその場所においた試験体にはたらく力 $F(x, t)$ を測って

---

2)　このことは以前にも書いた：
　江沢 洋：場というもの，『量子と場』，ダイヤモンド社 (1976)．
3)　電磁場の理論の発展史は，場の概念が自立する経緯も含めて，次の本に詳しい：
　広重 徹 『相対論の形成』，西尾成子編，広重徹科学史論文集 1，みすず書房 (1980)．

$$\frac{1}{q}\boldsymbol{F}(\boldsymbol{x},t) = \left[\boldsymbol{E}(\boldsymbol{x},t) + \frac{1}{c}\boldsymbol{v}\times\boldsymbol{B}(\boldsymbol{x},t)\right] \qquad (1)$$

と定める. ただし, 試験体とは'小さい'電荷 q をもつ'小さい'物体のこと. $\boldsymbol{v}$ は, その試験体の速度である. 正確には, '小さい'は小さい極限の意味とする. 試験体の空間的な拡がりを'小さい'とする理由は, 説明するまでもあるまい. 試験体の電荷を'小さい'とするのは, この電荷の影響で電場・磁場が変わってしまうのを避けるためである. その影響のなかには, この電荷から周囲の物体の電荷分布が力をうけて動くことも含まれるだろうが, また試験体それ自身が上の式の力 $\boldsymbol{F}$ のために加速されて電磁波をだすことも含まれるはずだろう. こう考えると, 試験体の大きさ(したがって質量)と電荷とを小さくする極限をとるときに, 前者だけ先に小さくするようなことは許されないだろうと思われる. 電場. 磁場を, いまのように操作的に定義しようとすると, 電場・磁場それ自身にかかわる自然法則が介入してくるのは避けられない.

それはとにかく, 各時刻 t に空間の各場所 $\boldsymbol{x}$ に物理量 Q が定義されるとき, 各時刻における Q の分布 $\boldsymbol{x}\longmapsto Q(\boldsymbol{x},t)$ を一般にその物理量の**場**というのである. Q を力とすれば, たとえば太陽のまわりには重力の場ができている. Q を位置のエネルギーとすれば, 地上にはニュートンのりんごに対する位置のエネルギーの場ができている. これらの場は時間がたっても変化しないが, 変化をする場もある. たとえば, 地面の上に人びとの運動が分布している運動場——というのは冗談としてもよいが, 時空4次元空間における分布 $(\boldsymbol{x},t)\longmapsto Q$ を場ということも多い.

さて, 1873年にマクスウェルが電磁場にたいして書き下した方程式は, 今様の記法で書くなら次のようになる[4]:

$$\left.\begin{array}{ll} \operatorname{div}\boldsymbol{D} = \rho, & \operatorname{div}\boldsymbol{B} = 0, \\[2mm] \operatorname{curl}\boldsymbol{E} = -\dfrac{\partial\boldsymbol{B}}{\partial t}, & \operatorname{curl}\boldsymbol{H} = \dfrac{\partial\boldsymbol{D}}{\partial t} + \boldsymbol{J}. \end{array}\right\} \qquad (2)$$

ここに $\rho = \rho(\boldsymbol{x},t)$ は空間の電荷分布を表わすもので, 空間の場所 $\boldsymbol{x}$ のまわりにとった小体積 d^3x のなかに時刻 t にある電気量が $\rho(\boldsymbol{x},t)d^3x$ であることをいう. $\boldsymbol{J} = \boldsymbol{J}(\boldsymbol{x},t)$ は電流密度で, 場所 $\boldsymbol{x}$ にベクトル $\boldsymbol{J}(\boldsymbol{x},t)$ に垂直な小面積 $d\sigma$ をとれば, 時刻 t に $d\sigma$ を貫いて流れる電流が $Jd\sigma$ であることをいっている.

---

[4] curl は rot と書くこともある.

　電荷密度と電流密度があたえられたとき，マクスウェルの方程式は電場と磁場とにたいする連立偏微分方程式である．というのは，直角座標系 (x_1, x_2, x_3) における電場の成分を (E_1, E_2, E_3) とするとき，上の式に見える記号 div は

$$\operatorname{div} \boldsymbol{D} \equiv \frac{\partial D_1}{\partial x_1} + \frac{\partial D_2}{\partial x_2} + \frac{\partial D_3}{\partial x_3}$$

によって定義される偏微分の演算であり，また curl は

$$(\operatorname{curl} \boldsymbol{E})_1 = \frac{\partial E_3}{\partial x_2} - \frac{\partial E_2}{\partial x_3},$$
$$(\operatorname{curl} \boldsymbol{E})_2 = \frac{\partial E_1}{\partial x_3} - \frac{\partial E_3}{\partial x_1},$$
$$(\operatorname{curl} \boldsymbol{E})_3 = \frac{\partial E_2}{\partial x_1} - \frac{\partial E_1}{\partial x_2}$$

を成分にもつベクトルの場を $\boldsymbol{E}$ からつくりだす偏微分の演算だからである．いうまでもないと思うが，$\operatorname{div} \boldsymbol{D}$ は，$(\operatorname{div} \boldsymbol{D})(\boldsymbol{x}, t)$ の略記であって，これは電束密度に上記の偏微分演算をほどこして得られる関数の時空点 $(\boldsymbol{x}, t)$ における値を表わすのである．$\operatorname{curl} \boldsymbol{E}$ についても同様．そして $\operatorname{div} \boldsymbol{B}$, $\operatorname{curl} \boldsymbol{H}$ でも同様に定義される．

　なお，真空中の場については，定数 ϵ_0, μ_0 があって，$\boldsymbol{D} = \epsilon_0 \boldsymbol{E}$, $\boldsymbol{H} = \dfrac{1}{\mu_0} \boldsymbol{B}$ の関係がある．

　そこで，マクスウェル方程式の最も重要な特徴は，そのすべての項が同一の時空点 $(\boldsymbol{x}, t)$ の値であること！　さきに言うべきだったが，(2) の方程式に見える電荷密度 ρ も電流密度 $\boldsymbol{J}$ もその同じ点 $(\boldsymbol{x}, t)$ における値を意味している．

　つまり，電場・磁場は時空世界にひろがった場であるけれども，それが相互に規制しあい，また電荷密度・電流密度と関わりあうのは，まったく各点ごとの完全な‘地方自治’になっている．このことを物理では**局所相互作用**という言葉でいいあらわす．このことは，すでに述べた．

　そういえば，電場・磁場が試験体に力をおよぼす仕方も，まさに局所相互作用である．力を測る‘その時刻の，その場所の’電場・磁場が試験体におよぼす力をきめるのであって，他の時刻の場はいっさい関与しないし，他の場所の場も関与しない．くりかえすが，完全な地方自治なのである．

　これが万有引力の場合(遠隔作用)とはまったく違うということも，すでに述べた．

　もっとも，電磁場における地方分権について，ひとつ注意しておく必要がある

かもしれない．マクスウェルの方程式は偏微分方程式だから，それがいくら局所的だといっても，微分演算によって 'すぐ隣の' 場と関連している．また，境界条件を変えれば——たとえば 1 枚の金属板を空間におけば——電磁場の様子はガラリと変ってしまうだろう．われわれは，ここでは原子論の立場をとる．金属板も，つまりは荷電粒子（原子核と電子）の集まりである．理論の対象は，だから，荷電粒子たちと，それから場の荷い手としての真空とになる．その荷電粒子も（時間をきめて見れば）空間の有界領域におさまっているものとしよう．そうすると，境界条件は（空間の）無限遠方は真空であるとしてたてればよいことになる．そこでの場はゼロに近づいてゆくのが一般であるが，そのなかには拡がってきた輻射がだんだん消えてゆく場合も含まれる．

波動の伝播

いま仮に，荷電粒子がひとつもない純粋な真空における場を考えてみよう．このばあいは $\rho \equiv 0$, $\boldsymbol{J} \equiv 0$ で，マクスウェルの方程式は

$$
\left.
\begin{aligned}
\operatorname{div} \boldsymbol{D} &= 0, & \operatorname{div} \boldsymbol{B} &= 0, \\
\operatorname{curl} \boldsymbol{E} &= -\frac{\partial \boldsymbol{B}}{\partial t}, & \operatorname{curl} \boldsymbol{H} &= \frac{\partial \boldsymbol{D}}{\partial t}
\end{aligned}
\right\}
\tag{3}
$$

となる．この連立方程式は，どんな解をもっているだろうか？

そこで，$\boldsymbol{E}$ と $\boldsymbol{B}$ が混じっている 2 行めの 2 式から $\boldsymbol{B}$ を消去することを考えよう．$\operatorname{curl} \boldsymbol{E}$ の式の両辺に curl をかけると，

$$
\operatorname{curl} \operatorname{curl} \boldsymbol{E} = -\frac{\partial}{\partial t} \operatorname{curl} \boldsymbol{B}
$$

となり，右辺は

$$
(\text{右辺}) = -\mu_0 \frac{\partial}{\partial t} \operatorname{curl} \boldsymbol{H} = -\mu_0 \frac{\partial^2}{\partial t^2} \boldsymbol{D} = -\epsilon_0 \mu_0 \frac{\partial^2}{\partial t^2} \boldsymbol{E} = -\frac{1}{c^2} \frac{\partial^2}{\partial t^2} \boldsymbol{E}
$$

と書ける．左辺を簡単にするには，微分の演算を丹念にやる必要がある．すなわち

$$
\begin{aligned}
(\operatorname{curl} \operatorname{curl} \boldsymbol{E})_1 &= \frac{\partial}{\partial x_2}(\operatorname{curl} \boldsymbol{E})_3 - \frac{\partial}{\partial x_3}(\operatorname{curl} \boldsymbol{E})_2 \\
&= \frac{\partial}{\partial x_2}\left(\frac{\partial E_2}{\partial x_1} - \frac{\partial E_1}{\partial x_2}\right) - \frac{\partial}{\partial x_3}\left(\frac{\partial E_1}{\partial x_3} - \frac{\partial E_3}{\partial x_1}\right) \\
&= \frac{\partial}{\partial x_1}\left(\frac{\partial E_2}{\partial x_2} + \frac{\partial E_3}{\partial x_3}\right) - \left(\frac{\partial^2}{\partial x_2^2} + \frac{\partial^2}{\partial x_3^2}\right)E_1
\end{aligned}
$$

のように計算して

$$(\operatorname{curl}\operatorname{curl}\boldsymbol{E})_1 = \frac{\partial}{\partial x_1}\operatorname{div}\boldsymbol{E} - \left(\frac{\partial^2}{\partial x_1^2} + \frac{\partial^2}{\partial x_2^2} + \frac{\partial^2}{\partial x_3^2}\right)E_1$$

を得る．これは第 1 成分であるが，第 2，第 3 成分についても同様である．ところがマクスウェル方程式により，いまは $\operatorname{div}\boldsymbol{E} = \dfrac{1}{\epsilon_0}\operatorname{div}\boldsymbol{D} = 0$ なのだから，結局，さきに計算しておいた右辺とあわせて

$$\left(\frac{\partial^2}{\partial x_1^2} + \frac{\partial^2}{\partial x_2^2} + \frac{\partial^2}{\partial x_3^2} - \frac{1}{c^2}\frac{\partial^2}{\partial t^2}\right)\boldsymbol{E} = 0$$

という電場に対する方程式が得られる．これは波動方程式とよばれる種類に属し，きまった一時刻（$t=0$ とする）で空間のすべての点の $\boldsymbol{E}(\boldsymbol{x},0)$ と $\partial\boldsymbol{E}(\boldsymbol{x},0)/\partial t$ とを初期データとしてあたえると以後すべての時刻の場を一意に定めるという特質をもっている．それは，初期データから空間の各点 $\boldsymbol{x}$ で $\boldsymbol{E}(\boldsymbol{x},t)$ の $t=0$ のまわりの t に関するテイラー展開の係数がすべてきまるからで，その結果 $\boldsymbol{E}(\boldsymbol{x},t)$ がすべての時刻できまる．初期データが空間を伝播してゆくわけで，その速さは c である[5]．これが電磁波にほかならない．

なお，初期データとして $\partial\boldsymbol{E}(\boldsymbol{x},0)/\partial t$ をあたえることは，マクスウェルの方程式によれば磁束密度 $\boldsymbol{B}(\boldsymbol{x},0)$ をあたえることと同じである．

マクスウェルの方程式は電場と磁場とが局所的に相互作用するといっているのに，その方程式から場の伝播がでてきたのは奇妙に思われるかもしれない．しかし，この方程式は時間と空間についての導関数のあいだの関係式なので，'至近' 距離ながら時空世界で隣り合う点の場を関係づけているわけである．それだから場が隣から隣へと伝播することになっても一概に不思議とはいえないが，局所的ということの意味が今度は疑問になろうか．

場のエネルギー

ここで，いったん電荷の集団，つまり物質に目を移して，その力学を考えたい．だから，電荷集団の運動方程式を書くべきところである．電荷集団が動けば，空

---

5)　このことの直観的な説明は：
江沢 洋・上條隆志編『相対論と電磁場』，江沢 洋選集，第 II 巻，日本評論社 (2019).
江沢 洋：電磁波はむずかしいか，『量子と場』，前掲.
板倉聖宣・江沢 洋『物理学入門』，第 12 章，力線の動力学，国土社 (1964).

間の電荷密度 $\rho(\boldsymbol{x},t)$ が時間とともに変わり電流密度 $\boldsymbol{J}(\boldsymbol{x},t)$ も変わるだろう．それをマクスウェル方程式に入れることになるから，扱うべき方程式は '電荷集団' の運動方程式と '電磁場' に対するマクスウェル方程式という大きな連立系になる．'電荷集団' の運動方程式といっても，それにはたらく力は (1) に示したローレンツの力 $\boldsymbol{F}$ だから，その運動方程式には電場と磁場が入ってくる．'電磁場' に対するマクスウェル方程式のほうには，電荷密度・電流密度のところに電荷集団の運動が入る．このことは上に述べた．

　ここでは '電荷集団の力学系 (バネやなにか非電磁的な力がはたらいていてもよい)' 対 '電磁場' という対立で考えて，後者が前者にどれだけの仕事を (時間 dt のあいだに) するかを考えよう．エネルギーの保存は，ここでも，なりたつべきなので，その仕事をした分だけ電磁場のエネルギーが減るはずである．だから，この考察から電磁場のエネルギーの計算法が知れるだろう．

　電荷集団の密度 $\rho(\boldsymbol{x},t)$ の場所の小体積 d^3x が速度 $\boldsymbol{v}(\boldsymbol{x},t)$ で動いているとしよ

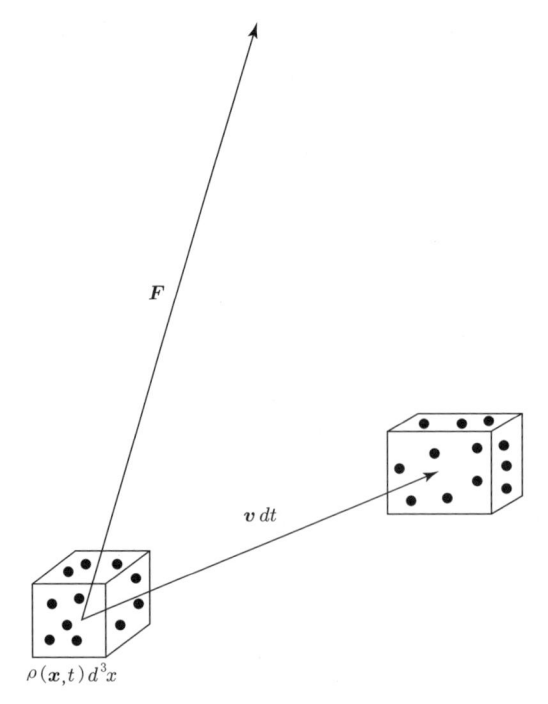

図 3　電磁場が小体積 d^3x 内の電荷集団にたいしてする仕事．

う（図3）．これにはたらく力は (1) から

$$\boldsymbol{F} = \rho(\boldsymbol{x}, t) d^3 x \left[\boldsymbol{E}(\boldsymbol{x}, t) + \frac{1}{c} \boldsymbol{v}(\boldsymbol{x}, t) \times \boldsymbol{B}(\boldsymbol{x}, t) \right].$$

これだけの力で電磁場は $d^3 x$ の電荷集団を押しており，この電荷は時間 dt のあいだに $\boldsymbol{v} dt$ だけ変位するのだから，電磁場が $d^3 x$ の電荷集団にする仕事 $\boldsymbol{F} \cdot \boldsymbol{v} dt$ は $\rho(\boldsymbol{x}, t) \boldsymbol{E}(\boldsymbol{x}, t) \cdot \boldsymbol{v}(\boldsymbol{x}, t) d^3 x \, dt$ になる．磁場からの力は $\boldsymbol{v}$ に垂直なので，$\boldsymbol{v}$ との内積をとると落ちてしまうのである．

　電荷集団は，こういう仕事をされた結果としてエネルギーを増す（もし電磁気的な力のほかにどんな力も電荷集団には作用していないのだったら，このエネルギーの増加は，つまり運動エネルギーの増加になる）．空間の全電荷にわたって増加分を合計して $dW_{物質}$ とおけば

$$\frac{dW_{物質}}{dt} = \int_V \boldsymbol{J}(\boldsymbol{x}, t) \cdot \boldsymbol{E}(\boldsymbol{x}, t) \, d^3 x.$$

ここで $\rho \boldsymbol{v}$ が電流密度 $\boldsymbol{J}$ になることを用いた．V は電荷集団を全部そっくり含むような体積である．後の計算のためにはこれを図4のような立方体にとっておくのが便利だ．

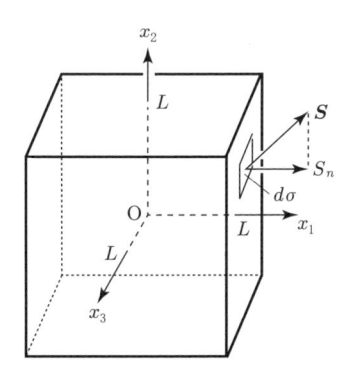

図4　エネルギー含有量を計算する箱 V．その表面 ∂V からの逃げ出すエネルギーの流れ S については，すぐ後に説明する．

　この $dW_{物質}/dt$ の式の右辺をマクスウェルの方程式 (2) によって変形してみると，おもしろいことがわかる．まず $\boldsymbol{J}$ をマクスウェルの方程式によって電磁場のほうで表わせば

$$\frac{dW_{物質}}{dt} = -(\dot{W}_E + \dot{W}_B),$$

ただし

$$\dot{W}_E = \int_V \epsilon_0 \frac{\partial \boldsymbol{E}}{\partial t} \cdot \boldsymbol{E}\, d^3x, \qquad \dot{W}_B = -\int_V \mathrm{curl}\,\boldsymbol{H} \cdot \boldsymbol{E}\, d^3x\,.$$

このうち，前者は

$$\dot{W}_E = \frac{d}{dt}\left[\frac{1}{2}\int_V \epsilon_0 \boldsymbol{E}^2(\boldsymbol{x},t)\, d^3x\right]$$

という時間微分の形になる．後者も，そうなるだろうか？　試みに

$$-\mathrm{curl}\,\boldsymbol{H} \cdot \boldsymbol{E} = -\left(\frac{\partial H_3}{\partial x_2} - \frac{\partial H_2}{\partial x_3}\right)E_1 - \cdots = \left(\frac{\partial H_2}{\partial x_3}E_1 - \frac{\partial H_1}{\partial x_3}E_2\right) + \cdots$$

に注意して部分積分をしてみると，たとえば

$$\int_{-L}^{L} dx_1 \int_{-L}^{L} dx_2 \int_{-L}^{L} dx_3 \left(\frac{\partial H_2}{\partial x_3}E_1 - \frac{\partial H_1}{\partial x_3}E_2\right)$$

$$= \int_{-L}^{L} dx_1 \int_{-L}^{L} dx_2 \left\{\left[H_2 E_1 - H_1 E_2\right]_{-L}^{L} - \int_{-L}^{L} dx_3 \left(H_2 \frac{\partial E_1}{\partial x_3} - H_1 \frac{\partial E_2}{\partial x_3}\right)\right\}$$

となり，上の…の部分も合わせて

$$\dot{W}_B = \int_{\partial V} [\boldsymbol{E} \times \boldsymbol{H}]_n d\sigma - \int_V \boldsymbol{H} \cdot \mathrm{curl}\,\boldsymbol{E}\, d^3x$$

が得られる．右辺の第2項にマクスウェル方程式の $\mathrm{curl}\,\boldsymbol{E} = -\dfrac{\partial \boldsymbol{B}}{\partial t}$ を代入すると

$$\dot{W}_B = \int_{\partial V} [\boldsymbol{E} \times \boldsymbol{H}]_n d\sigma + \frac{d}{dt}\int \frac{1}{2\mu_0}\boldsymbol{B}^2 d^3x$$

となり，この式の右辺第1項は，V の表面 ∂V にわたって，n で示した法線方向の成分を積分したものである．第2項は，$\dot{W}_E$ の磁場版ともいうべきものである．

以上の結果をまとめると，

$$\frac{d}{dt}(W_{物質} + W_{場}) = -\int_{\partial V} S_n d\sigma \tag{4}$$

という重要な結果が得られる．ここに

$$W_{場} = \int_V \frac{1}{2}\left[\epsilon_0 \boldsymbol{E}^2(\boldsymbol{x},t) + \frac{1}{\mu_0}\boldsymbol{B}^2(\boldsymbol{x},t)\right] d^3x \tag{5}$$

であり，また

$$\boldsymbol{S} = \boldsymbol{E}(\boldsymbol{x},t) \times \boldsymbol{H}(\boldsymbol{x},t)\,.$$

ここに得られた (4) 式は，物質と電磁場が相互作用しているばあいの'エネルギー保存則'を表わすものと解釈される：物質系のエネルギー $W_{物質}$ だけ見ていた

のでは保存則はなりたたない．その時間微分が必ずしもゼロとかぎらないことを
(4) が示しているから——．そこで，どうしても電磁場もエネルギーを荷うとし
なければならない．それが $W_{場}$ であろう．これは考える体積 V にわたる体積積
分の形をしていて，場のエネルギーが空間に密度 $2^{-1}\left[\epsilon_0 \boldsymbol{E}^2 + \dfrac{1}{\mu_0}\boldsymbol{B}^2\right]$ で分布し
ていることを示している．まことに場のエネルギーにふさわしいことといわねば
ならない．

　しかし，(4) 式によれば $W_{物質} + W_{場}$ も保存されるとは限らない．(4) 式の右辺
には考える体積 V の表面 ∂V にわたる S_n の積分があるからだ．S_n はベクトル
$\boldsymbol{S}$ の法線成分．そこで，この $\boldsymbol{S}$ を場のエネルギーの流れと解釈しよう．すなわち，
$\boldsymbol{x}$ という場所で $\boldsymbol{S}(\boldsymbol{x}, t)$ に垂直においた単位面積をとおって時間 dt のあいだに逃
げ出すエネルギー量が，このベクトルの大きさであたえられるものと考える．そ
うすると，(4) 式は，'注目している体積 V（物質はすっかりこのなかに含まれてい
る）のなかでの物質と場のエネルギーの増加が，V の表面 ∂V を通る場のエネル
ギーの流入でまかなわれる' ことを言い表わしていることになる．つまり，エネル
ギーの保存である．

ローレンツ共変性

　真空中の電磁場に対するマクスウェルの方程式 (3) は，ローレンツ変換に関し
て共変であるといわれる．その意味は，座標系 $(x_0 \equiv ct, \boldsymbol{x})$ から図１のダッシュ
つきの系 $(x_0' \equiv ct', \boldsymbol{x}')$ にローレンツ変換

$$x_0' = \gamma(x_0 - \beta x_1), \qquad\qquad x_1' = \gamma(x_1 - \beta x_0),$$
$$x_2' = x_2, \qquad\qquad x_3' = x_3$$

をするとき，同時に電磁場のほうも

$$\left.\begin{aligned}
E_1'(\boldsymbol{x}', t') &= E_1(\boldsymbol{x}, t), & B_1'(\boldsymbol{x}', t') &= B_1(\boldsymbol{x}, t), \\
E_2' &= \gamma(E_2 - c\beta B_3), & B_2' &= \gamma\left(B_2 + \frac{1}{c}\beta E_3\right), \\
E_3' &= \gamma(E_3 + c\beta B_2), & B_3' &= \gamma\left(B_3 - \frac{1}{c}\beta E_2\right)
\end{aligned}\right\} \qquad (6)$$

のように変換してやると，$\boldsymbol{E}'(\boldsymbol{x}', t')$ と $\boldsymbol{B}'(\boldsymbol{x}', t')$ が $\boldsymbol{x}', t'$ の微分演算で書いたマ
クスウェルの方程式をみたすということである．ただし，$\gamma \equiv (1 - \beta^2)^{-1/2}$ であ

194

る．ここで，$E_1'(\boldsymbol{x}', t') = E_1(\boldsymbol{x}, t)$ は，各 $(x_0 \equiv ct, \boldsymbol{x})$ にローレンツ変換で結ばれた $(x_0' = ct', \boldsymbol{x}')$ でそれぞれ $\boldsymbol{E}(\boldsymbol{x}, t)$ と同じ値をとるような関数を意味している．$E_2', \cdots, B_1', \cdots$ についても——座標変数を省略したが——同じことである．

一例として，ダッシュつきの座標系での電場の発散 $\mathrm{div}'\,\boldsymbol{E}'$ をダッシュなしの座標系の量で表わしてみよう．それは次の3項の和である：

$$\frac{\partial E_1'}{\partial x_1'} = \frac{\partial x_1}{\partial x_1'}\frac{\partial E_1}{\partial x_1} + \frac{\partial x_0}{\partial x_1'}\frac{\partial E_1}{\partial x_0} = \gamma\left(\frac{\partial}{\partial x_1} + \beta\frac{\partial}{\partial x_0}\right)E_1,$$

$$\frac{\partial E_2'}{\partial x_2'} = \frac{\partial}{\partial x_2}\gamma(E_2 - c\beta B_3),$$

$$\frac{\partial E_3'}{\partial x_3'} = \frac{\partial}{\partial x_3}\gamma(E_3 + c\beta B_2).$$

したがって，$\boldsymbol{\beta}$ を第1軸方向をむき，大きさ β のベクトルとして

$$\mathrm{div}'\,\boldsymbol{E}' = \gamma\left[\mathrm{div}\,\boldsymbol{E} - \boldsymbol{\beta}\cdot\left(\mathrm{curl}\,\boldsymbol{B} - \frac{\partial\boldsymbol{E}}{\partial x_0}\right)\right]$$

が得られる．

このままではマクスウェル方程式は使えないが，両辺に ϵ_0 をかけて $\epsilon_0\boldsymbol{E} = \boldsymbol{D}$ を用い，$\boldsymbol{B} = \mu_0\boldsymbol{H}$ を代入して $\epsilon_0\mu_0 = 1/c^2$ を用いれば，マクスウェルの方程式 (3) が使える形になり，( ) のなかは $\dfrac{1}{c}\left(\mathrm{curl}\,\boldsymbol{H} - \dfrac{\partial\boldsymbol{D}}{\partial t}\right) = \dfrac{1}{c}\,\boldsymbol{J}$ となる．こうして

$$\mathrm{div}'\,\boldsymbol{D}'(\boldsymbol{x}', t') = \rho'(\boldsymbol{x}', t')$$

を得る．ただし

$$\rho'(\boldsymbol{x}', t') = \gamma\left[\rho(\boldsymbol{x}, t) - \boldsymbol{\beta}\cdot\frac{\boldsymbol{J}(\boldsymbol{x}, t)}{c}\right] \tag{7}$$

とおいたのである[6]．

いま電荷がひとつもない真空中の電磁場を考えているので，マクスウェル方程式は (3) であるから $\mathrm{div}'\,\boldsymbol{D}' = 0$, つまり，ダッシュのついた座標系でも，もとの (3) の $\mathrm{div}\,\boldsymbol{D} = 0$ と同じ形の方程式がなりたつ．そして，このことはマクスウェル連立系の他の方程式についても同様になりたつのである．これが，真空中のマクスウェル方程式がローレンツ共変だといわれることの内容にほかならない．

では，空間に電荷密度 $\rho(\boldsymbol{x}, t)$ があり電流密度 $\boldsymbol{J}(\boldsymbol{x}, t)$ があるばあいにはどうか？

---

6) これは，4次元ベクトル $(c\rho, \boldsymbol{J})$ のローレンツ変換の第0成分である．

このばあい，マクスウェル方程式は (2) だが，もしダッシュなしの系で見て電荷密度 ρ，電流密度 $\boldsymbol{J}$ が見えるときに，それをダッシュつきの系から見たら電荷密度がちょうど上の $\rho'(\boldsymbol{x}',t')$ のように見えるということであれば，$\mathrm{div}'\,\boldsymbol{D}'$ の部分についてマクスウェル方程式の共変性がいえたことになる．

そして，実際，(7) が——マクスウェル方程式の他のさまざまの側面とともに——成り立つことは多くの経験が教えるところである．

自己エネルギーの発散

半径 a の球の内部に一様に電荷が分布していて全電荷は e であるとする（電子の模型）．これを一定の速度 $c\boldsymbol{\beta}$ で走らせたら，そのまわりには（それから内部に）どんな電磁場ができるだろうか．

この問題は，前節の結果をつかえば直ちに解ける．すなわち，電子と同じ速度で走るダッシュ系にのって見ると，電荷密度は時間によらず（いまの場合，さらに球対称），電流密度はゼロになるというのだから，この系では

$$\boldsymbol{E}' = \varepsilon(|\boldsymbol{x}'|)\,\boldsymbol{x}', \qquad \boldsymbol{B}' = 0\,.$$

ただし，ε は $\boldsymbol{x}'$ の大きさ $|\boldsymbol{x}'|$ のみの関数で

$$\varepsilon(|\boldsymbol{x}'|) = \begin{cases} e/|\boldsymbol{x}'|^3 & \text{球の外} \\ e/a^3 & \text{球の内} \end{cases}$$

もともとの問題であったダッシュなしの系での電磁場は，上の $\boldsymbol{E}'$，$\boldsymbol{B}'$ を場のローレンツ変換 (6) の逆変換によって引き戻せば得られる．すなわち

$$E_1(\boldsymbol{x},t) = \varepsilon(|\boldsymbol{x}'|)\,x_1', \qquad B_1(\boldsymbol{x},t) = 0\,,$$

等々となるが，右辺の $\boldsymbol{x}'$ をダッシュなしの座標で書き直さなければならない．表式を簡単にするために

$$|x'| = R \equiv \sqrt{\gamma^2(x_1 - c\beta t)^2 + x_2^2 + x_3^2}$$

とおけば

$$E_1(\boldsymbol{x},t) = \gamma\varepsilon(R)(x_1 - c\beta t), \qquad B_1 = 0,$$
$$E_2(\boldsymbol{x},t) = \gamma\varepsilon(R)x_2, \qquad\qquad B_2 = -\beta E_3,$$

$$E_3(\boldsymbol{x}, t) = \gamma \varepsilon(R) x_3, \qquad B_3 = \beta E_2$$

が得られる．読者は，この場がマクスウェル方程式をみたすことを直接の代入によって確かめてみるとよい．

　さて，こんな計算をした理由は，電子が速度 $\boldsymbol{v} = c\boldsymbol{\beta}$ で走っているときの電磁場のエネルギーを (5) から求めてみたかったからである．$W_{場}$ は，場のエネルギーとはいうものの，電子の存在によって生じたのだから，電子の力学的エネルギー $W_{物質}$ に加えて，この合計を電子のエネルギーと見るべきだろう．ただし，(5) 式の積分領域 V は全空間とする

　まず $\boldsymbol{E}^2$ からの寄与は，$\gamma(x_1 - c\beta t) = \bar{x}_1$ とおいて $(\bar{x}_1, x_2, x_3)$ を $\bar{x}_1$ 方向を極軸とする極座標 (R, θ, φ) で表わすと

$$\int \frac{1}{2} \epsilon_0 \boldsymbol{E}^2 d^3 x = \frac{\gamma}{8\pi} \int \varepsilon^2(R) \left[\frac{\cos^2\theta}{\gamma^2} + \sin^2\theta \right] R^4 dR \sin\theta \, d\theta \, d\varphi$$

$$= \frac{\gamma}{6} \left[\frac{1}{\gamma^2} + 2 \right] \int_0^\infty \varepsilon^2(R) R^4 dR$$

となる．同様にして $\boldsymbol{B}^2$ からの寄与も計算して加えれば電磁場のエネルギーが得られるわけだが，ここに現われた

$$\overset{\circ}{W}_{場} = \frac{1}{2} \int_0^\infty \varepsilon^2(R) R^4 dR \tag{8}$$

は，ちょうど電子の静止系（ダッシュ系）で計算した場のエネルギーである．これをもちいて書くと

$$W_{場} = \frac{1 + \dfrac{\beta^2}{3}}{\sqrt{1 - \beta^2}} \overset{\circ}{W}_{場}. \tag{9}$$

　これは奇妙だ．速度 $\boldsymbol{v} = c\boldsymbol{\beta}$ で運動している電子のエネルギーは，相対論的力学によれば

$$E(\beta) = \frac{m c^2}{\sqrt{1 - \beta^2}}$$

の形でなければならない（m は定数 > 0）．それは $W_{場}$ のほかに力学的な $W_{物質}$ もあるだろうが，後者は，いまのばあい $E(\beta)$ と同じ形をしているにちがいないので，$W_{物質} + W_{場}$ は，どうしても，あるべき形 $E(\beta)$ にはならない．これは '電子のセルフ・ストレスの問題' として古くから知られている．

　上と同様にして電子の運動量を —— 場が荷う分もこめて —— 計算していたら，

‘運動量とエネルギーが動く座標系にうつるとき 4 元ベクトルとして変換しない’
という形に問題をいいあらわすこともできた．

　問題の根は深い．(8) の積分は，荷電球の外からの寄与だけ計算したのより決し
て小さくない．すなわち

$$\overset{\circ}{W}_{場} \geqq \frac{1}{2}\frac{e^2}{a}$$

なので，$a \to 0$ にすると $\overset{\circ}{W}_{場} \to \infty$ となる．これは ‘自己エネルギーの発散の問
題’ とよばれ，古典電子論の困難とされたものである．

　困難というのは，一方において，$a \to 0$ にしなければならない理由があるから
で，その理由というのは相対性理論が局所相互作用を要求することである．

　電子が拡がった電荷分布をもつとし，電場 $\boldsymbol{E}(\boldsymbol{x}, t)$ のなかでの電子の運動は，各
時刻 t に電荷分布の各部分がそれぞれの場所の電場から —— 同時刻 t に —— うけ
る力の総和できまる．ところが，異なる場所の同時刻は動く座標系から見れば同
時刻でない．そのために電子が電場から受ける力が相対論から要求される変換性
を示さないことになる．その要求がみたされるのは，電子が電場から受ける力も
局所相互作用になっているばあいだけである．

　こうして，マクスウェルの電磁場の理論は電子に適用したときディレンマに陥っ
た．それが ‘一応の’ 解決をみるのは，量子力学が発見され，電磁場に適用され，
そしてくりこみの処法が発見されてからのことになる．

第二量子化

　そこで話を量子力学にうつすことにしよう．物理学を ‘場’ の言葉で定式化する
理由が，もうひとつあるという話だ．

　いま，電子が 2 個あるとし，それぞれの座標を $\boldsymbol{x}_1$, $\boldsymbol{x}_2$ とする．この系の状態
は，量子力学では波動関数 $\varphi(\boldsymbol{x}_1, \boldsymbol{x}_2 ; t)$ によって表わされる．それも，電子がパ
ウリの排他律にしたがう種類の粒子 (フェルミ粒子) なので

$$\varphi(\boldsymbol{x}_2, \boldsymbol{x}_1 ; t) = -\varphi(\boldsymbol{x}_1, \boldsymbol{x}_2 ; t) \tag{10}$$

という ‘反対称性’ をもつ関数によって，である．

　この波動関数は，場所と時刻の関数だから場とよんでもいいが，しかし，その
場所というのは考えてみると $\boldsymbol{x}_1$ と $\boldsymbol{x}_2$ という 2 つの 3 次元ベクトルで指定される

もので，つまり考えの上で6次元の空間をつくって，そのなかの1点とみるほかない．これは電磁場のばあいと非常に違っている．

そのために，この φ の初期データからの時間発展をきめる方程式（シュレーディンガー方程式）も

$$i\hbar\frac{\partial}{\partial t}\varphi = \left[-\frac{\hbar^2}{2m}\left(\frac{\partial^2}{\partial \boldsymbol{x}_1^2} + \frac{\partial^2}{\partial \boldsymbol{x}_2^2}\right) + V(\boldsymbol{x}_1, \boldsymbol{x}_2)\right]\varphi \tag{11}$$

という形になる．ここで，V は2つの電子の相互作用のポテンシャル・エネルギーであって $V(\boldsymbol{x}_1, \boldsymbol{x}_2) = V(\boldsymbol{x}_2, \boldsymbol{x}_1)$ の性質をもち，また

$$\frac{\partial^2}{\partial \boldsymbol{x}^2} \equiv \frac{\partial^2}{\partial x^2} + \frac{\partial^2}{\partial y^2} + \frac{\partial^2}{\partial z^2},$$

ただし，$\boldsymbol{x}$ の直角座標成分を x, y, z とした．あとさきになったが，m は電子の質量，$\hbar$ はプランクの定数（の $1/2\pi$）である．

さて，天降りだが

$$\Phi = \begin{pmatrix} \varphi_0 \\ \varphi_1(\boldsymbol{x}_1 \,; t) \\ \varphi_2(\boldsymbol{x}_1, \boldsymbol{x}_2 \,; t) \\ \varphi_3(\boldsymbol{x}_1, \boldsymbol{x}_2, \boldsymbol{x}_3 \,; t) \\ \vdots \end{pmatrix}$$

のように，単なる複素数 φ_0，電子1個の波動関数 φ_1，電子2個の波動関数 $\varphi_2, \cdots$ を成分とする'状態ベクトル'を導入し（φ_n は，どの2つの座標変数についても反対称とする），これに次のように作用する演算子 $\psi(\boldsymbol{x}), \psi^\dagger(\boldsymbol{x})$ を考えてみよう．そのような波動関数の，縦ベクトルの全体がつくる線形空間を**フォック空間**という．すなわち，φ_n の時間変数 t は省略して書くが，

$$\psi(\boldsymbol{x})\Phi = \begin{pmatrix} \varphi_1(\boldsymbol{x}_1) \\ \varphi_2(\boldsymbol{x}_1, \boldsymbol{x}) \\ \varphi_3(\boldsymbol{x}_1, \boldsymbol{x}_2, \boldsymbol{x}) \\ \vdots \end{pmatrix},$$

および

$$\psi^\dagger(\boldsymbol{x})\Phi = \begin{pmatrix} 0 \\ \varphi_0\,\delta(\boldsymbol{x}_1 - \boldsymbol{x}) \\ \varphi_1(\boldsymbol{x}_1)\,\delta(\boldsymbol{x}_2 - \boldsymbol{x}) - \varphi_1(\boldsymbol{x}_2)\,\delta(\boldsymbol{x}_1 - \boldsymbol{x}) \\ * \\ \vdots \end{pmatrix},$$

ただし

$$* = \varphi_2(\boldsymbol{x}_1, \boldsymbol{x}_2)\,\delta(\boldsymbol{x}_3 - \boldsymbol{x}) - \varphi_2(\boldsymbol{x}_1, \boldsymbol{x}_3)\,\delta(\boldsymbol{x}_2 - \boldsymbol{x}) + \varphi_2(\boldsymbol{x}_2, \boldsymbol{x}_3)\,\delta(\boldsymbol{x}_1 - \boldsymbol{x}).$$

そうすると，丹念に計算してみればわかるとおり

$$\psi^\dagger(\boldsymbol{z})\,\psi(\boldsymbol{y})\Phi = \begin{pmatrix} 0 \\ \varphi_1(\boldsymbol{y})\,\delta(\boldsymbol{x}_1 - \boldsymbol{z}) \\ \varphi_2(\boldsymbol{x}_1, \boldsymbol{y})\,\delta(\boldsymbol{x}_2 - \boldsymbol{z}) - \varphi_2(\boldsymbol{x}_2, \boldsymbol{y})\,\delta(\boldsymbol{x}_1 - \boldsymbol{z}) \\ \vdots \end{pmatrix}$$

となるので

$$\widehat{H}_0 = \int d^3u\, \psi^\dagger(\boldsymbol{y}) \left[-\frac{\hbar^2}{2m}\frac{\partial^2}{\partial \boldsymbol{y}^2} \right] \psi(\boldsymbol{y}) \tag{12}$$

を定義し，'状態ベクトル' の 2 電子成分を $[\,\cdot\,]_2$ の記号で表わすことにすれば，

$$[\widehat{H}_0\Phi]_2 = -\frac{\hbar^2}{2m} \left(\frac{\partial^2}{\partial \boldsymbol{x}_1^2} + \frac{\partial^2}{\partial \boldsymbol{x}_2^2} \right) \varphi_2(\boldsymbol{x}_1, \boldsymbol{x}_2)$$

となり，シュレーディンガー方程式 (11) の '運動エネルギー' の部分がでてくる．同様に

$$\widehat{V} = \frac{1}{2} \int d^3y\, d^3z\, \psi^\dagger(\boldsymbol{y})\, \psi^\dagger(\boldsymbol{z})\, V(\boldsymbol{y}, \boldsymbol{z})\, \psi(\boldsymbol{z})\, \psi(\boldsymbol{y}) \tag{13}$$

を定義すると，$[\widehat{V}\Phi]_2$ はシュレーディンガー方程式の '相互作用' の部分になるのである．こうして，(11) は

$$i\hbar\frac{\partial}{\partial t}\Phi = \widehat{H}\Phi \qquad (\widehat{H} \equiv \widehat{H}_0 + \widehat{V}) \tag{14}$$

の 2 電子成分をとったものになる．いや，この式の 0 電子成分は $0 = 0$ という自明の式だし，1 電子成分は

$$i\hbar\frac{\partial}{\partial t}\varphi_1(\boldsymbol{x}) = -\frac{\hbar^2}{2m}\frac{\partial^2}{\partial \boldsymbol{x}^2}\,\varphi_1(\boldsymbol{x})$$

で，電子が 1 個だけなので相互作用の相手がないという状況を正しく表わしている．実は，電子が 3 個以上の成分についても (14) は電子たちの相互作用を正しく

取り入れた方程式になっていることが確かめられる．こうして，電子が何個あっても，その多体系の量子力学は3次元空間の波動 ψ をもちいて扱えることになった！

さらに，もし時間依存性を Φ から ψ に移して

$$\psi(\boldsymbol{x}, t) = \exp\left[-i\widehat{H}t/\hbar\right]\psi(\boldsymbol{x})\exp\left[i\widehat{H}t/\hbar\right]$$

を定義すれば，ψ は，いっそう波動らしくなる．

このように n 電子系にたいする波動関数を $n = 0, 1, 2, \cdots$ と並べた状態ベクトル Φ をもちい，演算子 ψ, $\psi^\dagger$ をもちいた記述にうつることを**第二量子化**という．$\psi^\dagger$ は，実は ψ のエルミート共役になっていて，これらは

$$\left.\begin{aligned}\psi(\boldsymbol{x})\,\psi^\dagger(\boldsymbol{y}) + \psi^\dagger(\boldsymbol{y})\,\psi(\boldsymbol{x}) = \delta(\boldsymbol{x} - \boldsymbol{y}),\\ \psi(\boldsymbol{x})\,\psi(\boldsymbol{y}) + \psi(\boldsymbol{y})\,\psi(\boldsymbol{x}) = 0\end{aligned}\right\} \tag{15}$$

の '反交換関係' をみたす．

第二量子化には，多電子系の量子力学が3次元空間の波動をもちいて扱えるという利点に加えて，電子の生成・消滅が記述できるという利点もある．たとえば1電子状態の成分 φ_1 以外すべてゼロという Φ に ψ を作用させてみよ．また，$\psi^\dagger$ を作用させてみよ．ψ は電子を消滅させ，$\psi^\dagger$ は生成させる演算子であることがわかるだろう．

素粒子の世界では粒子の生成・消滅が常におこっている．それを扱うのには '量子化された波動' ψ がうってつけの道具になると考えられよう．

ここでは説明しないが，ボース粒子系の第二量子化を考えると，そこに現われる波動は，あたかも空間の各点に正準交換関係をみたす変数（粒子でいえば座標と運動量）が分布していると解釈できるようなものになる．空間そのものが力学の対象になったかに見えて，これは素粒子の世界にいっそ応わしいことに思われる．

こうした量子化された波動による記述は，もちろん電磁場にもおよぶべきもので，ここに量子電磁力学が生まれることになる．しかし，その発展が容易でないことは，最初に述べた '自己エネルギーの発散' などの問題から想像されるだろう．量子電磁力学については，本巻の第20章「非相対論的くりこみ理論」でその一端が解説される．

20. 非相対論的くりこみ理論

20.1 歴史的なこと

これはベーテの非相対論的くりこみ理論の解説である．その前に，しかし，くりこみ理論の初期の歴史をごく簡単に述べておこう．詳しくは

亀淵 迪：『素粒子論の始まり』，日本評論社（2018）

を参照．

20.1.1 シェルター島の会議

話は 1947 年 6 月に遡る．第 2 次世界大戦は 1945 年 8 月 15 日，日本の降伏によって終わっていた．原爆のマンハッタン計画や M.I.T. を中心とするマイクロ波の研究に代表される戦時動員の体制も解かれたいま，理論物理学はどこに向かうべきか，この大問題を討論する精鋭 24 人[1] の集会「量子物理学の基礎」がニューヨーク州はロングアイランド島の東端にある小さな島の人里はなれた宿屋で行な

---

1) 座長：K.K.ダロウ（ベル研究所），問題提起：H.A.クラマース，J.R.オッペンハイマー（カリフォルニア大学），V.F.ワイスコップ（M.I.T.），参加者：H.A.ベーテ（コーネル大学），ボーム（プリンストン大学），G.ブライト（イェール大学），H.フェッシバッハ（M.I.T），R.P.ファインマン（コーネル大学），W.E.ラム（コロンビア大学），D.A.マッキンネス（ロックフェラー研究所），R.E.マルシャック（ロチェスター大学），J.フォン・ノイマン（プリンストン高等研究所），A.ノルドジーク（ベル研究所），A.パイス（プリンストン高等研究所），L.ポーリング（カリフォルニア工科大学），I.I.ラビ（コロンビア大学），J.シュウィンガー（ハーバード大学），R.サーバー（カリフォルニア大学），E.テラー（シカゴ大学），G.E.ウーレンベック（ミシガン大学），J.A.ウィーラー（プリンストン大学），ロッシ（M.I.T.），J.H.ヴァン・ヴレック（ハーヴァード大学）．次の人は招待されたが断った：F.ブロッホ，A.アインシュタイン，H.ワイル，E.P.ウィグナー．眼病のため欠席：E.フェルミ．

202

われた.

　その冒頭，ラムが，ディラック方程式による水素原子のエネルギー準位が彼とレザフォードの実験に合わないことを報告した.

　水素原子の $2^2S_{1/2}$ 準位と $2^2P_{1/2}$ 準位は，ディラック方程式によると縮退しているはずなのに，彼等が戦争中に開発した技術を用いて測定したところ

$$2^2S_{1/2} \text{ 準位が } 2^2P_{1/2} \text{ 準位より } 1000\,\text{MHz だけ高い} \tag{1}$$

ことが分かったというのだった(図1). ここに $2^2S_{1/2}$ 等の最初の数字は電子の主量子数を，ローマ字は S, P, D がそれぞれ電子の軌道角運動量が $0, 1, 2$ であることを示し，それの左肩には電子のスピン S を $2S+1$ にして与え，右下にはスピンと軌道角運動量の合成 j を与えている. MHz はメガ・ヘルツ（ $= 10^6$ サイクル）を意味し，電子のエネルギーを振動数 ν で表わしている. $\nu = 1000 \times 10^6$ ヘルツは $4.136 \times 10^{-6}\,\text{eV}$ である. h はプランク定数. なぜなら，$1.6022 \times 10^{-19}\,\text{C} \cdot 1\text{volt} = 1\text{eV}$ なので

$$\Delta E = h\nu = 6.626 \times 10^{-25}\,\text{J}$$
$$= \frac{6.626 \times 10^{-25}\,\text{J}}{1.6022 \times 10^{-19}\,\text{C} \cdot \text{volt}} \cdot (1.6022 \times 10^{-19}\,\text{C} \cdot 1\,\text{volt})$$

と書けば，この第2行で第1因子の分母・分子の J と C・volt は相殺し，第2因子の（ ）は $1\,\text{eV}$ であるから

$$\Delta E = \frac{6.626 \times 10^{-25}}{1.6022 \times 10^{-19}}\,\text{eV} = 4.136 \times 10^{-6}\,\text{eV} \tag{2}$$

となる.

　そういえば，水素原子の，ディラック方程式によれば縮退しているはずの $2^2S_{1/2}$, $2^2P_{1/2}$ 準位であるが，それらへの上の準位からの遷移のスペクトル線が少しぼけていることを 1938 年にパステルナクが報告していた. 彼は，スペクトル線がぼけて見えたのは，$2^2S_{1/2}$ 準位が――$2^2P_{3/2}$ との間隔 $4.53 \times 10^{-5}\,\text{eV}$ の $10\,\%$ ほど――上にずれているため，スペクトル線が本来は2本に見えるべきところ，分解能の不足のため1本に見えているせいだろうと述べていた[2]. ラムによれば，1本に見えていたスペクトル線が，マイクロ波技術の発展によって2本に分解されたことになる. 確かにラムの測定した振動数 $10^9\,\text{s}^{-1}$ の電波はマイクロ波の領域に属する. この準位のズレは**ラムのズレ**（Lamb shift）とよばれるようになる（図

　2）　図1(b) の縦の矢印で太線で描いたもの.

1).

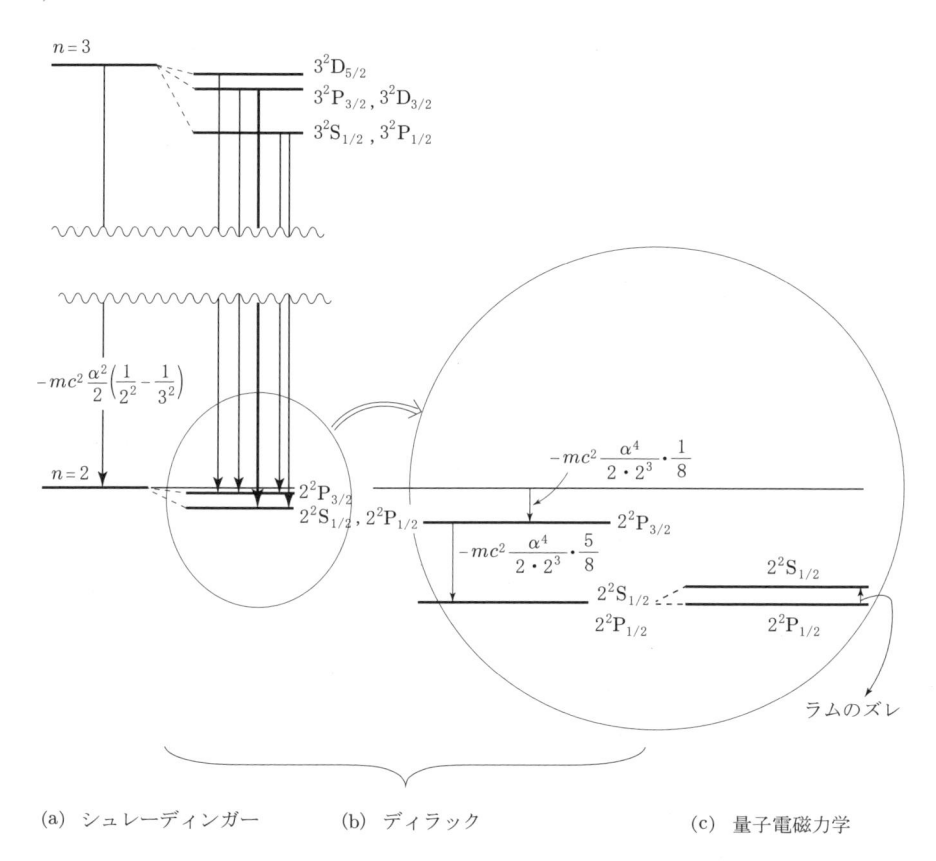

(a) シュレーディンガー　　　(b) ディラック　　　(c) 量子電磁力学

図1 ディラック方程式による水素原子のスペクトルの微細構造（図 (b) の左半分の矢印が示す遷移による）とラムのズレ（図 (c)）.

　比較のため，シュレーディンガー方程式の場合（図 (a)）を加えた．水素原子の $2^2S_{1/2}$ 準位は，ディラック方程式によれば $2^2P_{1/2}$ 準位と縮退しているが，電子と輻射場の相互作用を入れると，$2^2S_{1/2}$ 準位が，$2^2P_{3/2}$ と $2^2P_{1/2}$ の間隔 $4.53 \times 10^{-5}\,\mathrm{eV}$ の 10 % ほど，$2^2P_{1/2}$ 準位から上にズレる．これがラムのズレである．

　図1について，一言．ディラック方程式から得られる水素原子の電子のエネルギー準位は主量子数 n と軌道角運動量 l とスピン s の合成 j の大きさ j できまり

$$E_{n,j} = \frac{mc^2}{\sqrt{1 + \dfrac{\alpha}{n - j - \dfrac{1}{2} + \sqrt{\left(j + \dfrac{1}{2}\right)^2 - \alpha^2}}}} \tag{3}$$

となる．ここに $\alpha = \dfrac{1}{4\pi\epsilon_0}\dfrac{e^2}{\hbar c}$ は微細構造定数とよばれる無次元の定数

$$\alpha = \frac{1}{137.035\,999\,76} \tag{4}$$

である．分かりやすいように α のベキで展開すれば

$$E_{n,j} = mc^2\left\{1 - \frac{\alpha^2}{2n^2} - \frac{\alpha^4}{2n^3}\left(\frac{1}{j + \dfrac{1}{2}} - \frac{3}{4n}\right) - \cdots\right\} \tag{5}$$

となる．右辺で mc^2 を含めて $\{\ \ \}$ 内の第 1 項は静止エネルギー，第 2 項はシュレーディンガー方程式の与えるエネルギー準位，第 3 項がディラック方程式による相対論的補正（質量が速度によって変わること，およびスピンによる）である．(3), (5) が n と j のみに依存して l によらないので $2^2\mathrm{S}_{1/2}$ と $2^2\mathrm{P}_{1/2}$ 準位が縮退することになったのである．

　問題提起に立ったクラマースは，量子電磁力学を悩ましてきた発散の困難を論じた．これは，荷電粒子が自身のつくった量子化された電磁場から反作用を受ける結果としてエネルギーをもち，それは積分の形をとるが，もし粒子の半径を 0 とするとその積分が発散し，荷電粒子の散乱断面積などを計算しても結果を台なしにしてしまうというのである．

　粒子の半径を 0 にすることは相対論の要請である．もし 0 にしなかったら，その一端を押すと瞬時に他端が動き超光速で信号が伝わることになる．

　粒子が電荷をもつことによってエネルギーを増すことを計算しておこう．粒子は半径 a の球形とし，それを一様な電荷密度 ρ で満たすものとしよう．半径 r の荷電球までできたとし，無限遠から電荷を運んで球の表面に厚さ dr だけ塗りつける仕事は

$$\frac{1}{4\pi\epsilon_0}\frac{4\pi\rho}{3}r^3 \cdot 4\pi\rho r^2 dr \times \frac{1}{r}$$

であるから，半径 a の荷電球を完成させるために必要な仕事は

$$E_{\mathrm{self}} = \frac{1}{4\pi\epsilon_0}\frac{(4\pi)^2}{3}\rho^2\int_0^a r^4 dr = \frac{3}{5}\frac{1}{4\pi\epsilon_0}\frac{e^2}{a} \tag{6}$$

となる. e は荷電球の全電荷, 質量の増加は E の $1/c^2$ 倍である. この E_{self} は電子の自己エネルギーとよばれる.

　クラマースは, 荷電粒子の半径を 0 にはしないで発散を有限に抑えたが, なお積分の一部は粒子が電荷をもつことによって生じた質量の変化 Δm であって, 粒子の本来の質量 m_0 との和 $m = m_0 + \Delta m$ が観測される質量であり, この和こそが物理的な意味をもつのだと強調した[3].

　ラムとレザフォードの実験は会議の中心的な話題となった. ワイスコップ, シュウィンガー, オッペンハイマーは電子の空孔理論に基づく相対論的な計算を考え, クラマースのアイデアが有限な結果をもたらすかを論じた.

20.1.2　ベーテの理論

　6 月 2 日から 4 日の朝まで続いた討議のあと, ベーテは帰りの列車の中で「ラムのズレ」の非相対論的な計算をした[4].

　こうしたのだ. 水素原子の電子は非相対論的な, 電子の質量が m_0 のシュレーディンガー方程式に従うとし, それが光子を放出したり吸収したりすることからおこる電子への反作用を考慮に入れるために電磁場は量子化する. 場の反作用は必然的に発散積分をもたらすが, 発散の最も著しい部分は, ちょうど電子の質量 m_0 を Δm だけ増やす形をしており $m_0 + \Delta m$ が観測される電子の質量となる. その発散を別にしても, 積分の残りの (Δm 以外の) 部分は, なお発散するが, それは積分の上限を有限値 $m_0 c^2$ に変えて抑える. 積分の, 人為的に設定した上限値 $m_0 c^2$ より先からの寄与は物理的に意味がないものとして棄ててしまえというのである.

　それは, こういうわけだ：もし非相対論的なシュレーディンガー方程式ではなく相対論的なディラック方程式を使って出発していたら, 場の反作用の積分の発散はより緩やかになって, Δm の部分を m_0 に繰り入れて除くと, 残りの積分 I は収束することがワイスコップの研究で知られていた. つまり, その残りの部分 I の高エネルギー部分 I' はあまり重大な影響を及ぼさない. だから, 非相対論的な方程式を使った場合の I' 相当の部分は「棄ててしまえ」というのは乱暴ではあ

---

　3)　M. Dresden：*H. A. Kramers, Between Tradition and Revolution*, Springer (1987), pp. 384–391.

　4)　H. A. Bethe, *Phys. Rev.* **72** (1947), 39.

るが，ひとまずの処方としては許されるだろう．

こうして最後に残った $I - I'$ 相当の部分は，ベーテの計算によると，驚くなかれ，見事に実験の結果 (1), (2) に一致したのである．

20.1.3　ニュースが日本に

このニュースが日本に伝わったのは，かなり後の 1947 年 10 月某日のことだった．東京では朝永スクールが「くりこみ理論」に基づく相対論的な量子電磁力学の枠組みをほぼ完成させていたが，そこに朝永振一郎著『量子力学』の——いや，それを含んでもっと壮大な「現代物理学大系」の——編集者・松井巻之助が米国の週刊誌「タイム」(1947 年 9 月 27 日号) と「ニュースウィーク」(1947 年 9 月 29 日号) に原子物理の記事があることを発見，朝永に伝えた[5]．それら週刊誌はラムのズレの発見とベーテによる計算の成功を伝えていた．

朝永スクールは場の反作用の「発散」の研究を戦争中にはじめ，戦後，シェルター島の会議のニュースが入ってきたときには「くりこみ理論」の理論体系をほぼつくりあげていた．それは，クラマースの「場の反作用による質量変化 Δm を本来の質量 m_0 に繰り入れる」という考えを相対論的に，系統的にやりとげるもので，そうすると電荷 e_0 にも同様の繰り入れが必要になる．その際，$\Delta m, \Delta e$ は発散積分を含むが，それには目をつむって $m_0 + \Delta m, e_0 + \Delta e$ をそれぞれ観測される質量，電荷の値で置き換える．

Δm や Δe の含む積分が発散することの追求はあきらめてしまうので，これは「くりこみ理論」ではなくて「尻込み理論」だと朝永は言った．シェルター島の会議のあと，くりこみ理論の系統的研究はアメリカでも始まっていた．

朝永はニュースをもたらした松井に「これは大変」と応じた．朝永にはベーテの理論の内容はお見通しであったが，日本では「くりこみ理論」はもっぱら理論の問題として追及してきたのに，アメリカに実験による裏付けをもつ競争相手が出現したことを知ったから「これは大変」と言ったのである．朝永は「こっちは芋をかじりながら仕事をしているのに，あっちではビフテキだから」と言ったそうだ．

早速，翌週，恒例の金曜セミナーで朝永は自ら週刊誌の記事を紹介した．「くりこみ理論」をラムのズレの計算に応用する仕事が始まった．

---

5)　亀淵 迪，前掲書，pp.73–74

　朝永と学生の福田 博・宮本米二の計算結果が発表されたのは 1948 年 5 月 21–23 日に京都大学で開かれた物理学会・素粒子論分科会においてで，ラムのズレの計算結果は 1076 MHz ということであった．クロールとラムの計算結果が *Physical Review* に受理されたのは，それより遅れて 1948 年 10 月 7 日であったが，彼らの結果は 1051 MHz であった．朝永たちの論文が *Progress of Theoretical Physics* の第 4 巻 (1949 年) に印刷されたのは，残念なことにクロール，ラムの論文の公表より遅れた．このとき，校正の際の注として「計算に用いた後出の脚注 14) の値 7.63 をベーテの新しい値 7.687 6 に変えれば結果はクロールとラムの値に一致する」と述べている．論文の学会発表から論文の印刷まで，どうしてこんなに長い時間がかかったのだろうか？

　朝永が，ちょうどこの頃に書いた文章を思い出す．いわく，

　　不足ずくめの我国だからと言ってしまえば，それまでだが，紙と印刷能力の不足は我々にとって決定的である．……戦前には，各大学，研究所，学士院，学研あるいは物理学会等の欧文出版を通じて研究を世界に公表する道が開けていた．今では物理学会の出版と，湯川博士の個人的尽力による一つの欧文雑誌[6) があるだけである．……私は戦時および戦後の研究のいくつかをまとめ上げて，この二つの雑誌に投稿した．長い間もどかしく待ったあげく，やっと二，三ヵ月前に刷りあがったのは 2 年前の 1946 年に投稿したものである．……これが文化国家のかなしい現実である[7)．

　上の計算競争には，1 つ言い添えるべきことがある．それは，ワイスコップが早くから空孔理論によって電子の自己エネルギーの発散を調べており，学生フレンチとシェルター島での会議より前から，原子核に束縛された電子のエネルギー準位に対する輻射場の反作用の問題を検討していたことである．シェルター島会議の後，ラムのズレを計算し，1050 MHz という値を得たが，シュウィンガーやファインマンの結果と違うので，発表をさしひかえ，計算を見直していた．その間にクロールとラムが結果を発表してしまったのだった[8)．

　われわれも，ベーテの理論を理解する仕事を始めよう．それには，ベーテの論文には書いてないが，電子が光子を吐いたり吸ったりする過程を取り入れる道具

---

6)　*Progress of Theoretical Physics.*
7)　朝永振一郎：かなしい現実，「自然」1949 年 1 月号.
8)　亀淵 迪，前掲書，pp.91–93.

として輻射場の量子化から始める必要がある.

20.2 輻射場の量子化

電荷も電流もない真空における電磁場はベクトル・ポテンンシャル $\boldsymbol{A}$ から次のように導かれる：SI 単位系では

$$E = -\frac{\partial \boldsymbol{A}}{\partial t}, \qquad B = \text{rot}\,\boldsymbol{A}. \tag{7}$$

場を量子化するためには，正準形式の場の理論をつくる必要がある．輻射場のラグランジアンを

$$\mathcal{L}_{\text{rad}} = \frac{1}{2} \int \left\{ \epsilon_0 \left(\frac{\partial \boldsymbol{A}}{\partial t} \right)^2 - \frac{1}{\mu_0} (\text{rot}\,\boldsymbol{A})^2 \right\} d^3 x$$

$$= \frac{1}{2\mu_0} \int \left\{ \frac{1}{c^2} \left(\frac{\partial \boldsymbol{A}}{\partial t} \right)^2 - (\text{rot}\,\boldsymbol{A})^2 \right\} d^3 x \tag{8}$$

にとれば，A_x に関する変分を δ_x で表わす等として，変分原理

$$\delta_k \int \mathcal{L}_{\text{rad}} dt = 0 \qquad (k = x,\,y,\,z) \tag{9}$$

から $\boldsymbol{A}$ の運動方程式が正しく出てくることを示そう．この手続きが場 $\boldsymbol{A}$ の正準共役量を定め，場の理論の正準形式に導くのである．

まず (8) の { } 内の第 1 項について

$$\delta_x \frac{1}{2} \int \left(\frac{\partial \boldsymbol{A}}{\partial t} \right)^2 d^3 x dt = \int \frac{\partial \delta_x A_x}{\partial t} \cdot \frac{\partial A_x}{\partial t} d^3 x dt = -\int \delta_x A_x \frac{\partial^2 A_x}{\partial t^2} d^3 x dt\,. \tag{10}$$

最後の段階で部分積分をした．場 $\boldsymbol{A}$ は無限遠方では 0 になることを仮定している．次に { } 内の第 2 項について，

$$\delta_x \frac{1}{2} \int \left\{ \left(\frac{\partial A_z}{\partial y} - \frac{\partial A_y}{\partial z} \right)^2 + \left(\frac{\partial A_x}{\partial z} - \frac{\partial A_z}{\partial x} \right)^2 + \left(\frac{\partial A_y}{\partial x} - \frac{\partial A_x}{\partial y} \right)^2 \right\} d^3 x dt$$

$$= \int \left\{ \frac{\partial \delta_x A_x}{\partial z} \left(\frac{\partial A_x}{\partial z} - \frac{\partial A_z}{\partial x} \right) - \frac{\partial \delta_x A_x}{\partial y} \left(\frac{\partial A_y}{\partial x} - \frac{\partial A_x}{\partial y} \right) \right\} d^3 x dt$$

$$= \int (-\delta_x A_x) \left\{ \frac{\partial^2 A_x}{\partial z^2} - \frac{\partial^2 A_z}{\partial z \partial x} - \frac{\partial^2 A_y}{\partial y \partial x} + \frac{\partial^2 A_x}{\partial y^2} \right\} d^3 x dt$$

$$= -\int (-\delta_x A_x) \left\{ \Delta A_x - \frac{\partial}{\partial x} \text{div}\,\boldsymbol{A} \right\} d^3 x dt\,. \tag{11}$$

(10) を加え，変分原理 (9) から

$$\frac{1}{c^2}\frac{\partial^2 \boldsymbol{A}}{\partial t^2} - \Delta \boldsymbol{A} + \text{grad div } \boldsymbol{A} = 0 \tag{12}$$

がでる．

われわれは

$$\text{div } \boldsymbol{A} = 0 \tag{13}$$

を補助条件として要請することにしよう．(12) は

$$\frac{1}{c^2}\frac{\partial^2 \boldsymbol{A}}{\partial t^2} - \Delta \boldsymbol{A} = 0, \qquad \text{div } \boldsymbol{A} = 0 \tag{14}$$

となる[9]．

こうしてラグランジアン (8) が正しい運動方程式を与えることが分かった．そこで，$\boldsymbol{A}$ の正準共役量 $\boldsymbol{P}$ は

$$\boldsymbol{P} = \frac{\partial \mathcal{L}_{\text{rad}}}{\partial \dot{\boldsymbol{A}}} = \frac{1}{\mu_0 c^2}\dot{\boldsymbol{A}} = \varepsilon_0 \dot{\boldsymbol{A}} \tag{15}$$

となる．

ここで量子力学に移る．$\boldsymbol{A}$ と $\boldsymbol{P}$ とを正準交換関係をみたす演算子 $\widehat{\boldsymbol{A}}$, $\widehat{\boldsymbol{P}}$ で置き換えるのである．その正準交換関係とは

$$\varepsilon_0\big[\dot{\widehat{A}}_k(x,t),\ \widehat{A}_l(x',t)\big] = -i\hbar\delta_{kl}\delta(\boldsymbol{x}-\boldsymbol{x}'), \quad \text{etc.} \tag{16}$$

すなわち

$$\big[\dot{\widehat{A}}_k(\boldsymbol{x},t),\ \widehat{A}_l(\boldsymbol{x}',t)\big] = -i\frac{\hbar}{\varepsilon_0}\delta_{kl}\delta(\boldsymbol{x}-\boldsymbol{x}'),$$

$$\big[\widehat{A}_k(x,t),\ \widehat{A}_l(x',t)\big] = 0, \quad \big[\dot{\widehat{A}}_k(x,t),\ \dot{\widehat{A}}_l(x',t)\big] = 0 \tag{17}$$

となる．演算子を ^ で表わした．$k, l = 1, 2, 3$ はベクトルの成分を表わす．

よって，輻射の偏光ベクトルを単位ベクトル $\boldsymbol{e}_{\boldsymbol{k},\lambda}$ とおいて

$$\widehat{\boldsymbol{A}} = \sum_{\lambda,\boldsymbol{k}}\sqrt{\frac{\hbar}{2\epsilon_0\omega_k\mathcal{V}}}\ \boldsymbol{e}_{\boldsymbol{k},\lambda}\Big(\widehat{a}_{\boldsymbol{k},\lambda}\,e^{i(\boldsymbol{k}\cdot\boldsymbol{x}-\omega_k t)} + \widehat{a}^\dagger_{\boldsymbol{k},\lambda}\,e^{-i(\boldsymbol{k}\cdot\boldsymbol{x}-\omega_k t)}\Big). \tag{18}$$

ここに

---

[9]　ラグランジアンとして $\mathcal{L}_{\text{rad}} - \lambda\,\text{div}\,\boldsymbol{A}$ をとり，λ を変分パラメタに加えることによって，補助条件 (13) も運動方程式 (14) と同列に導くことができる．

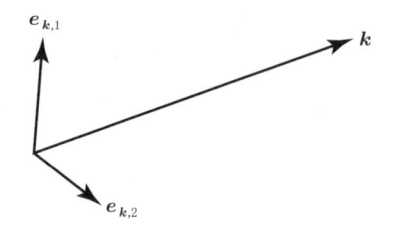

図2 偏光ベクトル $e_{k,\lambda}$ ($\lambda = 1, 2$) は，div $A = 0$ の条件から，それぞれ光の k ベクトルに垂直であり，1次独立なことから相互にも垂直にとれる．これは輻射が横波であることを示す．

$$\left[\widehat{a}_{k,\lambda},\, \widehat{a}_{l,\mu}^{\dagger}\right] = \delta_{k,l}\delta_{\lambda,\mu}$$
$$\left[\widehat{a}_{k,\lambda},\, \widehat{a}_{l,\mu}\right] = 0, \quad \left[\widehat{a}_{k,\lambda}^{\dagger},\, \widehat{a}_{l,\mu}^{\dagger}\right] = 0. \tag{19}$$

エネルギーは

$$\mathcal{H}_{\mathrm{rad}} = \int \dot{\widehat{A}} \cdot \widehat{P} d^3 x - \mathcal{L}_{\mathrm{rad}} = \frac{1}{2\mu_0} \int \left\{ \frac{1}{c^2}\left(\frac{\partial \widehat{A}}{\partial t}\right)^2 + (\mathrm{rot}\,\widehat{A})^2 \right\} d^3 x$$
$$= \frac{1}{2} \int \left\{ \epsilon_0 \widehat{E}^2 + \frac{1}{\mu_0} \widehat{B}^2 \right\} d^3 x \tag{20}$$

となり，これは正しい表式である．(18) を代入すれば

$$\mathcal{H}_{\mathrm{rad}} = \sum_{k,\lambda} \frac{1}{2} \hbar\omega_k (\widehat{a}_{k,\lambda}^{\dagger} \widehat{a}_{k,\lambda} + \widehat{a}_{k,\lambda} \widehat{a}_{k,\lambda}^{\dagger}) = \sum_{k,\lambda} \hbar\omega_k \left(\widehat{a}_{k,\lambda}^{\dagger} \widehat{a}_{k,\lambda} + \frac{1}{2} \right) \tag{21}$$

となる．これは輻射場が光子 $\hbar\omega_k$ の集りからなることを示している．なぜなら，$\widehat{a}_{k,\lambda}^{\dagger} \widehat{a}_{k,\lambda}$ は数演算子とよばれるように，交換関係 (19) のおかげで 0, 1, 2, $\cdots$ を固有値とするからである[10]．$\widehat{a}_{k,\lambda}^{\dagger} \widehat{a}_{k,\lambda}$ の固有値 n の固有ベクトルを $|n\rangle$ と書き，特に $n = 0$ の固有ベクトルを $|\Omega\rangle$ と書く．

$$\widehat{a}_{k,\lambda}^{\dagger} \widehat{a}_{k,\lambda} |\Omega\rangle = 0, \qquad \widehat{a}_{k,\lambda}^{\dagger} \widehat{a}_{k,\lambda} |n\rangle = n|n\rangle. \tag{22}$$

(21) の最右辺にある $\frac{1}{2}\hbar\omega_k$ は，いわゆるゼロ点エネルギーである．これは (21) によって k, λ によって総和すると無限大になるので，$\mathcal{H}_{\mathrm{rad}}$ から引き去っておくことにする，といいたいところだが，それを徹底して行ない，常に生成演算子 $\widehat{a}_{k,\lambda}^{\dagger}$ を消滅演算子 $\widehat{a}_{k,\lambda}$ の左におく約束にすると（正規化積），真空の電磁場のゼロ点振

---

10) 江沢 洋『量子力学 I』，裳華房 (2002), pp.168–169. 以下，『量子力学 I, II』として引用する．

動がなくなって，後に 20.5 節で述べるラムのズレの物理像が成り立たなくなる．

20.3　水素原子のエネルギー準位のズレ

20.3.1　電子と輻射の相互作用

水素原子のエネルギー準位が電磁場の横波（輻射場）との相互作用でどう変わるか．詳しくいえば，輻射場なしの場合の準位が輻射場との相互作用によってどれだけ変わるかが調べたい．そのために，原子核のクーロン・ポテンシャル

$$V(\boldsymbol{x}) = -\frac{1}{4\pi\epsilon_0}\frac{e^2}{r}$$

の中を運動する質量 m_0，荷電 e の電子と電磁場

$$\widehat{\boldsymbol{A}} = \sum_{\boldsymbol{k},\lambda}\sqrt{\frac{\hbar}{2\epsilon_0\omega_k\mathcal{V}}}\left\{\widehat{a}_{\boldsymbol{k},\lambda}\,\boldsymbol{e}_{\boldsymbol{k},\lambda}\,e^{i(\boldsymbol{k}\cdot\boldsymbol{r}-\omega_k t)} + \widehat{a}^{\dagger}_{\boldsymbol{k},\lambda}\,\boldsymbol{e}_{\boldsymbol{k},\lambda}\,e^{-i(\boldsymbol{k}\cdot\boldsymbol{r}-\omega_k t)}\right\} \tag{23}$$

との相互作用を考える．シュレーディンガー方程式は

$$\left\{\frac{1}{2m_0}(\widehat{\boldsymbol{p}} - e\widehat{\boldsymbol{A}})^2 + V(\boldsymbol{x}) + \widehat{\mathcal{H}}_{\mathrm{rad}}\right\}|\psi\rangle = E|\psi\rangle \tag{24}$$

である．ただし $\widehat{\boldsymbol{p}} = -i\hbar\,\mathrm{grad}$ であり，$|\psi\rangle$ は電子の位置 $\boldsymbol{x}$ といろいろな状態 $(\boldsymbol{k},\lambda)$ にわたる光子の個数分布の関数である．

20.3.2　エネルギー準位のズレ

(24) の固有値問題を解くのに

$$\widehat{\mathcal{H}}_0 = \widehat{\mathcal{H}}_{\mathrm{e}} + \widehat{\mathcal{H}}_{\mathrm{rad}}, \qquad \widehat{\mathcal{H}}_{\mathrm{e}} = \frac{\widehat{\boldsymbol{p}}^2}{2m_0} + \widehat{V}(\boldsymbol{x}) \tag{25}$$

を非摂動ハミルトニアンとし，$\dfrac{e^2}{2m_0}\widehat{\boldsymbol{A}}^2$ は省略し

$$\widehat{\mathcal{H}}_{\mathrm{int}} = \frac{e}{m_0}(\widehat{\boldsymbol{p}}\cdot\widehat{\boldsymbol{A}}) \tag{26}$$

を摂動として

非摂動状態：電子は $\widehat{\mathcal{H}}_{\mathrm{e}}$ の固有状態 $|n\rangle$，光子はなしの真空状態 $|\Omega\rangle$, $\tag{27}$

つまり全体として $|n,\Omega\rangle$ の状態が，輻射との相互作用によってどれだけエネルギーを変えるかを見る．なお，

$$\widehat{\boldsymbol{p}}\cdot\boldsymbol{e}_{\boldsymbol{k},\lambda}\,e^{i\boldsymbol{k}\cdot\boldsymbol{r}} = 0 \tag{28}$$

212

であるから，$\widehat{\boldsymbol{p}}$ と $\widehat{\boldsymbol{A}}$ は可換であることを注意しておく．

摂動の 1 次の変化は 0 になる．2 次では初期状態 (27) からいったん

$$\text{中間状態：} |m, (\boldsymbol{k}, \lambda)\rangle = |m\rangle \, \widehat{a}_{\boldsymbol{k}, \lambda}^{\dagger} |\Omega\rangle \tag{29}$$

に跳び移って，初期状態にもどるという過程がきき，エネルギー

$$E_n^{(2)} = -\frac{1}{\mathcal{V}} \sum_{\boldsymbol{k}} \frac{e^2}{m_0^2} \frac{\hbar}{2\epsilon_0 \omega_k} \sum_m \frac{\sum_{\lambda} |\boldsymbol{e}_{\boldsymbol{k}, \lambda} \cdot \langle m|\boldsymbol{p}|n\rangle|^2}{E_m + \hbar\omega_{\boldsymbol{k}} - E_n} \tag{30}$$

を寄与する[11]．$\boldsymbol{k}$ および偏光ベクトル $\boldsymbol{e}_{\boldsymbol{k}, \lambda}$ をもつ光子を 1 個放出して状態 m に移るというものである．$|m, (\boldsymbol{k}, \lambda)\rangle$ で電子が状態 $|m\rangle$，光子は波数ベクトル $\boldsymbol{k}$，偏光状態 λ のもの 1 個が存在するという状態を $|m, (\boldsymbol{k}, \lambda)\rangle$ で表わした．摂動論におけるこのような遷移は**仮想遷移** (virtual transition) とよばれ，エネルギーの保存に縛られない．

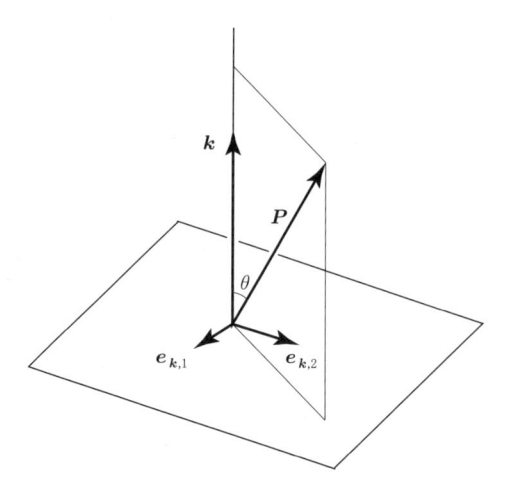

図3 P が実数ベクトルの場合：$|\boldsymbol{e}_{\boldsymbol{k}, \lambda} \cdot \boldsymbol{P}|^2$ は $\boldsymbol{e}_{\boldsymbol{k}, \lambda}$ 方向への $\boldsymbol{P}$ の射影の 2 乗に等しいから，それを直交する 2 本の $\boldsymbol{e}_{\boldsymbol{k}, \lambda}$ の方向について和をとれば，$\boldsymbol{k}$ に垂直な平面への $|\boldsymbol{P}|^2$ の射影に等しくなる．P の成分が複素数の場合には，実数部分と虚数部分を別々に計算して，| 絶対値 |^2 をもとめれば (31) が得られる．

この中間状態のいろいろにわたって式 (30) に示した和をとらなければならない．まず光子の偏光方向 λ についての和は，図 3 のようにして

---

11) 参照：江沢 洋『量子力学 II』，前掲，式 (11.28)．

$$\sum_{\lambda=1}^{2} |\boldsymbol{e}_{\boldsymbol{k},\lambda} \cdot \langle n|\widehat{\boldsymbol{p}}|m\rangle|^2 = |\langle m|\widehat{\boldsymbol{p}}|n\rangle|^2 \sin^2 \theta \tag{31}$$

となる．ただし $\langle m|\boldsymbol{p}|n\rangle$ が複素ベクトルである場合には，いったん実数部分と虚数部分を分けて扱わねばならない．それでも結果として (31) は正しい．ここに θ, ϕ はベクトル $\langle m|\boldsymbol{p}|n\rangle$（の実数，虚数部分）を z 軸の正方向に向けたときのベクトル $\boldsymbol{k}$ の方向の極角である．

次に，$\boldsymbol{k}$ についての和であるが，体積 $\mathcal{V}$ の立方体の壁面 $\boldsymbol{r}$ で周期的境界条件をみたす $e^{i\boldsymbol{k}\cdot\boldsymbol{r}}$ の格子点 $\boldsymbol{k}$ について和をとるのだが，$\mathcal{V}$ の中心を原点として立体角 $d\Omega$ の中で原点からの距離が $(k, k+dk)$ の間にある格子点の数は $k^2 dk d\Omega/(2\pi)^3$ である[12]．

しかし，後の計算のためには k を変数にとるより $\varepsilon_k = \hbar c k$ を使う方が便利であるので

半径 ε_k，厚さ $d\varepsilon_k$ の球殻の，立体角 $d\Omega$ 内の格子点の数 $\xrightarrow[\mathcal{V}\to\infty]{} \dfrac{\varepsilon_k^2 d\varepsilon_k \, d\Omega}{(2\pi\hbar c)^3} \mathcal{V}$
$$\tag{32}$$

を使う．すると，$\boldsymbol{k}$ の方向に依存する因子は (31) だけなのでその積分は

$$\int_0^\pi \sin^3 \theta d\theta = \frac{4}{3}, \qquad \int_0^{2\pi} d\phi = 2\pi \tag{33}$$

で足りる．こうして，問題は

$$E_n^{(2)} = -\frac{2}{3\pi} \frac{e^2}{4\pi\epsilon_0} \frac{1}{m_0^2 c^3 \hbar} \int \sum_m \frac{|\langle m|\boldsymbol{p}|n\rangle|^2}{E_m - E_n + \varepsilon_k} \varepsilon_k d\varepsilon_k \tag{34}$$

に絞られる．

見ての通り，ここに現れた ε_k についての積分はひどく発散する．積分の上限への依存性をみれば，ε_k が大きいとき

$$E_n^{(2)} \sim -\frac{2}{3\pi} \frac{e^2}{4\pi\epsilon_0} \frac{1}{m_0^2 c^3 \hbar} \left(\sum_m |\langle m|\boldsymbol{p}|n\rangle|^2 \right)^2 \int^K d\varepsilon_k \tag{35}$$

は上限 K に比例して増大する！

---

12)　『量子力学II』，前掲，§12.2 (a) を参照.

20.4 くりこみ理論

20.4.1 ベーテの理論

(34) の ε_k 積分はひどく発散するので次のように処理する. 結果を先にいうことになるが, 積分の発散が最も著しい部分は "くりこみ" によって消去するが, 残る部分は, もし相対論的な扱いをしていたら収束することが知られているので, われわれの計算の発散は高エネルギー部分の取り扱いがよくないことの表われである. そこで積分の, 本来, 相対論的な扱いをしなければならなかった部分 $(\varepsilon_k > m_0 c^2)$ は k の積分の上限を $K = m_0 c^2$ とすることでカット・オフしよう. もともと不当な非相対論的扱いをしていた部分だから, もし発散しなかったとしてもカット・オフすべきものであった.

そこで, (34) の被積分関数を

$$-\int_0^K \left\{ \frac{1}{\varepsilon_k} + \left(\frac{1}{E_m - E_n + \varepsilon_k} - \frac{1}{\varepsilon_k} \right) \right\} \varepsilon_k d\varepsilon_k$$

$$= -\int_0^K \left\{ 1 - \frac{E_m - E_n}{E_m - E_n + \varepsilon_k} \right\} d\varepsilon_k \tag{36}$$

と変形し

$$-\int_0^K \sum_m |\boldsymbol{p}_{mn}|^2 \left\{ \frac{1}{\varepsilon_k} + \left(\frac{1}{E_m - E_n + \varepsilon_k} - \frac{1}{\varepsilon_k} \right) \right\} d\varepsilon_k$$

$$= -(\boldsymbol{p}^2)_{nn} \int_0^K d\varepsilon_k + \sum_m |\boldsymbol{p}_{mn}|^2 \int_0^K \frac{E_m - E_n}{E_m - E_n + \varepsilon_k} d\varepsilon_k \tag{37}$$

と書き直そう. ここで $\langle m|\widehat{\boldsymbol{p}}|n \rangle$ を $\boldsymbol{p}_{mn}$ と略記した. $(\boldsymbol{p}^2)_{mn}$ も同様. 右辺の第 1 項において

$$\sum_m |\boldsymbol{p}_{mn}|^2 = \sum_m \boldsymbol{p}_{nm} \cdot \boldsymbol{p}_{mn} = (\boldsymbol{p}^2)_{nn}$$

を用いた. この項の発散は第 2 項より著しい. 発散の程度をカット・オフ依存性で見ると

$$\int_0^K d\varepsilon_k = K \tag{38}$$

なので, この発散は K について 1 次であるという. この項が運動量の 2 乗 $(\boldsymbol{p}^2)_{nn}$ に比例していることが注目される. 右辺の第 2 項では

$$\int_0^K \frac{E_m - E_n}{E_m - E_n + \varepsilon_k} d\varepsilon_k = (E_m - E_n) \log \frac{E_m - E_n + K}{E_m - E_n} \tag{39}$$

なので，発散は K について対数的であるという．この発散は第 1 項に比べかなり弱い（図 4）．

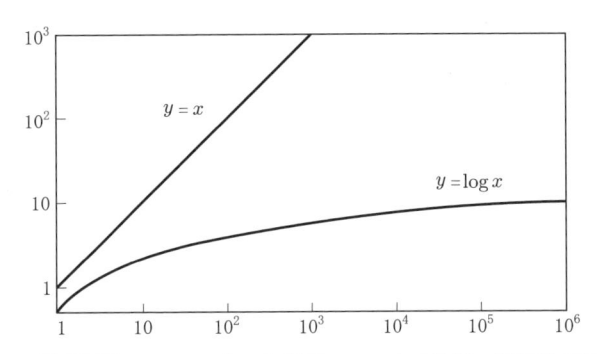

図 4　対数関数 $y = \log x$ と 1 次関数 $y = x$ との比較，両対数グラフ．

20.4.2　質量のくりこみ

いよいよ，くりこみ理論の登場である．

(36) の，発散が最も著しい部分，すなわち，その右辺 { 　 } 内の第 1 項からくる $E_n^{(2)}$ への寄与

$$-\left(\frac{2}{3\pi} \frac{e^2}{4\pi\epsilon_0 m_0^2 c^3 \hbar} \int_0^K d\varepsilon_k \right) (\boldsymbol{p}^2)_{nn} \tag{40}$$

が $\dfrac{(\boldsymbol{p}^2)_{nn}}{m_0^2}$ に比例していることに注目して，演算子の形で

$$\mathcal{H}_2' = -\frac{1}{2} \frac{\delta m}{m_0^2} \widehat{\boldsymbol{p}}^2 \qquad \left(\delta m = \frac{4}{3\pi} \frac{e^2}{4\pi\epsilon_0 c^3 \hbar} \int_0^K d\varepsilon_k \right) \tag{41}$$

と書き，非摂動ハミルトニアン (25) の運動エネルギーの部分

$$\mathcal{H}_0 = \frac{1}{2m_0} \widehat{\boldsymbol{p}}^2 \tag{42}$$

に移す：

$$\mathcal{H}_0 + \mathcal{H}_2' = \frac{1}{2m_0} \widehat{\boldsymbol{p}}^2 - \frac{1}{2} \frac{\delta m}{m_0^2} \widehat{\boldsymbol{p}}^2 = \frac{1}{2(m_0 + \delta m)} \widehat{\boldsymbol{p}}^2. \tag{43}$$

これは，いまわれわれは $O(e^2)$ までの近似計算をしているので

$$\frac{1}{m_0 + \delta m} = \frac{1}{m_0} \frac{1}{1 + \dfrac{\delta m}{m_0}}$$

$$= \frac{1}{m_0} \left\{ 1 - \frac{\delta m}{m_0} + \left(\frac{\delta m}{m_0}\right)^2 - \cdots \right\}$$

の級数を $\delta m / m_0 = O(e^2)$ の 1 次までで止めることが許されるのである.

　こうして，発散 (40) が電子の質量にくりこまれた. $m_0 + \delta m$ を実験で測定される電子の質量でおきかえるのである. この「くりこみ」ができたのは，輻射との相互作用によって生じた電子のエネルギーに対する補正のこの部分 (40) が $-\dfrac{1}{m_0^2}(\boldsymbol{p})^2$ に比例する形になっていたのが幸いしたのである. エネルギーの補正のこの部分が「質量にくりこんで下さい」と言っているかのようだ. また，δm が電子の関わる現象ごとに異なるようでは，$m_0 + \delta m$ を測定される値で置き換えるということはできない. 幸い，(41) に見るとおり，われわれの δm は電子のおかれた状況によらない.

　実は，非摂動ハミルトニアンの電子の運動エネルギーの部分が (42) から (43) に変わったので，それで摂動計算をやり直すと，非摂動ハミルトニアンの固有ベクトルに関する $\boldsymbol{p}^2$ の行列要素 $(\boldsymbol{p}^2)_{mn}$ も変化する. しかし，その変化はポテンシャルを通して現われ，変化高は e^2 より高次になるので，いまの e^2 のオーダーまでの計算では無視できるのである[13].

20.4.3　巧妙な計算

　われわれは (34) を計算するために，その一部分を取り出して (37) のように変形した. そして，その右辺第 1 項を質量にくりこんだ. その残りの部分を書けば，質量のくりこみによって m_0 が m に変わったことを思い出して

$$E_n^{(2)} = \frac{2}{3\pi} \frac{e^2}{4\pi\epsilon_0} \frac{1}{m^2 c^3 \hbar} \sum_m |\boldsymbol{p}_{mn}|^2 \int_0^K \frac{E_m - E_n}{E_m - E_n + \varepsilon_k} d\varepsilon_k \qquad (44)$$

となる. これが計算したい.

　まず ε_k 積分をして

---

13)　もちろん，e^2 に関する展開という立場を崩さず (43) の $\mathcal{H}_2'$ を摂動項に入れるなら，この問題はおこらない.

$$E_n^{(2)} = \frac{2}{3\pi} \frac{e^2}{4\pi\epsilon_0} \frac{1}{m^2 c^3 \hbar} \sum_m |\boldsymbol{p}_{mn}|^2 (E_m - E_n) \log \frac{K}{|E_m - E_n|}. \tag{45}$$

ただし，$K \gg |E_m - E_n|$ とした．$E_m - E_n$ に絶対値記号をつけたのは次の理由による．$E_m - E_n$ が負になる場合には k の積分範囲に被積分関数が無限大になる $k = |E_m - E_n|$ が含まれる．その場合，積分の主値をとることにすれば

$$\left(\int_0^{|E_m - E_n| - \varepsilon} + \int_{|E_m - E_n| + \varepsilon}^K \right) \frac{1}{\varepsilon_k - |E_m - E_n|} d\varepsilon_k = \log \frac{-\varepsilon}{-|E_m - E_n|} \cdot \frac{K}{\varepsilon}$$

となり，$E_m - E_n < 0$ の場合にも > 0 の場合と同じく (45) が成り立つのである．

次に (45) の $\displaystyle\sum_m$ をしなければならないが，ここでベーテは巧妙な手を使う．(45) の $\displaystyle\sum_m \cdots$ の中には対数関数が現れるが，これはゆっくりとしか変わらないから（図4)，ひとまず定数とみなして $\displaystyle\sum_m$ から外そうというのである．そうすると

$$\left\langle \log \frac{K}{|E_m - E_n|} \right\rangle_{\mathrm{av}} \equiv \frac{\displaystyle\sum_m |\boldsymbol{p}_{mn}|^2 |E_m - E_n| \log \frac{K}{|E_m - E_n|}}{\displaystyle\sum_m |\boldsymbol{p}_{mn}|^2 |E_m - E_n|} \tag{46}$$

として

$$E_n^{(2)} = \frac{2}{3\pi} \frac{e^2}{4\pi\epsilon_0} \frac{1}{m^2 c^3 \hbar} \left\langle \log \frac{K}{|E_m - E_n|} \right\rangle_{\mathrm{av}} \cdot \sum_{m'} |\boldsymbol{p}_{m'n}|^2 |E_{m'} - E_n| \tag{47}$$

と書く．$\log \dfrac{K}{|E_m - E_n|}|$ がゆっくりと変わる関数なればこその処方である．実際，この処方によれば $\left\langle \log \dfrac{K}{|E_m - E_n|} \right\rangle_{\mathrm{av}}$ は m によらなくなるが，もし $\log \dfrac{K}{|E_m - E_n|}$ の代わりに，たとえば，$m = 0$ でのみ 0 と異なる関数が入っていたとしたら，この処方はまったく成り立たなくなる．

いまは，この処方を近似として受け入れよう．すると，$E_n^{(2)}$ をもとめるには，(47) の $\displaystyle\sum_m |\boldsymbol{p}_{mn}|^2 (E_m - E_n)$ を計算すればよい．ところが

$$\sum_m |\boldsymbol{p}_{mn}|^2 (E_m - E_n) = \sum_m (\boldsymbol{p}_{nm} E_m \boldsymbol{p}_{mn} - E_n \boldsymbol{p}_{nm} \boldsymbol{p}_{mn})$$

$$= \langle n | [\widehat{\boldsymbol{p}}, \mathcal{H}_{\mathrm{e}}] \widehat{\boldsymbol{p}} | n \rangle \tag{48}$$

であるから，部分積分をくりかえして

$$\sum_m |\boldsymbol{p}_{mn}|^2 (E_m - E_n) = (-i\hbar)^2 \langle u_n, (\nabla V)\nabla u_n \rangle$$
$$= (-i\hbar)^2 \langle u_n \nabla u_n, \nabla V \rangle$$
$$= -\frac{\hbar^2}{2} \langle \nabla u_n^2, \nabla V \rangle$$
$$= \frac{\hbar^2}{2} \langle u_n^2, \Delta V \rangle$$

を得る，ただし，u_n は実数値関数とした．$V = -\dfrac{e^2}{4\pi\epsilon_0}\dfrac{1}{r}$ を代入し
公式

$$\Delta \frac{1}{r} = -4\pi\delta(\boldsymbol{x}) \tag{49}$$

を用いれば

$$\sum_m |\boldsymbol{p}_{mn}|^2 (E_m - E_n) = 2\pi \frac{e^2 \hbar^2}{4\pi\epsilon_0} u_n(0)^2 \tag{50}$$

に到達する．公式を証明しておこう．

証明

ひとまず $1/r$ を，たとえば $1/(r+a)$ におきかえて正則化する．すると

$$\frac{\partial^2}{\partial x^2}\frac{1}{r+a} = \frac{2}{(r+a)^3}\left(\frac{x}{r}\right)^2 - \frac{1}{(r+a)^2}\frac{1}{r} + \frac{1}{(r+a)^2}\left(\frac{x}{r}\right)^2\frac{1}{r}$$

となり，y, z についても同様にして和をとると

$$\sum \frac{\partial^2}{\partial x^2}\frac{2}{(r+a)} = \frac{2}{(r+a)^3} - \frac{2}{(r+a)^2}\frac{1}{r}$$

となる．これは $r \gg a$ では 0 になる．全空間で積分してみると

$$4\pi \int_{全空間} \Delta\frac{1}{r}d^3x = 4\pi \int_0^\infty \left(\frac{2}{(r+a)^3} - \frac{2}{(r+a)^2 r}\right) r^2 dr$$
$$= 4\pi \int_0^\infty \left(\frac{2a^2}{(r+a)^3} - \frac{2a}{(r+a)^2}\right) dr = -4\pi$$

となって a によらない．よって，$a \to 0$ では $\Delta\dfrac{1}{r}$ は $r = 0$ を除くいたるところ
で 0 となり，しかし空間積分は -4π となる．これは $\Delta\dfrac{1}{r}$ が原点を台とする，空
間のデルタ関数の -4π 倍に他ならないことを示す．∎

以上をまとめると，ポテンシャル $V = -\dfrac{e^2}{4\pi\epsilon_0}\dfrac{1}{r}$ の場を電磁場と相互作用しな

がら運動する質量 m（ただし，電磁場との相互作用から生ずる質量のずれをくりこんだ）の，主量子数 n の準位は，摂動の 2 次までの近似で (47) で与えられる．(50) を用いて —— 電子の状態を表わす n は，角運動量の量子数 l を加えて n, l と書くが

$$E_m^{(2)} = \frac{4}{3} \left(\frac{e^2}{4\pi\epsilon_0} \right)^2 \frac{\hbar}{m^2 c^3} |u_{n,l}(0)|^2 \left\langle \log \frac{K}{|E_m - E_n|} \right\rangle \tag{51}$$

となる．ここに

$$|u_{n,l}(0)|^2 = \frac{1}{\pi} \left(\frac{1}{na_{\mathrm{B}}} \right)^3 \delta_{l,0} \tag{52}$$

は電子が座標原点に見出される確率密度であって，$l = 0$ の状態（s状態）でのみ 0 でない．したがってエネルギー準位のズレも $l = 0$ の準位でのみおこる．さきにベーテの近似計算が巧妙だといったのは，準位のズレの —— 厳密な計算でもほとんど正しい —— この特徴をつかみだしたからである．

(52) を代入して少し整理すれば

$$E_{nl}^{(2)} = \frac{8}{3\pi} \left(\frac{e^2}{4\pi\epsilon_0} \frac{1}{\hbar c} \right)^3 \frac{1}{n^3} \mathrm{Ry} \left\langle \log \frac{K}{|E_n - E_m|} \right\rangle_{\mathrm{av}} \delta_{l0} \tag{53}$$

となる．ここに

$$\mathrm{Ry} = \frac{e^2}{4\pi\epsilon_0} \frac{1}{2a_{\mathrm{B}}} = 13.6\,\mathrm{eV} = 2.18 \times 10^{-18}\,\mathrm{J} \tag{54}$$

は水素原子の基底状態からのイオン化エネルギーである．

　ベーテは，水素原子の $n = 2$ の準位に対して，K に電子の静止エネルギー $mc^2 = 0.510\,999\,\mathrm{MeV}$ を用いて，数値計算で

$$\left\langle \log \frac{K}{|E_m - E_2|} \right\rangle_{\mathrm{av}} = 7.687\,6 \tag{55}$$

を得た[14]．E_{20} のズレは，振動数で表わすと

$$\frac{E_{2l}^{(2)}}{2\pi\hbar} = \frac{8}{3\pi} \left(\frac{1}{137} \right)^3 \frac{1}{2^3} \frac{(2.18 \times 10^{-18}\,\mathrm{J}) \times 7.687\,6}{2\pi \times 1.055 \times 10^{-34}\,\mathrm{J\cdot s}} \delta_{l0}$$

$$= 1040 \times 10^6\,\delta_{l0}\,\mathrm{Hz} \tag{56}$$

となり，実験とよく一致した（後述）．エネルギーでいえば，$1\,\mathrm{Hz}$ は $4.135\,669\,2$

---

14)　朝永が彼らの 1949 年の論文につけた「校正のときの注」による．ベーテが 1947 年 6 月 27 日に受理された論文に用いた値は 7.63 であった．

220

$\times 10^{-13}\,\mathrm{eV}$ だから

$$E_{2l}^{(2)} = (1040 \times 10^6) \cdot (4.14 \times 10^{-13})\delta_{l0} = 4.31 \times 10^{-6}\delta_{l0}\,\mathrm{eV} \qquad (57)$$

となる.

20.5 ラムのズレの物理像

　この節では，ウェルトン[15] に従ってベーテの理論の背景にある物理像を解き明かしたいと思う.

　量子力学によれば，何一つ，物質も光子も，平均として存在しない真空中にも物質場，電磁場の揺らぎが存在する．場のゼロ点振動といわれるものである．原子の中にある電子にも，原子核から受ける規則的なクーロン力に加えて，その不規則に揺らぐ電場から力を受ける結果，規則的な運動に不規則なジグザグ揺らぎが加わることになる．揺らぎは平均すればゼロになるが，揺らぎの 2 乗の平均は消えない.

　詳しくいえば，真空中の電磁場は (18) のベクトル・ポテンシャル $\boldsymbol{A}$ で表わされ，電場は

$$\begin{aligned}\boldsymbol{E} &= -\frac{\partial \boldsymbol{A}}{\partial t} \\ &= -i\sum_{\boldsymbol{k},\lambda}\sqrt{\frac{\hbar\omega_k}{2\epsilon_0\mathcal{V}}}\left\{\widehat{a}_{\boldsymbol{k},\lambda}\boldsymbol{e}_{\boldsymbol{k},\lambda}\,e^{i(\boldsymbol{k}\cdot\boldsymbol{r}-\omega_k t)} - \widehat{a}_{\boldsymbol{k},\lambda}\boldsymbol{e}_{\boldsymbol{k},\lambda}\,e^{-i(\boldsymbol{k}\cdot\boldsymbol{r}-\omega_k t)}\right\}\end{aligned} \qquad (58)$$

となる．真空状態 Ω におけるその平均は，$\langle \Omega, \widehat{a}_{\boldsymbol{k},\lambda}\Omega \rangle$, $\langle \Omega, \widehat{a}_{\boldsymbol{k},\lambda}^{\dagger}\Omega \rangle = 0$ なので

$$\langle \Omega, \boldsymbol{E}\Omega \rangle = 0 \qquad (59)$$

であるが，$\boldsymbol{E}^2$ の平均は，$\langle \Omega, \widehat{a}_{\boldsymbol{k},\lambda}\widehat{a}_{\boldsymbol{k},\lambda}^{\dagger}\Omega \rangle = 1$ の項があってゼロではなく

$$\langle \Omega, \boldsymbol{E}^2\Omega \rangle = \sum_{\boldsymbol{k},\lambda}\langle \Omega, \widehat{a}_{\boldsymbol{k},\lambda}\,a_{\boldsymbol{k},\lambda}^{\dagger}\Omega \rangle\frac{\hbar\omega_k}{2\epsilon_0\mathcal{V}}(\boldsymbol{e}_{\boldsymbol{k},\lambda}\cdot\boldsymbol{e}_{\boldsymbol{k},\lambda}) \qquad (60)$$

となる.

　そこで，電子の状態を，たとえば $2^2\mathrm{S}_{1/2}$ と指定しても，その規則的な運動にゼロ点振動する電磁場から力がはたらく結果ジグザグ運動 $\Delta\boldsymbol{r}(t)$ が加わり，その平

---

15)　T. A. Welton : Some Observable Effects of the Quantum-Mechanical Fluctuation of the Electromagnetic Field, *Phys, Rev.* **74** (1948), 1157.

均はゼロであるが，2乗の平均はゼロでなく，電子のポテンシャル・エネルギー $V(\boldsymbol{r} + \Delta\boldsymbol{r})$ などにゼロでない効果が表われ，観測にかかる．電子のエネルギーのラムのズレがその1つである．

　ラムのズレを計算してみよう．

　電子の位置 $\boldsymbol{r} = \boldsymbol{r}_{\mathrm{orb}} + \Delta\boldsymbol{r}$ のうち，真空の電場のゼロ点振動による部分は特に激しくジグザグに揺らぐので運動方程式

$$\frac{d^2\Delta\boldsymbol{r}}{dt^2} = \frac{-e}{m}\boldsymbol{E} \tag{61}$$

として取り出すことができる．それを積分して

$$\Delta\boldsymbol{r} = -\frac{e}{m}\sum_{\boldsymbol{k},\lambda}\sqrt{\frac{\hbar}{2\epsilon_0\omega_k{}^3\mathcal{V}}}\,\boldsymbol{e}_{\boldsymbol{k},\lambda}\left\{\widehat{a}_{\boldsymbol{k},\lambda}\,e^{i(\boldsymbol{k}\cdot\boldsymbol{r}-\omega_k t)} + \widehat{a}^{\dagger}\,e^{-i(\boldsymbol{k}\cdot\boldsymbol{r}-\omega_k t)}\right\} \tag{62}$$

を得る．その平均は

$$\langle\Omega, \Delta\boldsymbol{r}\Omega\rangle = 0 \tag{63}$$

であるが，揺らぎは

$$\langle\Omega, (\Delta\boldsymbol{r})^2\Omega\rangle = \sum_{\boldsymbol{k},\lambda}\sum_{\boldsymbol{k}',\lambda'}\left(\frac{e}{m}\right)^2\frac{\hbar}{2\epsilon_0\mathcal{V}}\frac{1}{\sqrt{\omega_k'{}^3\omega_k^3}}(\boldsymbol{e}_{\boldsymbol{k}',\lambda'}\cdot\boldsymbol{e}_{\boldsymbol{k},\lambda})$$

$$\times\left\langle\Omega, \left\{\widehat{a}_{\boldsymbol{k}',\lambda'}^{\dagger}\,e^{-i(\boldsymbol{k}'\cdot\boldsymbol{r}-\omega_{k'}t)} - \widehat{a}_{\boldsymbol{k}',\lambda'}\,e^{i(\boldsymbol{k}'\cdot\boldsymbol{r}-\omega_{k'}t)}\right\}\left\{\widehat{a}_{\boldsymbol{k},\lambda}\,e^{i(\boldsymbol{k}\cdot\boldsymbol{r}-\omega_k t)} - \widehat{a}_{\boldsymbol{k},\lambda}^{\dagger}\,e^{-i(\boldsymbol{k}\cdot\boldsymbol{r}-\omega_k t)}\right\}\Omega\right\rangle$$

となって，$\langle\Omega, \widehat{a}_{\boldsymbol{k}',\lambda'}\widehat{a}_{\boldsymbol{k},\lambda}^{\dagger}\Omega\rangle$ の $\boldsymbol{k}' = \boldsymbol{k}$，$\lambda' = \lambda$ の項のみが残り

$$\langle\Omega, (\Delta\boldsymbol{r})^2\Omega\rangle = \sum_{\boldsymbol{k}}\left(\frac{e}{m}\right)^2\frac{\hbar}{2\epsilon_0\mathcal{V}}\frac{1}{\omega_k^3}\sum_{\lambda=1}^2(\boldsymbol{e}_{\boldsymbol{k},\lambda}\cdot\boldsymbol{e}_{\boldsymbol{k},\lambda})\langle\Omega, \widehat{a}_{\boldsymbol{k},\lambda}\widehat{a}_{\boldsymbol{k},\lambda}^{\dagger}\Omega\rangle \tag{64}$$

となる．この式の最後の λ に関する和は因子2を与える．$\boldsymbol{k}$ についての和を (32) によって積分に直せば

$$\langle\Omega, (\Delta\boldsymbol{r})^2\Omega\rangle = 2\left(\frac{e}{m}\right)^2\frac{\hbar}{2\epsilon_0}\int_\kappa^K\frac{1}{\omega_k^3}\frac{4\pi\varepsilon^2 d\varepsilon}{(2\pi\hbar c)^3}$$

$$= \frac{2}{\pi}\left(\frac{1}{\hbar c}\frac{e^2}{4\pi\epsilon_0}\right)\left(\frac{\hbar}{mc}\right)^2\int_\kappa^K\frac{d\varepsilon_k}{\varepsilon_k} \tag{65}$$

となる．ε_k に関する積分は上界，下界ともにカット・オフする必要がある．上界にはベーテとともに $K = mc^2$ をとり，下界には仮に水素原子のイオン化エネルギー $\kappa = (1/2)(e^2/4\pi\epsilon_0)/a_{\mathrm{B}}$ をとっておこう．

　電子の位置がこれだけ揺らぐと，ポテンシャル・エネルギーは

$$\Delta V = \frac{1}{6} \left\langle \Omega, (\Delta \boldsymbol{r})^2 \Omega \right\rangle \left(\frac{\partial^2}{\partial x^2} + \frac{\partial^2}{\partial y^2} + \frac{\partial^2}{\partial z^2} \right) \left(-\frac{e^2}{4\pi\epsilon_0} \frac{1}{r} \right)$$

$$= \frac{1}{6} \left\langle \Omega, (\Delta \boldsymbol{r})^2 \Omega \right\rangle \cdot 4\pi \frac{e^2}{4\pi\epsilon_0} \delta(\boldsymbol{r}) \tag{66}$$

の，電子の状態関数 $u_{n,l}(\boldsymbol{r})$ による期待値

$$\langle u_{n,l}\Omega, \Delta V u_{n,l}\Omega \rangle = \frac{4}{3} \left(\frac{e^2}{4\pi\epsilon_0} \frac{1}{\hbar c} \right) \frac{e^2}{4\pi\epsilon_0} \left(\frac{\hbar}{mc} \right)^2 |u_{n,l}(0)|^2 \int_\kappa^K \frac{d\varepsilon_k}{\varepsilon_k} \tag{67}$$

だけ変化する．$u_{n,l}(0)$ のため，これは $l \neq 0$ では 0 である．ここで

$$\langle \Omega, (\Delta x)^2 \Omega \rangle = \langle \Omega, (\Delta y)^2 \Omega \rangle = \langle \Omega, (\Delta z)^2 \Omega \rangle = \frac{1}{3} \langle \Omega, (\Delta \boldsymbol{r})^2 \Omega \rangle$$

を用いた．

この結果 (67) は —— 最後の積分の下限を適当にとれば —— ベーテの出したラムのズレの式 (51) と一致している．

ここでウェルトン [15] が考えたのは，水素原子の電子の軌道運動が真空の電場のゼロ点揺らぎを感じておこすジグザグ運動であり，計算したのは，それによる電子の位置のエネルギーの揺らぎである．運動エネルギーも揺らぐはずだが，それは計算しなかった．

ウェルトンは位置のエネルギーの揺らぎだけを計算して，それがラムのズレに一致するはずだという．そして，かなり乱暴な計算だが，結果はそのとおり一致した．しかもベーテの計算より計算の物理像は明瞭に目に浮かぶ．ウェルトンは正しいのだろうか？

運動エネルギーの揺らぎを当たってみよう．ラムのずれは電子の S 状態でおこるものだから等速円運動を考えると，揺らぎなしだったら運動エネルギー T は位置エネルギー V の絶対値の半分だから [16]，T の揺らぎは V の揺らぎの 1/4 倍だろう．$T + V$ の揺らぎは V の揺らぎの 5/4 倍になる．ウェルトンの計算の粗さを考えると目くじら立てるほどの違いではないのかもしれないが，それでも気になることである．

---

[16] この関係は運動エネルギーとポテンシャル・エネルギーの時間平均の間に一般に成り立つ（ヴィリアル定理）．

20.6　ラムとレザーフォードの実験

20.6.1　原子のエネルギースペクトル

　水素原子の電子のエネルギー準位は，シュレーディンガー方程式によれば主量子数 n だけで定まり角運動量にはよらなかったが，ディラック方程式になると電子の軌道角運動量 l とスピン s を合成した j の大きさ j にも依存し (3) となる．図 1 を見よ．

　見やすくするために $\alpha = e^2/(\hbar c) = 1/(137.\cdots)$ で展開すれば (5) のようになる．右辺で mc^2 を含めて $\{\quad\}$ 内の第 1 項は静止エネルギー，第 2 項がシュレーディンガー方程式からの結果で，(54) 式の Ry $= 13.6\,\mathrm{eV}$ を使って書けば $- \mathrm{Ry}/n^2$ となる．そして第 3 項が相対論（質量の速度依存性）とスピンの効果を表わす．

　ラムが実験で問題にしたのは，第 3 項で，そのうちでも $2^2\mathrm{S}_{1/2}$ の準位である．

　さて，その第 3 項であるが，$n = 2$ の準位はディラック方程式によると図 1 のように $2^2\mathrm{S}_{1/2}$, $2^2\mathrm{P}_{1/2}$ の組と $2^2\mathrm{P}_{3/2}$ とに分裂する．そこでなお縮退していた $2^2\mathrm{S}_{1/2}$ と $2^2\mathrm{P}_{1/2}$ がわずかに分裂しているというのが**ラムのズレ**で，ラムとレザーフォードが 1947 年の実験[17] で発見したものである．その報告をシェルター島の会議（20.1.1 節）で聴いたベーテが創った理論が 20.3.2 節で述べたものである．

20.6.2　マイクロ波技術を活用した実験

　ここで解説しているベーテの論文は，ラムのズレの発見に促されて書かれたものである．実は，このズレは早く 1938 年にパステルナクが予見していた．このことは 20.1.1 節にすでに述べた．彼は，ディラック方程式によれば縮退しているはずの $2^2\mathrm{S}_{1/2}$, $2^2\mathrm{P}_{1/2}$ 準位への上の準位からの遷移のスペクトル線[18] が少しぼけていることを 1938 年に報告し，ぼけて見えたのは，実は $2^2\mathrm{S}_{1/2}$ 準位が——$2^2\mathrm{P}_{3/2}$ との間隔 $4.53 \times 10^{-5}\,\mathrm{eV}$ の 10 ％ ほど——上にずれているため，スペクトル線が本来は 2 本に見えるべきところ，分解能の不足のため 1 本に見えているせいだろうと述べていた．

　ラムたちは第 2 次大戦後の 1947 年に，戦争中に発達した極超短波技術を使えば，この点を明らかにできるだろうと考えて，実験に挑んだのであった．

---

17)　W. E. Lamb and R. C. Retherford : *Phys. Rev.* **72**, 241 (1947).

18)　図 1 (b) の縦の矢印で太線で描いたもの．

　ラムたちは，タングステンの炉で水素分子を熱分解して水素原子をつくり，スリットから噴出させ，それに垂直に電子線を当てて，その中の約1億分の1の水素原子を $2^2\mathrm{S}_{1/2}$ 状態に励起した．これを電流計につないだ金属板に当てると水素原子が分解し電流が流れる．しかし，もし $2^2\mathrm{S}_{1/2}$ 準位がパステルナクが予見し，ベーテが計算で示したようにズレていたら，水素原子に 適当な 周波数 ν のマイクロ波を当てると $2^2\mathrm{S}_{1/2}$ から $2^2\mathrm{P}_{1/2}$ への 共鳴的な 遷移が起こり，$2^2\mathrm{S}_{1/2}$ 状態に

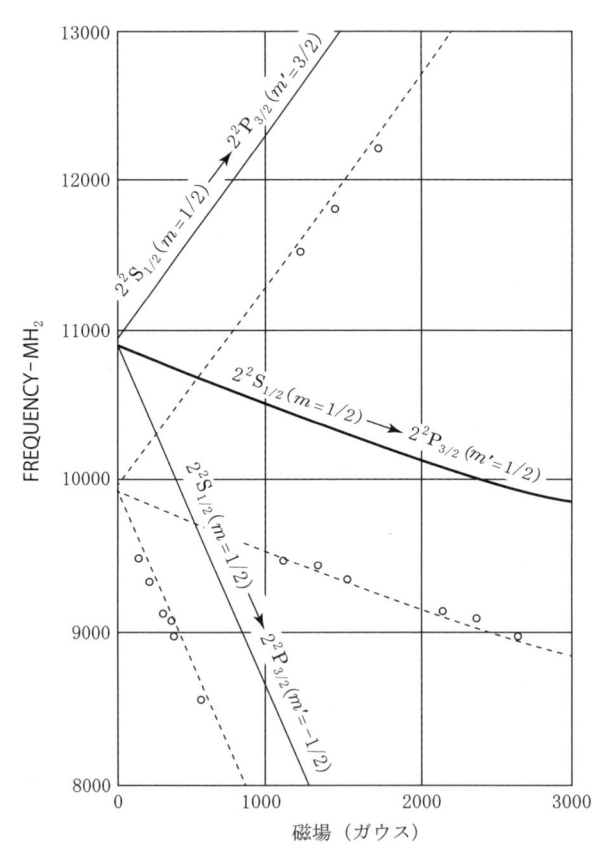

図5　共鳴周波数 ν の磁場 B 依存性の実測.
　〇は実験値，実線は当時の理論値で，磁場0のとき $2^2\mathrm{S}_{1/2}$ と $2^2\mathrm{P}_{1/2}$ は縮退している（ディラック方程式からの予言）と仮定して引いた線で，実験値はこれらからズレており，実線を $1{,}000\,\mathrm{MHz}$ だけ下げて引いた点線にのっている．m は磁気量子数で軌道角運動量とスピンを合成した j の z 成分を表わす．Lamb-Retherford（脚注10）より.

は選択則 $\Delta l = \pm 1$ で禁止されていた基底状態 $1^2S_{1/2}$ への遷移が可能になる (許容遷移)[19]. その寿命は 1.6×10^{-9} s という短さだから, その水素原子が金属板に衝突するときには安定な基底状態になっているため電流が流れない. つまり, 電流計の読みによって $2^2S_{1/2}$ と $2^2P_{1/2}$ との共鳴周波数, したがって 2 つの状態のエネルギー差がわかるというのである.

実際には, 水素原子に磁場 B をかけて, ゼーマン分離を含めた共鳴周波数 $\nu(B)$ を測り, $B \to 0$ に内挿して精度をかせいだ (図 5).

図 5 の実線は, 上から $2^2S_{1/2}$, $m = 1/2 \to 2^2P_{3/2}$, $m' = 3/2, 1/2, -1/2$ の図に書き込まれた遷移に対するもので, 実験では○で示されたようになり, $2^2S_{1/2}$ 準位と $2^2P_{3/2}$ 準位の間隔を当時の理論 (ディラック方程式による) に合わせて引いた実線には合わず, 実線を $1{,}000$ MHz だけ下げて引いた点線にあっている.

この実験から, 水素原子の $2^2S_{1/2}$ 準位は $2^2P_{3/2}$ 準位より振動数にして約 $\Delta\nu = 1{,}000$ MHz だけ, すなわち 4.13×10^{-9} eV 上にあることが分かった. この実験値にベーテの計算値 (56) はよく一致している.

なお, 2001 年までの[20] 実験値は $4.374\,97 \times 10^{-6}$ eV で, 理論値 (57) との一致はさらによくなる.

20.7　真空偏極

これまで電子の波動関数は量子化しなかったから, 摂動計算の中に電子, 陽電子対の創成・消滅は出てこなかった. そのため電子の電荷のくりこみに触れる機会がなかった. それをこの節で簡単に述べておきたい.

真空の中に電子をもちこんだら何がおこるか？

電子と輻射の相互作用によって何がおこるかであるが, 相対論的な場の量子論の摂動論によって調べると, 仮想過程 (virtual process) として電子が輻射を出して, それを吸収するのはもちろん, 出した輻射が陰電子と陽電子のペアを対創成し, そのペアが対消滅して輻射に戻って電子に吸収されるなど, いろいろな過程がおこる. 摂動論の仮想過程では, 20.3.2 節の (30) でも見たようにエネルギーの

---

19)　選択則は, 詳しくいえば次のとおり：遷移が許される l および j の変化は $\Delta l = \pm 1$, $\Delta j = \pm 1, 0$ に限る.

20)　M. I. Eides : *Physics Reports* **342**, 63 (2001).

保存にはしばられない．そのため，たとえ低いエネルギーの輻射であっても対創成をおこすことができる．そこは陰陽の電子対や輻射が生まれては消え，生まれては消える揺らぎの世界なのである．

その揺らぎの中でも，電子対のうち陽電子はもちこんだ負電荷の電子に引かれ，陰電子は反発されてその電子のまわりには図6のような電気双極子の配列が生ずるだろう．その配列を大局的に見れば，中心の電荷 $-e_0$ を電気双極子が取り囲んで遮蔽していることになる．図6でも中心の電荷 $-e_0$ に近いところほど多くの正電荷が群がっている．いわゆる真空偏極である．これを遠くから ―― 波長の長い，すなわち低エネルギーの電子線を当てて ―― 大づかみに見れば，遮蔽された電荷 $|-e| < |-e_0|$ の粒子があるように見えるだろう．これが，20.4.2 節で述べた質量のくりこみ $m_0 \to m$ に相当する電荷のくりこみ $-e_0 \to -e$ である．実は，その $-e$ を量子電磁力学で計算すると発散積分が現われるので，くりこみの考えに従って，それを電子の電荷の実測値でおきかえる．

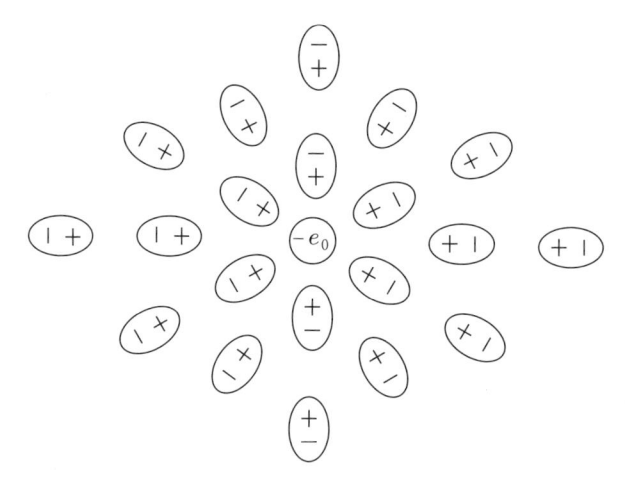

図6　真空にもちこんだ電子 (電荷 $-e_0$) のまわりの真空に現れる電荷の揺らぎ．

ベーテに続いてなされた相対論的な場の理論にもとづく，くりこみ理論による計算は，質量のみならず電子の電荷をもくりこむことを要求したが，それを取り入れるとラムのズレの

$$\text{理論値}： \quad 4.376 \times 10^{-6}\,\text{eV} \qquad = 1\,058\,\text{MHz} \tag{68}$$

となる．これに対して 2001 年までのもっとも精密な測定値は

$$測定値 : \quad 4.374\,976 \times 10^{-6}\,\text{eV} = 1\,057.864\,\text{MHz} \tag{69}$$

でよく一致している[21].

なお，くりこみ理論には，精密な理論計算および測定が行なわれている量がもう1つあって，それは電子の磁気モーメント $-g\mu_B$ である．ここに μ_B はボーア磁子 $\mu_B = \dfrac{e\hbar}{2m} = 9.274\,008\,952 \times 10^{-24}\,\text{JT}^{-1}$．ディラック方程式によれば $g=2$ であるが，異常磁気モーメントとよばれる $a = (g-2)/2$ でいって

$$
\begin{aligned}
&理論値 &&: 1159\,652\,177.55(0.10)(0.26)(9.32) \times 10^{-12}\\
&測定値 \quad 電\ 子 &&: 1159\,652\,188.4(4.3) \times 10^{-12}\\
& \quad 陽電子 &&: 1159\,652\,187.9(4.3) \times 10^{-12}
\end{aligned} \tag{70}
$$

であり[22]，理論値と測定値との一致は，めざましく 10 桁におよぶ．数値の後に括弧つきで示したのは不確定である．それぞれの由来については脚注に示した文献を参照．この理論値には，μ, τ 中間子および弱い核力，強い核力からくる小さな補正も取り入れてある．

---

21) くりこみ理論の歴史と現状については次を参照．宇川 彰：場の量子論とくりこみ理論の半世紀，「科学」，湯川・朝永生誕 100 年特集号，**76**, 369 (2006).

22) 木下東一郎：QED の精密計算と朝永理論，「科学」，**76**，前掲，392．以前のことになるからデータは古いが，もっと多くの実験との比較が，木下東一郎：量子電磁力学の現状 にある．所収，江沢 洋・恒藤敏彦編『量子物理学の展望 上』，岩波書店 (1977).

21. 無限自由度のはなし

21.1 自由度とは

　力学で〈自由度〉というと，もちろん自由の度合のことには違いないにしても，力学用語としては特別の意味合いがある．それは，力学系の〈位置〉を表わすのに必要な〈座標〉の数のことだ．質点系に対しては位置といっても意味がはっきりしない．〈配位 (configuration)〉としたほうがよかった．これは構成粒子の位置の全体のことである．

　では，演習問題．水素分子 H_2 の自由度はいくつか？

　水素分子は水素の原子核（＝陽子）2 個と電子 2 個の都合 4 個の素粒子からできている．粒子 1 個の位置を表わすには直角座標系にせよ極座標系にせよ他のどんな座標系にせよ 3 個の数が必要である．粒子 4 個に対しては必要な座標の数は $3 \times 4 = 12$ となる．だから，水素分子の自由度は 12 である．

　物理学者は，しかし，しばしば横着をきめこむ．水素分子についても，興味をもつ問題の種類によっては，電子の運動は一応あたえられたものとして，2 個の原子核の運動だけを考えるということを行なうのである．こういう横着な人に対しては水素分子の自由度は $3 \times 2 = 6$ となる．その自由度 6 を各原子核の座標 3 個ずつとして使う代わりに，図 1 のように 2 つの原子核の

重心の座標 (X, Y, Z)	3 個
結合線の方位を表わす角 (θ, ϕ)	2 個
核間距離 ζ	1 個

としてもよい．こうすれば，重心運動の自由度が 3, 回転運動の自由度が 2, そして——核間距離の変動は，つまり，分子の振動だから——振動の自由度が 1 と

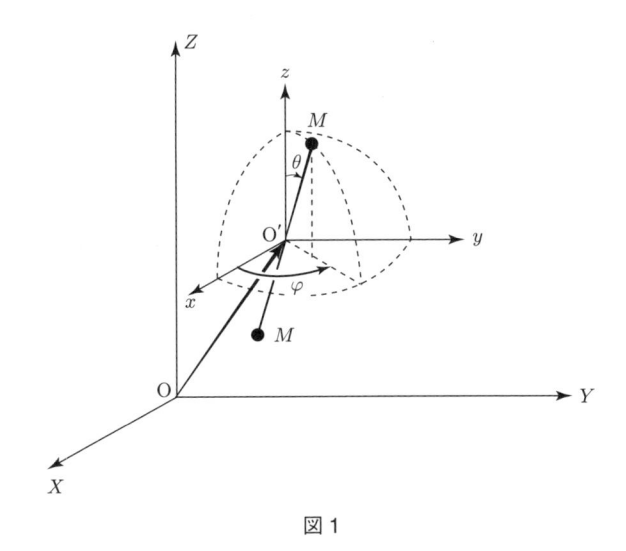

図1

いえる．こんな表わし方をしても，自由度の総計には変わりがない．

　横着といったが，実は，水素分子の自由度を $3 \times 4 = 12$ といってすますのが，そもそも横着であった．力学系としてみたとき陽子の自由度は本当に3だろうか？よくよく見ると陽子のまわりには中間子がまわっている．それまで勘定に入れたら自由度は増すといったことがある．

　それにもかかわらず陽子を1つの粒子とみて自由度3をあたえるだけで──問題によっては──誤りにならない[1] のは，水素分子としての運動（電子の運動，核の振動・回転）のエネルギーに比べて，中間子の運動を変化させるためのエネルギーが何千万倍も大きいことによる．そのために，水素分子としての運動が変化する際にも陽子のまわりの中間子の様子は変わらないとみてよいことになるのである．いいかえれば，非常に大きなエネルギーをあたえられるまで中間子の自由度は発現しないということだ．

　核の振動や回転を論ずる際に，電子の運動はあたえられたものとして横着をきめこんでよいというのも同様な理由によっている．

　こんな具合に，かなりの程度までいろんな自由度の分離がきくように自然が作られているのは，創造主の知恵を示すのかもしれない．

---

　1)　スピンのことは度外視している．

21.2 素粒子世界における自由度

前節で陽子のまわりを中間子がまわっているといった．しかし，その中間子の自由度を勘定しようと思っても，中間子の数が実は一定していない．平均は 1.3 個だというが，ある時刻にはそれは 1 個であり，別の時刻には 2 個，またまれには 3 個あることもある．陽子が中間子を吸ったり吐いたりしているためだ．中間子の側からいえば生成・消滅をくり返していることになる．

陽子のまわりで生成・消滅をくり返しているのは中間子に限らない．光子もそうであるが，また陽子それ自身が

$$p \rightleftarrows n + \pi^+ \tag{1}$$

のような変転をくり返しているのだ．ここで p ＝陽子，n ＝中性子，π^+ ＝正に荷電した π 中間子を意味する．それでは陽子は中性子と π^+ 中間子からできているのかと思うと，中性子が，また

$$n \rightleftarrows p + \pi^- \tag{2}$$

という変転をするので，その解釈はとれない．やはり，陽子や中性子も生成・消滅をすると考える必要がある[2]．上の 2 つの過程のほかに，中性 π 中間子にかかわる

$$p \rightleftarrows p + \pi^0, \qquad n \rightleftarrows n + \pi^0 \tag{3}$$

という過程もある．

こうして，素粒子の世界では自由度の考え方をあらためねばならなくなる．いってみれば，自由度がいくらでもわいてくるのである．

本当に，自由度は際限なくわいてくるものらしい．たとえば，中間子の〈多重発生〉という現象があって，宇宙線の超高エネルギー陽子が大気の原子核に衝突するとき多数の中間子が発生する．陽子のエネルギーを GeV ＝ 10^9 eV 単位で測って E とすると，発生する中間子の数は，大体

$$n_\pi \sim \sqrt[4]{E(\text{GeV})} \tag{4}$$

であたえられるという．これは，エネルギーが高くなるにつれて際限なく多くの

---

2) 宮沢弘成：S–行列と複素変数素粒子論（「数理科学」1969 年 12 月号）の中の〈素粒子の構造〉の節を参照．

自由度が発現してくることを意味する．これは (1)〜(3) という素過程を設定したとき，その連鎖として予期されたことである．

そうして発生した中間子のうち，特に π^0 中間子は直ちに 2 個の光子 γ に転化する，

$$\pi^0 \to 2\gamma. \tag{5}$$

その光子が物質 (大気の原子核) にあたると，正・負の電子の対に変わる，

$$\gamma \to e^+ + e^-. \tag{6}$$

その電子が物質に衝突すると光子が発生する，

$$e^\pm \to e^\pm + \gamma. \tag{7}$$

その光子が (6) によって電子をつくりその電子が……という具合の連鎖反応がおこって，電子の数が，ネズミ算式にふえることも知られている．いわゆる〈カスケード・シャワー〉である (図 2).

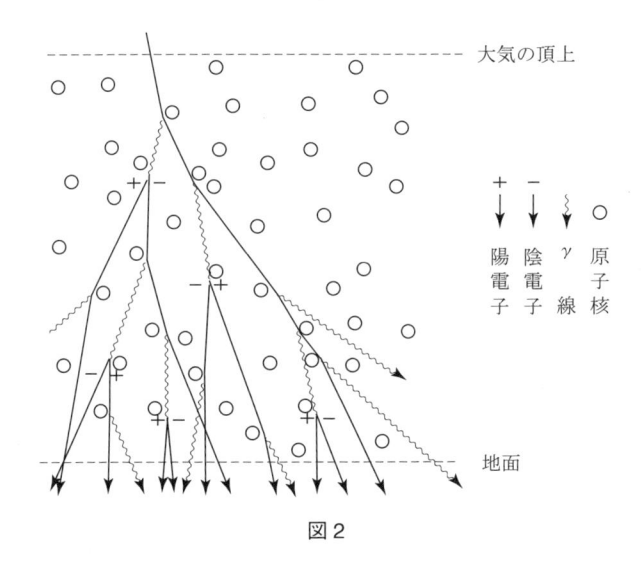

図 2

最初の多重発生のときの衝突エネルギーが結局は増殖した電子に分配されるわけであって，電子の数が増すにつれて電子 1 個のエネルギーは小となり，(7) の過程で出る光子のエネルギーも小となる．電子の創成過程 (6) は γ 線のエネルギーが小さくては起こりえないから，電子の増殖もいずれは止むほかない．じつは，

電子は大気の原子に衝突して電離を起こすことでエネルギーを消耗し，上に述べたのより早く増殖の能力を失ってしまうのである．そんなわけだから，そもそもの最初の宇宙線の陽子のエネルギーを E とすると，シャワーが最も発達したときの電子の総数は

$$n_e \cong E/\varepsilon_0$$

のように E に正比例して増加する．ε_0 は臨界エネルギーと呼ばれ電離損失に関係した物質定数であって，大気中のシャワーでは $84\,\text{MeV}$ である．これまでに観測にかかったシャワーの最大のものはたしか $E = 10^{18}\,\text{eV}$ をもっていたと思うが，この場合 n_e は 10^{10}個 $= 100$ 億個 になる．始まりは 1 個の陽子[3]と 1 個の原子核だけだったのに！　生成・消滅が起こり，自由度が発現したり潜隠したりすることが素粒子世界の特徴である．このために素粒子論はおもしろくもなり，またむずかしくもなるのだといえよう．

21.3　場の自由度は無限大

「数理科学」の 1969 年 12 月号の「量子力学の衝突と体験」と題する座談会で，朝永先生は，

輻射場の量子化という考えが出る前の光の問題がどんなにわかりにくかったか

を語り，量子力学の前史時代にシュレーディンガーが，電子波の〈うなり〉による電荷密度の変動によって原子の発光をとらえようとしたことに触れて，

電磁波がない，ぜんぜん光がないなら，電子波はいつまでも固有振動しているわけでしょう．波がいつまでも固有振動していれば，うなりは出ないわけですよ．それじゃ光は出っこないじゃないですか．

と述べた後で，

……ディラックの電磁波量子化の考えが出てきたのです．この場を量子化する考えによってはじめて，光がなくても，終状態が潜在的に用意されていることになる．

---

[3]　実は，宇宙線として飛んできたのは，陽子ではなくて何かの原子核であったと思う．それでも話の筋は変わらない．$10^{18}\,\text{eV}$ は，この稿が書かれた 1970 年の値である．いまではもっと高い値になっているだろう．

これが問題の解決になったのだと言っておられる.

　生成・消滅を特徴とする素粒子世界を〈場〉という像でとらえようとするのも，同じ思想圏に属することとしてよかろう.

　その説明に入る前に，しかし，1つのモデルを先触れとして登場させておくのが便利だと思われる. 便利という以上に，実際，ハイゼンベルクとパウリが〈場の量子化〉を定式化したとき，そのような像を頭においていたのだった.

　さて，モデルといったのは次のようなものだ. 図3に示すように，両端を固定してピンと張った弦に等間隔に玉をつける. 質量は弦にはなくて玉のところに集中しているものとするのである. これを〈ジュズ・モデル〉と呼ぶことにしよう.

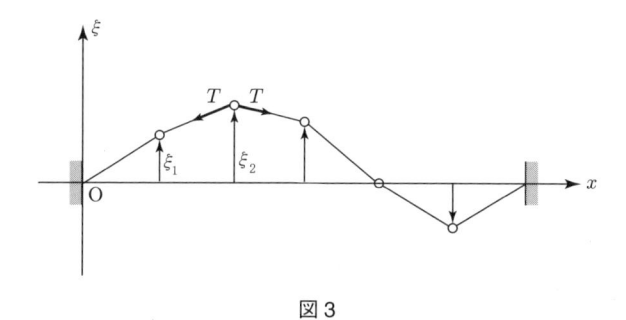

図3

　1つの玉を横にはじくと，他の玉もつられて揺れ始めるだろう. つまり〈波動〉が起こるのである. 玉の総数を N とし，図の面内に起こる横振動だけを考える横着をきめこむなら，この系の自由度は N に等しい. 玉の横座標 ξ_s が $s = 1, 2, \cdots, N$ の N 個あるからである. 波動が起こると，これらの座標が時間 t の関数 $\xi_s(t)$ として振動する.

　一般に物理で〈場〉というのは，空間の場所場所に分布している物理量をさしている. その量は，もちろん，時々刻々に変動してもよい.

　われわれは，この自然世界に陽子の場や中間子の場が存在すると考えている. 存在するといっても，通常の状態では，振動していない弦のように静寂の状態にあって[4]，どの場所でも一様なため，目に見えることがない. 場を振動が伝わってゆくとき，それが陽子とか中間子とかとして観測される. そう考えると，たと

---

4)　実は，量子力学に特有の零点振動があり，素粒子を入れると零点振動が歪んで〈真空の偏極〉という小さいながら目に見える効果を起こす. これは場の実在を示す証拠の1つと考えられよう.

えば (1) の $p \to n + \pi^+$ という過程は，陽子の波が消えて，そのときに中性子の波と中間子の波を起こすという像をもつことになる．

　この観点をとるなら，素粒子の自由度は真空からわいてくるのではなくて，場という形ではじめから用意されていたことになる．

　さて，場の自由度はどれほどだろうか？

　場のありさまを言い表わすには，空間の場所場所における場の量の数値をいう必要がある．これが，粒子系における座標に相当するものと考えられる．そこで，場の〈座標〉は空間の点の数だけあり，したがって場の自由度は無限大としてよさそうだ．これは，多重発生やカスケード・シャワーにおいて発現する自由度の数が，エネルギーと共に際限なくふえるらしいという経験に符合している．

　しかし，一口に無限大といっても種々の等級が区別される．

　1, 2, 3, … と端から順に番号をつけてゆくことのできる無限大は〈可付番無限〉とよばれる．正の整数の個数はまさに可付番無限そのものである．負の整数を仲間に入れても，1, −1, 2, −2, … という具合に並べると全体にもれなく番号がつけられるので，個数が可付番無限であることは変わらない．有理数（2つの整数の比として表わせる数）の全体もやはり可付番無限であることが証明できる（図4）．

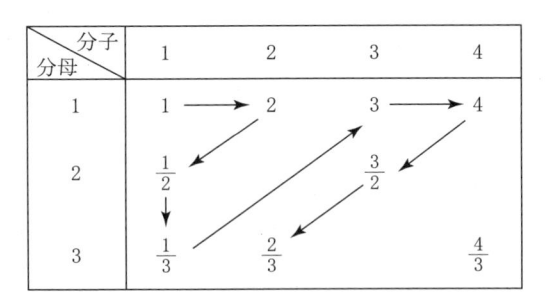

図4　正の有理数に番号をつける１つの手口．
これは〈対角線論法〉とよばれる．
負の有理数を入れたらどうなるか．

　空間の点の総数は可付番無限どころではない．これは〈連続無限〉といわれるもので，可付番無限よりも無限さがはるかにはなはだしい．

　そうすると，場の自由度は連続無限ということになるのだろうか？　いや，直ちにそうは言われないのである．その間の事情を説明する準備として，われわれ

はまず図3のジュズ・モデルの量子力学をつくることを考えよう.

21.4 ジュズ玉の系の量子力学

　量子力学をつくるのには種々の道があるが, 正準形式を採用するなら各自由度に座標と運動量の一対をあたえ, そうして得られる座標, 運動量の組を〈正準交換関係〉をみたす演算子とみなすのが第一歩である. ジュズ・モデルに対しては, 図3のように座標 $\xi_s,\ s = 1, 2, \cdots, N$ を選ぶと, それに共役な運動量は, つまり, それぞれの玉の運動量 $md\xi_s/dt$ である. それを η_s と書くことにしよう.

　これらを演算子と見直したとき屋根 $\widehat{}$ をつける約束にすれば, 正準交換関係は

$$\left.\begin{array}{l} \left[\widehat{\xi}_s, \widehat{\eta}_{s'}\right] = i\hbar\,\delta_{ss'}, \\[2mm] \left[\widehat{\xi}_s, \widehat{\xi}_{s'}\right] = 0,\quad \left[\widehat{\eta}_s, \widehat{\eta}_{s'}\right] = 0 \end{array}\right\} \tag{8}$$

となる. ここに

$$\delta_{ss'} = \begin{cases} 1 & s = s'\ \text{のとき}, \\[2mm] 0 & s \neq s'\ \text{のとき} \end{cases}$$

はクロネッカーのデルタと呼ばれる記号であり, $\hbar$ はプランクの定数を表わす, $\hbar = 6.58 \times 10^{-16}\,\text{eV}\cdot\text{sec}.$

　量子力学的な運動方程式は――いわゆるハイゼンベルクの描像においては――古典力学での運動方程式と同じ形をしている. ただ, 古典力学と正準変数 $(\xi_s, \eta_s\,;\ s = 1, 2, \cdots, N)$ が量子力学では正準交換関係 (8) に従う自己共役な演算子 $(\widehat{\xi}_s, \widehat{\eta}_s)$ と見直されるというにすぎない. だから, われわれは運動方程式として直ちに

$$m\frac{d^2\widehat{\xi}_s}{dt^2} = -\kappa(2\widehat{\xi}_s - \widehat{\xi}_{s+1} - \widehat{\xi}_{s-1}) \tag{9}$$

を書き下すことができる. ここに m は玉の質量であり, κ は, 弦の張力を T, 玉の間隔を a として

$$\kappa = T/a \tag{10}$$

を意味する. なお, $s = 1$ と $s = N$ に対しては上式で $\widehat{\xi}_0 \equiv 0,\ \widehat{\xi}_{N+1} \equiv 0$ とおくと正しい運動方程式になる.

　この運動方程式を解く前に, エネルギー保存の法則を導こう. (9) にそれぞれ,

左と右とから[5]$d\widehat{\xi}_s/dt$ をかけて得る式の相加平均を s について加え合わせると，左辺については容易に次の変形ができる：

$$左辺 = \sum_{s=1}^{N} \frac{1}{2}m\left(\frac{d\widehat{\xi}_s}{dt}\frac{d^2\widehat{\xi}_s}{dt^2} + \frac{d^2\widehat{\xi}_s}{dt^2}\frac{d\widehat{\xi}_s}{dt}\right) = \frac{d}{dt}\sum_{s=1}^{N}\frac{1}{2}m\frac{d\widehat{\xi}_s}{dt}\frac{d\widehat{\xi}_s}{dt}. \quad (11)$$

右辺の変形は次のようにする：まず，

$$右辺 = -\sum_{s=1}^{N}\frac{1}{2}\kappa\left[\frac{d\widehat{\xi}_s}{dt}(\widehat{\xi}_s - \widehat{\xi}_{s+1}) + (\widehat{\xi}_s - \widehat{\xi}_{s+1})\frac{d\widehat{\xi}_s}{dt}\right]$$
$$-\sum_{s=1}^{N}\frac{1}{2}\kappa\left[\frac{d\widehat{\xi}_s}{dt}(\widehat{\xi}_s - \widehat{\xi}_{s-1}) + (\widehat{\xi}_s - \widehat{\xi}_{s-1})\frac{d\widehat{\xi}_s}{dt}\right].$$

s での和を 1 から N までとると $\widehat{\xi}_0$ とか $\widehat{\xi}_{N+1}$ とかが混入してしまうが，これらは上に注意したとおり 0 演算子と約束しておくのである．さて，第 2 の $\sum$ において $s-1$ を s とおき直すと，s は $s+1$ に変わるから，この和は

$$-\sum_{s=0}^{N-1}\frac{1}{2}\kappa\left[\frac{d\widehat{\xi}_{s+1}}{dt}(\widehat{\xi}_{s+1} - \widehat{\xi}_s) + (\widehat{\xi}_{s+1} - \widehat{\xi}_s)\frac{d\widehat{\xi}_{s+1}}{dt}\right]$$

となるが，いま述べた約束によれば $d\widehat{\xi}_{N+1}/dt$ も 0 であるから和の範囲を $s = N$ までにしても差し支えない．同様に第 1 の $\sum$ において $s = 0$ の項を加えてもよいから

$$右辺 = -\sum_{s=0}^{N}\frac{1}{2}\kappa\left[\left(\frac{d\widehat{\xi}_{s+1}}{dt} - \frac{d\widehat{\xi}_s}{dt}\right)(\widehat{\xi}_{s+1} - \widehat{\xi}_s)\right.$$
$$\left. + (\widehat{\xi}_{s+1} - \widehat{\xi}_s)\left(\frac{d\widehat{\xi}_{s+1}}{dt} - \frac{d\widehat{\xi}_s}{dt}\right)\right]$$

とまとめることができる．これは

$$右辺 = -\frac{d}{dt}\sum_{s=0}^{N}\frac{1}{2}\kappa(\widehat{\xi}_{s+1} - \widehat{\xi}_s)^2 \quad (12)$$

と書くこともできる．

(11) と (12) を用いて (左辺)−(右辺) = 0 を書くと，

$$\widehat{\mathscr{H}} = \sum_{s=0}^{N}\frac{1}{2m}\widehat{\eta}_s{}^2 + \sum_{s=0}^{N}\frac{1}{2}\kappa(\widehat{\xi}_{s+1} - \widehat{\xi}_s)^2 \quad (13)$$

---

5) 演算子であるから，計算の途中で積の順序を変えないよう気をつけないといけない．

という演算子に対して

$$\frac{d}{dt}\widehat{\mathcal{H}} = 0 \tag{14}$$

という結果を得る. ここに $md\widehat{\xi}_s/dt$ を $\widehat{\eta}_s$ とおき直したが. これは座標 $\widehat{\xi}_s$ に共役な運動量である. $\widehat{\mathcal{H}}$ の第 1 項は玉の運動エネルギーであり, 第 2 項は弦のポテンシャル・エネルギーとみられるから, つまり (13) はジュズ玉の系の〈全エネルギー〉を表わすハミルトン演算子であり, (14) は〈エネルギーの保存則〉にほかならない.

21.5　場の量子化

さきに, 〈場〉においては空間の各点に自由度が分布しているのだといった. そうだとすると, 場の量子力学をつくるには空間の各点に (8) の型の交換関係をみたす正準変数 $(\widehat{\xi}_x, \widehat{\eta}_x)$ が分布しているとして出発すればよさそうに思われる. ただし, 正準変数の添字としては空間の座標 (位置ベクトル) x をつけた. 空間は 1 次元とし, その長さを L としておく.

場というものが波として伝わることから考えて, 場の量の運動方程式はジュズ玉の系の運動方程式 (9) に似ているだろう. そうだとすると[6], 場のハミルトン演算子も (13) に似ているだろう. このことに着目すれば場の量子力学がつくられるだろうと考えられる.

直輸入では, しかし, うまくいかない.

第 1 に, ジュズ玉の系のハミルトン関数 (13) は玉の番号 s についての和という形をしているが, 今度の問題では変数に x という添字がついていて, これは連続無限個ある. 連続無限個の和というのは具合が悪い.

第 2 に, ジュズ玉の系のハミルトニアン (13) には $\widehat{\xi}_{s+1} - \widehat{\xi}_s$ という量が顔を出しており, これは, 隣り合う玉の座標の差ということであるが, 連続な空間の一点について隣の点というのは意味がわからない.

まず, 第 1 の難点. これを克服するのはむずかしくない. (13) の第 1 項は, もとは $\sum_s (m/2)(d\widehat{\xi}_s/dt)^2$ という形をしていたのである. ジュズ玉から連続分布の場に移るには玉の数を多くし間隔 a をつめてゆけばよさそうに思われるが, その

---

6)　本当は相対論的な共変性を手掛かりにして議論をたてたいところだ.

238

際，玉の質量をそのままにしておいたのでは困る．数を多くするにつれて，その数に反比例して玉の質量を小さくするのでないとジュズがどんどん重くなって運動どころではなくなってしまう．つまり，玉が連続分布になったとき，質量の線密度 ρ が有限の値に落ち着くようにする必要がある．

そこで点 x のまわりに小区間 Δx を考えると，a が極微になったときその中にはいくつもの玉が入り，それぞれが $\widehat{\xi}_s$ をもつが，どれについても —— Δx さえ十分に小さければ[7] —— $d\widehat{\xi}_s/dt$ はだいたい同じようなものと思われる．自然は不連続をきらうだろう．もしそうだったならば，Δx の中にある質量 $\rho\Delta x$ をひとまとめにし，その速さを $d\widehat{\xi}_x/dt$ としてもよいであろう．この部分の運動エネルギーは $(\rho\Delta x/2)(d\widehat{\xi}_s/dt)^2$ となる．空間全体の運動エネルギーは，

$$\sum_{\text{すべての } \Delta x \text{ につき}} \frac{1}{2}\rho\Delta x \left(\frac{d\widehat{\xi}_x}{dt}\right)^2$$

と書ける．空間 L をたくさんの小区間 Δx に分割して，運動エネルギーを各 Δx からの寄与の和としたわけである．$\Delta x \to 0$ の極限にゆくと，これは

$$\int \frac{1}{2}\rho \left(\frac{d\widehat{\xi}_x}{dt}\right)^2 dx$$

という積分に移行する．積分区間はあからさまに書かないが $[0, L]$ である．以下同様．

次に第 2 の難点であるが，これも κ が (10) 式，すなわち T/a で定義されていたことを思い出せば，(13) の第 2 項を

$$\sum_s \frac{1}{2}\frac{T}{a}(\widehat{\xi}_{s+1} - \widehat{\xi}_s)^2 = \sum_s \frac{T}{2}\cdot a \cdot \left(\frac{\widehat{\xi}_{s+1} - \widehat{\xi}_s}{a}\right)^2$$

と書き直して，$a \to 0$ の極限で

$$\int \frac{T}{2}\left(\frac{\partial\widehat{\xi}_x}{\partial x}\right)^2 dx$$

という積分に到達する．$\widehat{\xi}_x(t)$ は x と t との関数だから x についての導関数を偏微分の記号で表わした．そういえば $d\widehat{\xi}_x/dt$ も同様に $\partial\widehat{\xi}_x/\partial t$ と書くべきであった．

こうして，質量が連続に分布した長さ L の〈連続なジュズ〉のエネルギーの表式は

---

7) $a = \Delta x \to 0$

$$\widehat{\mathscr{H}}_{場} = \int dx \left[\frac{1}{2} \rho \left(\frac{\partial \widehat{\xi}_x}{\partial t} \right)^2 + \frac{1}{2} T \left(\frac{\partial \widehat{\xi}_x}{\partial x} \right)^2 \right] \tag{15}$$

となる．これなら場のハミルトニアンとしても使えるだろう．

では，正準交換関係 (8) はどうなるのか？　ここでは次のように考えを運ぶのがよいであろう．まず，s によって滑らかに変わる関数 f_s, g_s をとって

$$\widehat{\xi}_f \equiv \sum_s f_s \, \widehat{\xi}_s \cdot a, \qquad \widehat{\eta}_g \equiv \sum_s g_s \, \widehat{\eta}_s \tag{16}$$

を定義する．$a \to 0$ の極限で，$\widehat{\xi}_f$ が

$$\widehat{\xi}(f) = \int dx \, f_x \widehat{\xi}_x \tag{17}$$

となるのはよいとして，$\widehat{\eta}_g$ のほうは a が掛かっていなくて困るなと不審に思う読者もいるだろう．a を掛けなかったのには理由がある．それは $\widehat{\eta}_s = m(d\widehat{\xi}_s/dt)$ において玉の質量 m が間隔 a に比例して小さくなることを見越して，

$$\sum_s g_s \, \widehat{\eta}_s = \sum_s g_s \, m \frac{d\widehat{\xi}_s}{dt} = \sum_{すべての \varDelta x につき} \rho \varDelta x \, g_x \frac{\partial \widehat{\xi}_x}{\partial t}$$

という運算をすると有限な量が得られるということである．前に運動エネルギーを計算したときと同じ手順をふんだわけだ．こうして $\widehat{\eta}_g$ が $a \to 0$ でも有限な

$$\widehat{\eta}(g) = \rho \int dx \, g_x \frac{\partial \widehat{\xi}_x}{\partial t} = \rho \int dx \, g_x \widehat{\eta}_x \tag{18}$$

に落ち着くことがわかった．

一方，正準交換関係 (8) によれば，

$$\left[\widehat{\xi}_f, \widehat{\eta}_g\right] = \sum_s \sum_{s'} a f_s \, g_{s'} \left[\widehat{\xi}_s, \widehat{\eta}_{s'}\right] = \sum_s a \, f_s \, g_s \cdot (i\hbar)$$

となるから，ここでも $a \to 0$ にいって，

$$\left[\widehat{\xi}(f), \widehat{\eta}(g)\right] = i\hbar \int dx \, f_x \, g_x \tag{19}$$

を得る．これを場の交換関係としてよいであろう．これは任意の[8] 関数 f, g に対してなりたつべきもので，また，そう要求しないと (8) から出るはずの場の交換関係の内容をくみつくしたことにならない．この点を強調するには

---

8)　〈任意の〉といってもなにか範囲を示さない限り意味をなさないだろう．どんな範囲をとるべきかはおいおい考える．

$$[\widehat{\xi}_x, \widehat{\eta}_{x'}] = i\hbar\,\delta(x - x') \tag{20}$$

と書くほうがよいかもしれない．右辺においたのはディラックの δ–関数である．

これで場のハミルトン関数と交換関係がそろったから，量子力学の計算ができることになる．

21.6 場のオブザーバブル

以前，21.3 節の終わりに，場というものは本来は空間の各点に分布した力学変数を意味するのであっても，場の自由度が連続無限とは直ちに言えないと述べた．それは場の交換関係 (20) に δ–関数が現われたことによる．この δ–関数のために〈空間の各点における場の量〉は力学変数になりえないのである．量子力学では，力学変数のことをオブザーバブルまたは観測量とよぶ．

その話に入る前に，変数の書きかえをして記号を慣用のものに合わせておきたい．書きかえというのは，

$$\sqrt{\rho}\,\widehat{\xi}_x(t) \equiv \widehat{\phi}(x, t), \qquad \frac{1}{\sqrt{\rho}}\,\widehat{\eta}_x(t) = \widehat{\pi}(x, t) \tag{21}$$

とし

$$\sqrt{\rho/T} \equiv c \tag{22}$$

とすることだ．こうすると場のハミルトン関数 (15) は，

$$\widehat{\mathscr{H}} = \frac{1}{2} \int dx \left[\widehat{\pi}(x, t)^2 + \frac{1}{c^2} \left(\frac{\partial \widehat{\phi}(x, t)}{\partial x} \right)^2 \right] \tag{23}$$

に変わる．しかし，交換関係 (19) は変わらない：

$$[\widehat{\phi}(f, t), \widehat{\pi}(g, t)] = i\hbar(f, g). \tag{24a}$$

そして，前節では触れなかった他の組合せは，

$$[\widehat{\phi}(f, t), \widehat{\phi}(g, t)] = 0, \qquad [\widehat{\pi}(f, t), \widehat{\pi}(g, t)] = 0. \tag{24b}$$

ただし，前節の f_x なども記号を $f(x)$ とあらためて，

$$\widehat{\phi}(f, t) \equiv \int dx\, f(x)\,\widehat{\phi}(x, t), \qquad \widehat{\pi}(g, t) \equiv 同様 \tag{25}$$

であり，丸い括弧 (,) は次の意味とする：

$$(f, g) \equiv \int dx\, f(x) g(x). \tag{26}$$

こうした目的に使う f などの関数を〈試験関数〉とよぶ. δ–関数を用いて記せば, $(24\,\mathrm{a}, \mathrm{b})$ は,

$$\left[\widehat{\phi}(x, t), \widehat{\pi}(x', t)\right] = i\hbar\, \delta(x - x'). \tag{27}$$

さて, われわれの問題は〈場の自由度〉の数であった. これは, いいかえると, 場に対して独立なオブザーバブルがいくつとれるかという問題だから, つまり, $\widehat{\phi}(f, t), \widehat{\pi}(g, t)$ をつくる試験関数として一次独立なものがどれだけあるかと問うことにしてもよかろう. いろいろと豊富な試験関数に対する $\widehat{\phi}, \widehat{\pi}$ をそろえておけばハミルトン関数やなにかのオブザーバブルは, これから構成できるとしての話である.

では, 試験関数に要求される性質はなんだろうか?

交換関係 $(24\,\mathrm{a}, \mathrm{b})$ から直ちに読みとれる要求は, 二乗可積分でなければ困るということである. その意味は

$$\int |f(x)|^2 dx \text{ が有限確定.} \tag{28}$$

これがないと交換関係が意味をなさないということは, $\left[\widehat{\phi}(f), \widehat{\pi}(f^*)\right]$ を考えてみればわかる. 逆に, $f(x)$ と $g(x)$ が (28) の条件をみたせば (26) の (f, g) が確定するということはシュワルツの不等式からわかる. 申し遅れたが, $\widehat{\phi}(f, t)$ などの時間変数 t は, 今から, 特に必要な場合を除いて, 普段は書かないことにする.

(28) の条件は試験関数の範囲を意外に厳しく制限する. 実際, 二乗可積分な範囲で一次独立な関数の数は可付番無限にすぎないことが知られているのだ. そのために, 関数系 $\{u_s(x) \mid s = 0, 1, 2, \cdots\}$ を

$$\langle u_s, u_{s'} \rangle = \delta_{ss'} \quad \text{(規格直交性)} \tag{29}$$

をみたすように選んで, 条件 (28) を満足する任意の関数 $f(x)$ を──係数 α_s をうまく定めて──

$$f(x) = \sum_{s=0}^{\infty} \alpha_s\, u_s(x) \tag{30}$$

のように展開することができる. ここに角括弧は

$$\langle u, v \rangle = \int dx\, u^*(x) v(x) \tag{31}$$

を意味する.＊は複素共役を示し，これがついている点だけ丸括弧の (26) と違っている.

そこで，場の力学変数としては，

$$\widehat{q}_s \equiv \widehat{\phi}(u_s^*), \qquad \widehat{p}_s = \widehat{\pi}(u_s) \tag{32}$$

を定義し，$s = 0, 1, 2, \cdots$ に対する可付番無限個の対をとりそろえておけば足りることになるのである．これらの変数の交換関係は規格直交性の関係 (29) に注意して (24 a, b) から直ちに得られる：

$$\left.\begin{array}{l} [\widehat{q}_s, p_{s'}] = i\hbar\,\delta_{ss}, \\ [\widehat{q}_s, q_{s'}] = 0, \quad [\widehat{p}_s, \widehat{p}_{s'}] = 0 \end{array}\right\} \tag{33}$$

このような交換関係に従う力学変数の組を**正準変数**とよぶ.

ところで二乗可積分な関数の全体は集まって 1 つの線型空間をつくる．これを L^2 空間という．L はルベーグの頭文字であって条件 (28) をルベーグ積分の意味にとることを表わしているわけだが，いまは，そこまで深く立ち入らない．数学的に誤りのない言い表わしをしようとすれば他にも問題はいろいろあるわけで，たとえば $R \to \infty$ で級数 $\sum\limits_{r=0}^{R} \alpha_r u_r(x) \equiv f_R(x)$ が L^2 の意味で収束しても，それから $\widehat{\phi}(f_R)$ の収束をいうには種々の注釈がいる．そして，その注釈のためには演算子 $\widehat{\phi}(f_R)$ が演算する相手たるべきヒルベルト空間を設定しなければならない．それが次の節の問題である.

21.7 ヒルベルト空間のテンソル積

量子力学においては力学変数は演算子によって表現される．演算子には作用する相手が必要で，それはヒルベルト空間のベクトルである.

われわれの場の正準変数 (32) に対してもヒルベルト空間を用意してやらなければならない．これからそれを行ないたいと思うが，まずは簡単なモデルで小手調べをしよう.

自由度 1 の場合. 正準変数は $\widehat{p}, \widehat{q}$ の 1 組で，交換関係は，

$$[\widehat{q}, \widehat{p}] = i\hbar. \tag{34}$$

この関係を演算子として表現するのに，よく使う手は次のようなものである.

まず二乗可積分な関数の全体のつくる線型空間

$$\mathsf{H}_1 \equiv \mathsf{L}^2(-\infty, \infty) = \left\{ \psi(x) \,\middle|\, \int_{-\infty}^{\infty} |\psi(x)|^2 dx < \infty \right\} \tag{35}$$

をとって，これに属する〈ベクトル〉の対に対して

$$\langle \psi, \varphi \rangle = \int_{-\infty}^{\infty} \psi^*(x)\varphi(x)dx \tag{36}$$

により〈内積〉を導入してヒルベルト空間とする．ベクトル ψ の長さは $||\psi|| = \sqrt{\langle \psi, \psi \rangle}$．そして，$\mathsf{H}_1$ の適当な部分空間 $\mathsf{D}(\widehat{q})$ に属する ψ に対して[9]

$$(\widehat{q}\psi)(x) = x\psi(x) \tag{37}$$

のように $\widehat{q}$ の作用を定義し，また適当な $\mathsf{D}(\widehat{p})$ をとって，それに属する ψ に対して

$$(\widehat{p}\psi)(x) = -i\hbar \frac{d}{dx}\psi(x) \tag{38}$$

と定義する．$\mathsf{D}(\widehat{q})$ や $\mathsf{D}(\widehat{p})$ がどんなものであるのかの問題には，いま，立ち入らないことにしよう．

ひとつ注意しておきたいのはこの空間におけるゼロ・ベクトルについてである．いたるところで値が 0 の関数 χ_0 は，もちろん，0 ベクトルであるが，高々可付番個の点で $\neq 0$，他では $= 0$ という関数も —— 積分をルベーグの意味にした —— 上の定義によれば長さ 0 になる．長さ 0 のベクトルの集まりを H_0 と書こう．そうすると，H_1 においては，2 つの関数 ψ, φ の差が $\in \mathsf{H}_0$ のとき，これらは同一のベクトルとみなすことになる．

前節でも述べたように線型空間 $\mathsf{L}^2 = \mathsf{H}_1$ に可付番無限個の規格・直交な基底ベクトルがとれる．それを，ここでは $\{h_n(x) \,|\, n = 0, 1, 2, \cdots\}$ と書いておくことにしよう．たとえば調和振動子の固有関数をとってもよい．ヒルベルト空間は，これら $h_n(x)$ の線型結合で二乗可積分なものの全体としてもよい：

$$\mathsf{H}_1 = \left\{ \sum_{n=0}^{\infty} \alpha_n h_n(x) \,\middle|\, \sum_{n=0}^{\infty} |\alpha_n|^2 < \infty \right\}. \tag{39}$$

この展開 $\sum \alpha_n h_n$ では，上の意味のゼロ・ベクトルに対しては，展開係数がすべて 0 になる．

$\widehat{q}$ や $\widehat{p}$ の作用は，これら基底ベクトルに対するものを定義しておけば十分である．

---

9)　H_1 の勝手な ψ をとってきたのでは $\widehat{q}\psi$ が H_1 に入らないおそれがあるので，相手を制限する．

自由度2の場合. 正準変数は $\widehat{p}_1$, $\widehat{q}_1$ と $\widehat{p}_2$, $\widehat{q}_2$ の2組で, 交換関係は (33) の型になる. ヒルベルト空間は (35) の拡張としていえば2変数の関数で二乗可積分なもの全体であって, 内積も (36) の積分を二重積分に直したもの, としてよい. 他方, (39) のような定義もできる. それには, 2変数の二乗可積分な関数は, さきの H_1 の基底の積で展開できることを利用するのだ. すなわち,

$$\mathsf{H}_2 = \left\{ \sum_{n_1,n_2=0}^{\infty} \alpha_{n_1,n_2}\, h_{n_1}(x_1) h_{n_2}(x_2) \ \Big|\ \sum_{n_1,n_2=0}^{\infty} |\alpha_{n_1,n_2}|^2 < \infty \right\}. \qquad (40)$$

このように2つの空間の基底の積を新しい基底として作った空間を, もとの空間の〈テンソル積〉といい $\otimes$ で表わす:

$$\mathsf{H}_2 = \mathsf{H}_1 \otimes \mathsf{H}_1 . \qquad (41)$$

積空間の〈内積〉は, もとになった空間の内積から自然に定義される. 基底に対する定義,

$$\langle h_{n_1{}'} h_{n_2{}'} ,\, h_{n_1} h_{n_2} \rangle = \langle h_{n_1{}'} ,\, h_{n_1} \rangle \langle h_{n_2{}'} ,\, h_{n_2} \rangle \qquad (42)$$

を線型性によって全空間に押し拡めるわけである. 演算子 $\widehat{p}_s$, $\widehat{q}_s$ ($s = 1,\,2$) の作用は, あらためて示すまでもあるまい.

なお, H_1 の次元, すなわち一次独立な基底の数は可付番無限であったが, そのような空間ふたつのテンソル積である (41) の次元はやはり可付番無限だ. それは図4と同様な対角線論法によってわかる.

21.8 無限個の空間のテンソル積

自由度 ∞ の場合がわれわれの問題であった.

自由度がふえても必要な数だけの H_1 のテンソル積をつくれば話がすみそうに思われるかもしれないが, その数が無限となると事が面倒になる.

第1に, 前節で行なったのをまねて基底の積 $\prod_{s=1}^{\infty} h_{n_s}(x_s)$ を作っても, これは, ほとんどの点 $x \equiv (x_1, x_2, \cdots)$ に対して意味をなさない. これだけなら, しかし, 単に基底を並べて,

$$(h_{n_1}(x_1), h_{n_2}(x_2), \cdots) \equiv (h_{n_s}(x_s))_{s \in I} \qquad (43)$$

としたものを積空間の基底の1つであると定義してすますこともできよう. 右辺

に記したのは簡略記号で，I は自然数の全体を表わす.

　これからは，並べるものを基底に限らないで，一般に各 H_s からとったベクトル ψ_s を順に並べた〈目録〉とでもいうべきもの,

$$(\psi_1, \psi_2, \cdots) \equiv (\psi_s)_{s \in I} \tag{44}$$

と，それらの有限個の線型結合を考えよう[10]. その全体は次の定義をすれば線型空間になるからである:

$$\left.\begin{aligned}
\text{定数倍} : \ & \lambda \sum \alpha_{(\psi_1, \psi_2, \cdots)} (\psi_1, \psi_2, \cdots) \\
& = \sum \lambda \alpha_{(\psi_1, \psi_2, \cdots)} (\psi_1, \psi_2, \cdots), \\
\text{和} : \ & \sum \alpha_{(\psi_1, \psi_2, \cdots)} (\psi_1, \psi_2, \cdots) + \sum \beta_{(\psi_1, \psi_2, \cdots)} (\psi_1, \psi_2, \cdots) \\
& = \sum (\alpha_{(\psi_1, \psi_2, \cdots)} + \beta_{(\psi_1, \psi_2, \cdots)}) (\psi_1, \psi_2, \cdots).
\end{aligned}\right\} \tag{45}$$

上に断わったように，どの和も有限項しか含んでいないとしている. この空間には，まだ，距離が入っていないから，無限項の和を考えたくても収束の議論ができないのだ. そればかりか，この段階では〈目録〉の異同の判定についても大変に歯がゆい状況にある. たとえば,

$$(\psi_1, \psi_2, \cdots, \psi_{r-1}, \psi_r' + \psi_r'', \psi_{r+1}, \cdots)$$

と

$$(\psi_1, \psi_2, \cdots, \psi_{r-1}, \psi_r', \psi_{r+1}, \cdots) + (\psi_1, \psi_2, \cdots, \psi_{r-1}, \psi_r'', \psi_{r+1}, \cdots)$$

とは，あからさまに書いてない ψ も同じ番号のもの同士が同じだとしても，現在の段階では異なるベクトルとみておかなければならない.

　これらの問題を解決するため，われわれのベクトル空間に内積を入れようとすると，本質的な問題がもちあがる. (44) のような目録を 2 つとって，その内積を (42) のまねをして，かりに

$$\langle (\psi_s')_{s \in I}, (\psi_s)_{s \in I} \rangle = \prod_{s \in I} \langle \psi_s', \psi_s \rangle \tag{46}$$

のように定義したとしよう. 右辺は，一般には複素数の無限積である. この無限積は収束するだろうか？　特別の場合を除いて，それは期待できない.

　仕方がないから，性質のよい目録だけを選び出す工夫をしよう. そのために，定

---

10)　無限に長い目録の場合，このほうが (43) を用いるより空間がせまくなることは明らかであろう.

義を 2 つ：

〈目録 $(\psi_s)_{s\in I}$ は無限積 $\prod\limits_{s\in I} ||\psi_s||$ が収束するとき $\mathfrak{S}$ 目録という〉

収束の仕方に 3 通りが区別される．第 1 に，目録の中に $||\psi_s|| = 0$ のものがまじっている場合．この場合，無限積は 0 になる．第 2 に，どの $||\psi_s||$ も 0 でないが，しかし無限積の極限が 0 になってしまう場合．これも大して面白くない．第 3 は，s の増大につれて $||\psi_s||$ が〈かなり速く〉1 に近づき，そのおかげで無限積が 0 でないある数に収束する場合である．かなり速くという内容が無限和 $\sum |\,||\psi_s|| - 1|$ の収束であることは御承知の方もあろう．

〈目録 $(\psi^s)_{s\in I}$ は無限和 $\sum\limits_{s\in I} |\,||\psi_s|| - 1|$ が収束するとき $\mathfrak{S}_0$ 目録という〉

以上の 2 つの定義の包含関係を表に示せば表 1 のようになる．× 印はそういう場合が起こらないことを示し，$= 0$ などは $\prod\limits_{s\in I} ||\psi_s||$ の値についてである．

表 1　すべての $\mathfrak{S}_0$ 目録は $\mathfrak{S}$ 目録である．$\prod\limits_{s\in I}||\psi_s|| \neq 0$ の $\mathfrak{S}$ 目録は $\mathfrak{S}_0$ 目録である．

$\prod\limits_{s\in I}\|\psi_s\|$ が $\qquad$ $\|\psi_s\|=0$ が $\sum\limits_{s\in I}\|\,\|\psi_s\|-1\|$ が	収束（$\mathfrak{S}$ 目録）			発散
	ない	有限個	無限個	
収束（$\mathfrak{S}_0$ 目録）	$\neq 0$	$= 0$	✕	✕
発散	✕	$= 0$	$= 0$	∞

このようにすれば目録のノルムは定義できる．それが有限のもの（$\mathfrak{S}$ 目録）を全部われわれの空間にとりこみたいと考えるのは自然なことであろう．そうすると，しかし，勝手にとった 2 つの目録に対して (46) の内積が常に存在するとはいえないという不都合が起こる．たとえば $||\psi_s|| = 1,\ \forall\, s \in I$ とし，$(\psi_s)_{s\in I}$ と $(\psi_s\, e^{is})_{s\in I}$ の内積を考えてみよ．

そこで〈準収束〉の概念を導入する：

〈無限積 $\prod\limits_{s\in I} z_s$ は，$\prod\limits_{s\in I} |z_s|$ が収束するとき，その値を

$$\begin{aligned}&(\text{I}) \quad \prod_{s \in I} z_s\text{も収束なら，そのまま，}\\&(\text{II}) \quad \prod_{s \in I} z_s\text{が収束しないならば，0}\end{aligned}\right\} \tag{47}$$

と定める〉

このように定めた無限積の収束を準収束という[11].

このようにすると，$\mathfrak{S}$ 目録同士には (46) によって必ず内積が定義できることが証明される.

さて，(45) に従って目録の線型結合 Ψ を定義しよう．その全体を空間 Λ とよぶ．Λ における内積を上の目録の内積から線型性により拡大定義する．その結果として得られる内積は〈半正定符号〉であることが証明される.

半正定符号とわざわざ断わったのは，前に述べた意味でゼロ・ベクトルでない Ψ も，この内積の定義では $\langle \Psi, \Psi \rangle = 0$ をあたえることがあるからである.

最も簡単な例：$\mathfrak{S}$ であって $\mathfrak{S}_0$ でない目録からきたベクトル（表 1 を見よ）.

$\langle \Psi, \Psi \rangle = 0$ なる Ψ の全体は線型空間をつくることが証明される（内積の半正定符号性からシュワルツの不等式がでるおかげ）．それを空間 Λ_0 とよぶ.

そこで空間 Λ のベクトルのうち，お互いの差が Λ_0 に属するような対は同一視することに約束しよう．これに類したことは自由度 1 の場合にすでに行なった．こうして得られる空間を —— 完備化して —— 無限個の H_s の〈完全テンソル積〉 $\bigotimes_{s \in I} \mathsf{H}_s$ とよぶ.

すぐ上に例として述べたことにより $\mathfrak{S}$ であって $\mathfrak{S}_0$ でない目録からきたベクトルはゼロ・ベクトルと同一視されるから，われわれの完全テンソル積のベクトルはすべて $\mathfrak{S}_0$ 型といってよい.

この空間 $\bigotimes_{s \in I} \mathsf{H}_s$ の次元はいくつだろう？　すぐわかることは，それが連続無限を下らないことである．なぜなら，(43) のような目録で数列 $(n_s)_{s \in I}$ の異なるものが $\mathfrak{S}_0$ 型，かつ互いに一次独立なベクトルをあたえることは明らかだが，そうした数列がすでに連続無限にある．実際，$(n_s)_{s \in I}$ に二進法の小数

$$0 \quad \underbrace{1 \cdots 1}_{n_1 \text{個}} \quad 0 \quad \underbrace{1 \cdots 1}_{n_2 \text{個}} \quad 0 \quad 1 \cdots \tag{48}$$

---

11)　詳しくは，次を参照：湯川秀樹監修『量子力学 II 』岩波講座・現代物理学の基礎，岩波書店 (1978) の § 18.1 Hilbert 空間のテンソル積（江沢執筆）.

を対応させれば，その全体は区間 $[0,1)$ を埋めつくす．

　物理でよく用いられる**フォック空間**というのは，ここで作った $\underset{s \in I}{\otimes} \mathsf{H}_s$ の可付番無限次元の部分空間であり〈不完全テンソル積〉とよばれる．

　無限大の自由度がどんな問題を起こすかの一端を述べた．おもしろいことは，まだまだたくさんある．

22. 自由度無限大の系の量子力学

正準交換関係の表現という立場から量子力学を見ると，自由度が有限の場合と無限の場合のあいだに本質的なちがいが発見される．このことを，ここでは測度論の力をかりて説明し，続いて，ボースの多体系に対するボゴリューボフ(Bogoliubov)の処法の必然性など，無限自由度の量子力学系におこる興味ふかい現象を述べる．

22.1 なにが問題なのか

無限大の自由度というとき，考えているのは，まず第一に，無限個の粒子たちからなる力学系である．たとえば限りなく拡った密度一定の気体．体積 V の無限大は理想化にはちがいないけれども，しかし相転移とかボース–アインシュタイン(B.E.)凝縮とかをあいまいさなしに定義しようと思えば回避するわけにはいかない．

また，たとえば衝突する素粒子．超高エネルギーで起こる多重発生の現象はよく知られていよう．エネルギーが高くなれば粒子の発生数はいくらでも増加するのだろう．これは自由度の荷い手としての '場' の実在を示すものではないか．空間に無限大の自由度が潜在するということではないのか．'場' の自由度は，またラム・シフトのような現実的の効果もひきおこす．

素粒子物理の理論形式としての場は――かりに運動の時空的記述をねがうとすれば――相対性原理の要請でもある．他方，非相対論的の多体問題も第二量子化により場の力学の形式に直される．場の理論において開発された諸方法が物性論・統計力学の方面でむしろ有効に利用されている事実は周知であろう．

だから，自由度無限大の力学系というとき '場' を想いうかべるほうが適切かもしれない．

さて，それでは，量子力学とはなんであったか．自由度の無限大はその答を難かしくする．いわゆる 'ユニタリ同値でない' 表現の存在から起こる問題のためである．まず自由度 N が有限の場合を復習しよう．

量子力学は，古典力学における粒子の位置座標 q_k と運動量 p_k $(k = 1, 2, \cdots, N)$ を正準交換関係（canonical commutation relations, CCR と略す），

$$\left.\begin{array}{l} [\widehat{p_k}, \widehat{q_l}] = -i\hbar\delta_{kl}, \\ [\widehat{p_k}, \widehat{p_l}] = 0, \quad [\widehat{q_k}, \widehat{q_l}] = 0 \end{array}\right\} \tag{1}$$

をみたす自己共役な演算子[1] でおきかえることによって得られるという．しかし，(1) の関係だけで演算子の組 $\{\widehat{p_k}, \widehat{q_k}\}$ は一意に定まるものだろうか？

自由度 N が有限の系に対しては，その一意性をフォン・ノイマンが証明[1] した．ただし '互いにユニタリ変換によって移りかわる演算子の組を同じとみなせば' ということであった．ユニタリ変換によって移りかわる組は互いに 'ユニタリ同値' であるという．

量子力学における観測の理論は，このユニタリ変換の余地を利用して組み立てられている．状態 ψ にある系に物理量 A の観測を行なって a なる値を得たとすれば，系の状態は A の固有値 a の固有状態 u_a に移るが，$\psi \to u_a$ はユニタリ変換である．

また，量子力学における主要な問題のひとつは，ハミルトニアンを $\{\widehat{p_k}, \widehat{q_k}\}$ のある代数式としてあたえられてエネルギー準位を決定することであるが，この一意性定理のおかげで，物理学者は安心して勝手な基底をとり固有値問題を書き下すことができる．その昔，ハイゼンベルクは行列力学をつくりシュレーディンガーは波動力学をつくったが，水素原子のスペクトルとして共に実験に合う同じ答を得たのだった．

このフォン・ノイマンの定理が自由度無限大の系では破れてしまうのである．ことは場の理論における発散の困難に関わるだろうといって，ヴァン・ホーヴが，重い，力の中心と相互作用する中性中間子の模型を論じた[2] のは 1952 年であった．その模型のハミルトニアンはだいたい

$$\widehat{\mathscr{H}_\lambda} = \sum_{k=1}^{\infty} \left[\widehat{h}_0^{(k)} + \lambda\widehat{h}_1^{(k)} \right] \tag{2}$$

---

1) 演算子には ^ をつける．

という形をしており，$\widehat{h}_0^{(k)} = \dfrac{1}{2}(\widehat{p}_k^2 + \widehat{q}_k^2)$, $\widehat{h}_1^{(k)} = \widehat{q}_k$, そして λ は相互作用定数である．$\widehat{h}_0^{(k)} + \lambda\widehat{h}_1^{(k)}$ の固有関数は容易に求まるので，それを $u_{n_k}^{(k)}$ $(n_k = 0,\, 1,\, \cdots)$ と書けば，$\mathscr{H}_\lambda$ の固有関数は

$$u_n = \prod_{k=1}^{\infty} u_{n_k}^{(k)}, \quad n = (n_1,\, n_2,\, \cdots) \tag{3}$$

としてよさそうである．この限りでは何も問題などなさそうに見える．

　ヴァン・ホーヴは，いってみれば，上の問題を λ に関する摂動論で解くことを考えたのである．そのために (2) で $\lambda = 0$ とおいた非摂動ハミルトニアンの固有関数を上と同様に作ると，次の形になる：

$$v_m = \prod_{k=1}^{\infty} v_{m_k}^{(k)}, \quad m = (m_1,\, m_2,\, \cdots). \tag{4}$$

おや，そのどれもが (3) の u_n に直交している．どの u_n をとっても直交している．2つの固有関数系をつなぐべき変換行列はユニタリどころか，その行列要素

$$U_{nm} = \prod_{k=1}^{\infty} \langle u_{n_k}^{(k)}, v_{m_k}^{(k)} \rangle \tag{5}$$

がすべて 0 になる．絶対値が 1 より小さい数を無数に（自由度の数だけ！）掛ける破目になったがためである．これでは摂動論などなりたたない．

　さかのぼって，これを交換関係の非同値な表現の例とみることもできる．$\{u_n\}$ を用いて作った行列表現 $\langle u_{n'}, \widehat{p}_k u_n\rangle$, $\langle u_{n'}, \widehat{q}_k u_n\rangle$ は $\{v_m\}$ を用いて作ったものと上の U_{nm} でつながるべきだが，その U_{nm} が実は存在しないのである——．

　この事情は特別の模型に限ったことではなかった．ランダウたち[3] が示唆した，電子が '裸でいる' 確率 $Z_3 = 0$ はまさに上の事実に符合する．素粒子物理でも物性論でもフォック表現というのがよく使われるが，ハーグ[4] は仮想過程としてでも対創成を許容し同時に運動量 0 の（物理的の）真空状態も含むヒルベルト空間はフォックの表現空間と '直交' していることを証明した．この命題は後に精密化されてハーグの定理とよばれるようになった（後出）．

　考えてみると，ヴァン・ホーヴの模型でも摂動項 $\sum h_1^{(k)}$ は $\{v_m\}$ の張るヒルベルト空間ではそもそも定義できない演算子なのであった．実際 $\|(\sum \widehat{h}_1^{(k)}) v_m\| = \infty$ である．だから，以上のことを次のように要約してもよいであろう．自由度無限大の系に対しては，交換関係を表現するヒルベルト空間として互いに '直交' する

ものが無数にとれる．物理量を表わす演算子(たとえばハミルトニアン)は，その中のそれぞれ特別な空間に対してだけ意味をもつ[5]．演算子ごとにその空間はちがうのが一般と予想されるから，これは観測の理論をはじめとして量子力学の屋台骨をゆるがすに十分である．

研究は二手に分かれて進展してきたといえる．第一に，交換関係の表現にはどんなものがあるか．特に，それぞれを特徴づけるものは何かを探ること．第二は，ヒルベルト空間をあらわに使うことを避け，交換関係から定まる物理量の代数的構造だけを追う形に量子力学を定式化しなおす試みである．

これらの努力が物理の現実的な面に多くの接点を見出したとはまだいえないけれども，たとえば'対称性の破れ'の理解をもたらしたことなど著しい成果もある．対称性の破れは，超電導の BCS 模型とかボース–アインシュタイン凝縮や強磁性の存在とか物性論の諸問題に広汎な関わりをもっている．また，無限自由度の系の統計力学についてはリュエールが成果を書物にまとめたはずである．

われわれは，まず，フォン・ノイマンの定理がなぜ自由度無限大の場合に破れるかの検討から始めて，上に触れた試みを追ってみよう．紙数がなくなって代数的定式化にまで及ぶことができなかったが，これについて荒木氏の精細な解説[6]があることを付言する．

22.2 フォン・ノイマンの一意性定理

定理を述べるためには交換関係 (1) をワイル形に書き直しておく必要がある．(1) は有界な演算子によっては満足されない[2) ので，ヒルベルト空間全体でなりたつとするわけにいかない．その定義域に心を配る面倒[7]をさけるために，ワイルは演算子

$$\widehat{U}(\alpha) = \exp\left[i\alpha \cdot \widehat{q}\right], \qquad \widehat{V}(\beta) = \exp\left[i\beta \cdot \widehat{p}\right] \qquad (6)$$

を導入した[8]．α, β は N 次元の実ユークリッド空間 $\mathbf{R}^N$ のベクトルで，・は $\alpha \cdot \widehat{q} = \sum_{k=1}^{N} \alpha_k \widehat{q}_k$ のように内積を表わす．$\widehat{p}_k, \widehat{q}_k$ は非有界性のため考えるヒルベルト空間 $\mathbf{H}$ の稠密な部分空間でしか定義されないけれども，(6) は等距離性によ

---

2) $[\widehat{q}, \widehat{p}] = i$ より $[\widehat{q}, \widehat{p}^n] = ni\widehat{p}^{n-1}$．よって $2\|\widehat{q}\| \cdot \|\widehat{p}^n\| \geqq n\|\widehat{p}^{n-1}\|$．しかるに $\|\widehat{p}^n\| \leqq \|\widehat{p}\| \cdot \|\widehat{p}^{n-1}\|$．また，$\widehat{p}^{n-1} = 0 \Rightarrow \widehat{p} = 0$(不合理)ゆえ，$\|\widehat{q}\| \cdot \|\widehat{p}\| \geqq n/2$．

り H 全体に一意に拡大されユニタリ演算子となる.

いま $\hbar = 1$ の単位系をとり（以下同様にする）特にシュレーディンガーの表現 $\pi_S : \hat{p}_k \to -i\partial/\partial x_k, \hat{q}_k \to x_k$ をとれば，$\hat{U}(\alpha), \hat{V}(\beta)$ は (i) α_k, β_k につき強連続[3]，(ii) 既約，(iii) 交換関係は形式的の計算で（稠密な領域に対して）得る関係を拡大して，

$$\left.\begin{array}{l} \hat{U}(\alpha)\hat{V}(\beta) = \hat{V}(\beta)\hat{U}(\alpha)\exp\left[-i\alpha\cdot\beta\right], \\ \hat{U}(\alpha)\hat{U}(\beta) = \hat{U}(\alpha+\beta), \quad \hat{V}(\alpha)\hat{V}(\beta) = \hat{V}(\alpha+\beta). \end{array}\right\} \tag{7}$$

フォン・ノイマン [2] が証明したのは，この一種の逆がなりたつことである．すなわち，

定理　上の (i)–(iii) をみたす[3]ユニタリ演算子の組 $\{\hat{U}(\alpha), \hat{V}(\beta)\}$ は，ユニタリ変換を除いて，一意的に定まる．　∎

演算子 $\hat{U}, \hat{V}$ が定まると，それらの強連続性によりストーンの定理 [9, b)] の意味で，

$$\hat{q}_k = \left[-i\partial\hat{U}/\partial\alpha_k\right]_{\alpha=0}, \qquad \hat{p}_k = \left[-i\partial\hat{V}/\partial\beta_k\right]_{\beta=0} \tag{8}$$

なる自己共役演算子が再生される．

定理の証明には，後の議論へのつながりを考慮して，ここではシュトラウマンの方法 [10] をとろう．証明の鍵は $\mathbf{R}^N$ 上で準不変（定義は後出）な測度はルベーグ測度に同値という事実にある．初めの表現を $\hat{U}(\alpha)$ に関して'巡回的'のものに限って考えよう．それは，用いるヒルベルト空間 H が，α を動かしたとき $\{\hat{U}(\alpha)\Phi_0\}$ が H で稠密な部分空間を張るようなベクトル Φ_0 を少なくとも 1 つ含む表現のことである．そのような Φ_0 を巡回性ベクトルという．

まず $\hat{U}(\alpha)$ のスペクトル分解 $\hat{U}(\alpha) = \int e^{i\alpha\cdot x}d\hat{E}(x), x \in \mathbf{R}^N$ によって $\mathbf{R}^N$ 上の測度 $\mu(x) = \langle\Phi_0, \hat{E}(x)\Phi_0\rangle$ を作ると，これは正値性[4]の $\langle\Phi_0, \hat{U}(\alpha)\Phi_0\rangle$ のフーリエ変換だから正定値．すると H はこの μ に関して二乗可積分な関数のつくるヒルベルト空間 $\mathsf{L}^2_\mu(\mathbf{R}^N)$ として具体化できる [11, a)]．対応 $\mathsf{H} \to \mathsf{L}^2_\mu$ を $\hat{E}(x)\Phi_0 \to$

---

3)　半群に関する定理（文献 12a)）により強連続と弱連続はこの場合には同値である.

4)　関数 $K(x)$ は $\int f^*(x)K(x-y)f(y)\,dxdy \geqq 0$ のとき正値性をもつという．μ の正定値をいうのに用いたのはボホナーの定理.

$\Phi_{E(x)}(x') = \theta(x - x')$ ときめれば[5] —— 以下 H と L_μ^2 の対応するベクトルおよび演算子を同じ記号で表わすことにして，$\Phi_0(x) \equiv 1$. また簡単な計算により

$$(\widehat{U}(\alpha)\Psi)(x) = e^{i\alpha \cdot x}\Psi(x), \quad \forall \Psi \in L_\mu^2(\mathsf{R}^N). \tag{9}$$

これで $\widehat{U}(\alpha)$ の作用がきまった．$\widehat{V}(\beta)$ の作用をきめるのには，Φ_0 の巡回性により $\Phi_c(x) \equiv \sum_\nu c_\nu U(\alpha_\nu)\Phi_0(x)$ に演算した結果の式が L_μ^2 全体拡大される．(7) により，

$$(\widehat{V}(\beta)\Psi)(x) = w(x, \beta)\Psi(x + \beta), \quad \forall \Psi \in L_\mu^2(\mathsf{R}^N)$$

ただし $w(x, \beta) \equiv \widehat{V}(\beta)\Phi_0(x)$ とおいた．$\widehat{V}$ のユニタリ性は

$$\int |\Psi(x)|^2 \, d\mu(x) = \int |w(x, \beta)|^2 |\Psi(x + \beta)|^2 \, d\mu(x)$$

が任意の $\Psi \in L_\mu^2$ につき成立することを要求するが，これは $d\mu(x+\beta) = |w(x, \beta)|^2 d\mu(x)$ と書けばわかるとおり測度 μ に対する準不変性の要求にほかならない．測度 μ が '(平行移動に関して) 準不変' とは $d\mu(x) = 0 \Rightarrow d\mu(x+\beta) = 0, \forall \beta \in \mathsf{R}^N$ となることをいうのである．$\widehat{V}$ の作用は，こうして

$$(\widehat{V}(\beta)\Psi)(x) = \sigma(\beta, x)\sqrt{\frac{d\mu(x + \beta)}{d\mu(x)}}\,\Psi(x + \beta), \quad \forall \Psi \in L_\mu^2(\mathsf{R}^N) \tag{10}$$

の形となる．ただし $\sigma(\beta, x)$ は未定の位相因子である．

さて，準不変な測度はルベーグ測度 $d^N x$ に同値だから

$$d\mu(x) = \rho(x)d^N x \tag{11}$$

となる関数 $\rho(x) > 0$ がある[11, b]．簡単な計算により $\rho(\beta) = \rho(0)|w(0, \beta)|^2$ が知れるので，C を規格化定数として $d\mu(x) = C \cdot |w(0, x)|^2 d^N x$. そこで $L_\mu^2(\mathsf{R}^N)$ から $L^2(\mathsf{R}^N)$ への写像を $\Psi(x) \to \Psi_{\mathrm{S}}(x) = C^{1/2} w(0, x)\Psi(x)$ によって定めれば，これは等距離的で，ユニタリになる．この写像に伴う $\widehat{U}(\alpha)$, $\widehat{V}(\beta)$ の像をやはり S をつけて表わすと，(9) と (10) は

$$\left.\begin{array}{l} U_{\mathrm{S}}(\alpha)\Psi_{\mathrm{S}}(x) = e^{i\alpha \cdot x}\Psi_{\mathrm{S}}(x), \\ V_{\mathrm{S}}(\beta)\Psi_{\mathrm{S}}(x) = \Psi_{\mathrm{S}}(x + \beta) \end{array}\right\} \quad \forall \Psi_{\mathrm{S}} \in L^2(\mathsf{R}^N) \tag{12}$$

をあたえるが，これは前にも触れたシュレーディンガーの表現にほかならない．途

---

5) $\theta(x - x')$ はひとつでも $x_k < x'_k$ があれば 0, その他の場所では 1 という関数.

中の計算に (7) の第 3 式から得られる $w(0, x)w(x, \beta)/w(0, x+\beta) = 1$ を用いた.

　次に巡回的でない表現の場合であるが, これは完全可約でシュレーディンガー表現の直和になることが証明される [10]. その議論にはいま立ち入らない.

22.3　場の理論への拡張 [12], [13]

　前節の議論の延長線上に場の理論をのせてみたらどうなるだろうか？　（エルミート的な）場 $\widehat{\phi}(\boldsymbol{x})$ とそれに共役な $\widehat{\pi}(\boldsymbol{x})$ に対して, 正準交換関係は $[\widehat{\pi}(\boldsymbol{x}'), \widehat{\phi}(\boldsymbol{x})] = -i\delta(\boldsymbol{x}' - \boldsymbol{x})$ などである. 右辺の δ 関数は $\widehat{\phi}(\boldsymbol{x}), \widehat{\pi}(\boldsymbol{x})$ を演算子密度と考えるべきことを示す. そこで適当な（実数値）関数空間 $\mathsf{D}_\phi, \mathsf{D}_\pi$ からそれぞれ f, g をとって,

$$\widehat{\phi}(f) = \int d\boldsymbol{x}\, f(\boldsymbol{x})\widehat{\phi}(\boldsymbol{x}), \qquad \widehat{\pi}(g) = \int d\boldsymbol{x}\, g(\boldsymbol{x})\widehat{\pi}(\boldsymbol{x}) \tag{13}$$

を扱う. いわゆる '均らした' 場である. $\mathsf{D}_\phi, \mathsf{D}_\pi$ には, 内積 $(f_1, f_2) = \int d\boldsymbol{x}\, f_1(\boldsymbol{x}) \times f_2(\boldsymbol{x})$ によるノルム $\|f\|^2 = (f, f)$ をいれておこう. こうしておいて,

定義　$(\mathsf{D}_\phi, \mathsf{D}_\pi)$ をきめたとき, 場の正準交換関係（CCR）の表現とは, ヒルベルト空間 H と, その上のユニタリ演算子の組 $\{\widehat{U}(f), \widehat{V}(g) \mid f \in \mathsf{D}_\phi, g \in \mathsf{D}_\pi\}$ の一対で, 以下の二条件をみたすものをいう.

（ i ）
$$\left.\begin{aligned} \widehat{U}(f)\widehat{V}(g) &= \widehat{V}(g)\widehat{U}(f)\exp\left[-i(f, g)\right], \\ \widehat{U}(f_1)\widehat{U}(f_2) &= \widehat{U}(f_1 + f_2), \\ \widehat{V}(g_1)\widehat{V}(g_2) &= \widehat{V}(g_1 + g_2). \end{aligned}\right\} \tag{14}$$

（ ii ）　$f \in \mathsf{D}_\phi, g \in \mathsf{D}_\pi$ を固定したとき実変数 t に関して $\widehat{U}(tf), \widehat{V}(tg)$ が弱（強としても同じ）連続.

　この定義の心は, いうまでもなく $\widehat{\phi}(f) \to U(f) = \exp\left[i\widehat{\phi}(f)\right]$, $\widehat{\pi}(g) \to V(g) = \exp\left[i\widehat{\pi}(g)\right]$ であって, 表現が 1 つ定まれば強連続性 (ii) により逆に場の演算子が構成される.

　特に $\mathsf{D}_\phi, \mathsf{D}_\pi$ が有限次元のとき, その中に正規直交系 $\{u_k\}$ をとって $f = \sum \alpha_k u_k$, $g = \sum \beta_k u_k$ とすれば上の定義は前節のそれに —— 既約性の条件が落としてある点をのぞいて —— 一致する.

　さて, $\mathsf{D}_\phi, \mathsf{D}_\pi$ が無限次元のとき上のように定義した正準交換関係の表現に対しフォン・ノイマンの一意性定理が拡張されないのは, 無限次元の空間には互いに

256

同値でない測度が無数に存在する[11, c)] ためである.

　事実,前節の x に当るものは $\phi(f)$ の '固有値' で,その全体は D_ϕ のある種の双対空間 $\mathsf{D}_{\phi'}$ と同一視されるが,これが無限次元なのである.

　もちろん,巡回的の表現に話を限るならば,前節の議論のうち (10) 式のところまでは今度もほぼ平行に進められるのであって,その結果,'場の CCR の巡回表現は (9), (10) に対応した形,

$$\left.\begin{aligned}(\widehat{U}(f)\,\Psi)(z) &= e^{i(f,z)}\Psi(z)\,,\\[2mm](\widehat{V}(g)\,\Psi)(z) &= \sigma(g,z)\sqrt{\frac{d\mu(z+g)}{d\mu(z)}}\;\Psi(z+g)\end{aligned}\right\} \tag{15}$$

$$f\in\mathsf{D}_\phi,\quad g\in\mathsf{D}_\pi,\quad z\in\mathsf{D}_{\phi'},\quad \Psi\in\mathsf{L}^2_\mu(\mathsf{D}_{\phi'})$$

になり,測度と位相因子の組 (μ,σ) で特徴づけられる' ことがいえる.ただし測度は測度ゼロの集合を共有するとき,そのときに限って同値とし,位相因子のほうにもある同値関係を入れる.

　無限次元の空間にどうやって測度を入れるかは興味ぶかい話題であるが,今は立ち入らない.

　特別の場合. (dz) を D'_ϕ 上のある測度として

$$d\mu(z) = C\exp\left[-\|z\|^2\right](dz) \tag{16}$$

にとれば ($\mathsf{D}_\phi=\mathsf{D}_\pi=\mathsf{L}^2(\mathsf{R}^3)$ とする),

$$(\widehat{\phi}(f)\,\Psi)(z) = \left[\frac{d}{dt}(U(tf)\,\Psi)(z)\right]_{t=0} = i(f,z)\,\Psi(z),$$

$$\begin{aligned}(\widehat{\pi}(g)\,\Psi)(z) &= \left[\frac{d}{dt}(V(tg)\,\Psi)(z)\right]_{t=0}\\[2mm]&= \left\{\left[\frac{d\sigma(tg,z)}{dt}\right]_{t=0} - \sigma(0,z)(g,z)\right\}\Psi(z)\\[2mm]&\quad + \sigma(0,z)\left[\frac{d\Psi(z+tg)}{dt}\right]_{t=0}\end{aligned}$$

となる.さらに $\sigma\equiv 1$ とすれば,$\Psi=\Phi_0\equiv 1$ に対して

$$\left[\widehat{\phi}(f)+i\widehat{\pi}(f)\right]\Phi_0^{\mathrm{F}} = 0 \tag{17}$$

となることから表現はフォック型である.$\Phi_0^{\mathrm{F}}\equiv\Phi_0$ はフォックの真空とよばれる.

簡単な計算により

$$\langle \Phi_0, U(f)V(g)\, \Phi_0 \rangle = \exp\left[-\frac{1}{4}\|f\|^2 - \frac{1}{4}\|g\|^2 - \frac{i}{2}(f,g) \right] \tag{18}$$

を得る. $\langle \Phi_0, U(f)\, \Phi_0 \rangle = \exp\left[-\frac{1}{4}\|f\|^2 \right]$ となるのは，そのフーリエ変換が測度 (16) をあたえるべきことから予想されたことである.

22.4 フォックの表現など [6], [14]

前節では $\mu =$ ガウス型，$\sigma = 1$ というフォック表現の特徴づけを述べた．しかし，物理でよく用いられる特徴づけはまたちがっている．$\mathsf{D}_\phi = \mathsf{D}_\pi = \mathsf{L}^2(\mathsf{R}^3)$ に直交基底 $\{u_k\}$ をとり $\widehat{\phi}(u_k)$, $\widehat{\pi}(u_k)$ を考えれば，$\widehat{a}_k = [\widehat{\phi}(u_k) + i\widehat{\pi}(u_k)]/\sqrt{2}$ により消滅・生成の演算子 $\widehat{a}_k$, $\widehat{a}_k^*$ が作れる．$\widehat{a}_k^* \widehat{a}_k$ を対角化すると，その固有値を $|n_1, n_2, \cdots > \equiv |\{n_k\} >$ と並べ状態空間の基底のラベルにすることができる.

2 つの基底 $|\{n_k\} >$ と $|\{n_k'\} >$ とは $n_k \neq n_k'$ が有限個の k に対してしか起こらないとき '同類' とよぶ．これは反射，対称，推移の三公理をみたす同値関係である.

定義　状態 $\Phi_0 = |0, 0, \cdots >$ を 'フォックの真空 (あるいは no-particle state)' とよぶ．フォックの真空と，それに同類な基底の全体とが張る空間を完備化してフォック空間 H_F という．H_F における a_k, a_k^* の作用として場の演算子を表現したものがフォック表現である．∎

この定義によれば，フォックの空間には，無限個の粒子を含む状態は完備化の際にまぎれこむ尻尾のさき程度しかなく，粒子総数の演算子，

$$\widehat{\mathcal{N}} = \sum_{k=1}^{\infty} \widehat{a}_k^* \widehat{a}_k \tag{19}$$

が稠密な定義域をもつ．一般に粒子総数の定義される表現はフォック表現にユニタリ同値である.

フォック表現は，だから，'no-particle state のある既約表現' と規定してもよいし，また '粒子総数の定義できる表現' としてもよい.

---

6)　相対論的の系を扱うには $\widehat{a}_k = [\widehat{\phi}(K^{\frac{1}{4}}u_k) + i\pi(K^{-\frac{1}{4}}u_k)]/\sqrt{2}$ とする．$K = -\Delta + m^2$.

　もちろん，たとえば $|1, 1, \cdots >$ というベクトルの同類を集めても CCR の既約表現はできるが，これはフォック表現とユニタリ同値でない．一般に $|\{n_k\} >$ を同類に分けたそのクラスの数だけ非同値な表現が生ずるのであって[7]，その総数は連続無限である．

　実は，これで表現がつきるわけではなく，他に '連続表現' とよばれる仲間もある．上に述べたのを '離散表現' という．

　フォック表現はある意味で役に立たない表現である．その 1 つの例証は 22.1 節のヴァン・ホーヴ模型に見た．また，体積 V の箱に入れたボース気体を扱うのに D_ϕ の基底を V 内の平面波にとり，B.E. 凝縮を仮定してボゴリューボフの置換

$$\widehat{a}_0 \to \sqrt{\rho_0 V} \tag{20}$$

を行なって，低密度の近似でハミルトニアン

$$\widehat{\mathscr{H}} = \sum_{k_z > 0} \left[\varepsilon(k)(\widehat{a}_k^* \widehat{a}_k + \widehat{a}_{-k}^* \widehat{a}_{-k}) + v(k)(\widehat{a}_k^* \widehat{a}_{-k}^* + \widehat{a}_k \widehat{a}_{-k}) \right] \tag{21}$$

を得たとする．この $\widehat{\mathscr{H}}$ は $\widehat{a}_k$, $\widehat{a}_k^*$ にフォック表現を用いるかぎり $V \to \infty$ で意味を失うのである．実際 $\| \widehat{\mathscr{H}} |0 > \|^2$ を作ってみると，これは（運動量の状態密度が V に比例するために）$V \to \infty$ で発散してしまう．

　この事情を一般化して述べればハーグの定理になる：

定理　ユークリッド群（空間の並進と回転）に関して不変な理論に CCR のフォック表現を用いると，フォック真空それ自身がユークリッド不変になる．

　証明 [15]　ユークリッド群の変換を $\boldsymbol{a} =$ 並進，$\boldsymbol{R} =$ 回転として $\widehat{\mathcal{V}}(\boldsymbol{a}, \boldsymbol{R})$ と書けば，

$$\widehat{\mathcal{V}}(\boldsymbol{a}, \boldsymbol{R})\, \widehat{\phi}(\boldsymbol{x})\, \widehat{\mathcal{V}}^{-1}(\boldsymbol{a}, \boldsymbol{R}) = \widehat{\phi}(\boldsymbol{R}\boldsymbol{x} + \boldsymbol{a}), \tag{22}$$

$\widehat{\pi}(\boldsymbol{x})$ についても同様となる．ところがフォック真空は[6]

$$\left[\widehat{\varphi}(\boldsymbol{x}) + i\widehat{\pi}(\boldsymbol{x}) \right] \Phi_0^{\mathrm{F}} = 0 \tag{23}$$

をみたすから，(22) により $\widehat{\mathcal{V}}(\boldsymbol{a}, \boldsymbol{R})\Phi_0$ もみたす．ゆえに

---

7)　これはフォン・ノイマンの不完全直積の理論を枠として論ずべき事柄である．
　　J. von Neumann : *Compositio Math.* **6**(1938) 1，全集第 III 巻に収載されている．文献 [2] の宮武はこの理論によってヴァン・ホーヴ模型を論じた．

$$\widehat{V}(\boldsymbol{a}, \boldsymbol{R})\,\Phi_0 = \omega(\boldsymbol{a}, \boldsymbol{R})\,\Phi_0 . \tag{24}$$

フォック表現の空間に真空は位相の自由さを別にして 1 つしかないからである. ω はその位相因子. この式は $\{\boldsymbol{a}, \boldsymbol{R}\} \rightarrow \omega(\boldsymbol{a}, \boldsymbol{R})$ がユークリッド群の 1 次元表現になることを示すが, この群は非可換だから, それは $\omega \equiv 1$ 以外であり得ない. よって $\widehat{V}(\boldsymbol{a}, \boldsymbol{R})\,\Phi_0^{\mathrm{F}} = \Phi_0^{\mathrm{F}} = $ 不変. ∎

　定理のいうユークリッド不変の状態は物理的の真空と解釈するほかあるまい. しかし一方, フォックの真空を基底状態にもつ力学系は自由場しかない. ユークリッド不変な相互作用はフォック表現では記述できないわけである.

22.5　GNS 構成法

　では, 物理に役立つ正準交換関係の表現をどうやって構成したらよいか？　前に 22.3 節で述べた形式は扱いやすいものとはいえない. ここでは 1955 年にワイトマン[16] が物理にもちこんだ方法を述べよう. 基礎になるのは, 場の演算子のあらゆる積の真空期待値をあたえることが正準交換関係の 1 つの巡回表現をきめることに等価だという事実である.

　ついでながら, その真空期待値を算出するのにグリーン関数の手法を用いると考えれば, この手法は, 非同値な表現からの選択という問題を解くものとして位置づけられよう. 論理的の整合性において (21) のようなハミルトニアンを変換するのより優れているわけである.

　場の演算子のあらゆる積の真空期待値という代りに, その母関数として $\langle \Phi_0, \widehat{U}(f)\,\widehat{V}(g)\,\Phi_0 \rangle$ をあたえることにしてもよい. つまりは $\mathsf{D}_\phi \times \mathsf{D}_\pi$ 上の汎関数 $E(f, g)$ をあたえることになるが, それは勝手なものではいけない.

定理 [17]　汎関数 $E(f, g)$, $f \in \mathsf{D}_\phi$, $g \in \mathsf{D}_\pi$ が CCR をみたすあるユニタリな $\widehat{U}(f)$, $\widehat{V}(g)$ と規格化された巡回ベクトル Φ_0 との組に

$$E(f, g) = \langle \Phi_0, \widehat{U}(f)\,\widehat{V}(g)\,\Phi_0 \rangle \tag{25}$$

によって対応するための必要十分条件は次の 3 つである：

　　　　交換関係　　$E(f, g)^* = E(-f, -g) \exp\left[i(f, g)\right]$,
　　　　規格化　　　$E(0, 0) = 1$,

正値性 　　$\displaystyle\sum_{i,j=1}^{n} c_i c_j^* \, E(f_i - f_j, g_i - g_j) \exp\left[i\{(g_i, f_j) - (g_i, f_i)\}\right] \geqq 0.$

最後の条件は，整数 n，複素数 c_i，試験関数 $f_i \in \mathsf{D}_\phi$, $g_i \in \mathsf{D}_\pi$ の任意の組に対し常になりたつものとする． ▮

　この定理の '必要' の部分は容易に証明される．'十分' のほうが主張しているのは，三条件をみたす $E(f, g)$ があたえられると，正準交換関係の表現が——ヒルベルト空間 H と，その上の演算子が，その $E(f, g)$ を再現するように——再構成されるということで，この部分はときに reconstruction theorem とよばれる．再構成はユニタリ変換を除いて一意である．あたえられた汎関数からヒルベルト空間と演算子を再構成することを 'GNS[18] 構成法' という．

　いま特にフォック表現をとって (25) を計算すれば再び (18) を得る．これを $E_\mathrm{F}(f, g)$ と記すことにしよう．

　フォック以外の表現もこの方法で構成して性質を調べてみようと思っても，実は正値性をもつ汎関数はそんなに容易には作れない．そこで考えられたのは，まず自由度 N の有限な系に対し $E(f, g)$ を作り，$N \to \infty$ の極限を見る方法である．こうすれば上の三条件は極限の汎関数によっても自動的にみたされる．

　理想ボース気体の場合[19] を例にとれば，粒子密度 ρ は固定しておくとして初め体積 V を有限とする．ここではフォック表現が使えるが，基底状態では粒子は ρV 個ぜんぶが運動量 0 の準位にいる．B.E. 凝縮である．この状態でもって $U(f) V(g)$ の期待値をつくり $E_V(f, g)$ とすれば，極限にいって

$$E(f, g) = \lim_{V \to \infty} E_V(f, g) = E_\mathrm{F}(f, g) \, J_0\left(\sqrt{2\rho[\widetilde{f}(0)^2 + \widetilde{g}(0)^2]}\right) \tag{26}$$

となり，フォックの汎関数にベッセル関数が余分にかかる．$\widetilde{f}(k)$ は $f(\boldsymbol{x})$ のフーリエ変換である．$\widetilde{g}$ も同様．

　さて，この汎関数から再構成されるのはどんな表現であろうか？　とにかく，それは密度 ρ をもって無限に拡った気体の記述に適当なものになると期待される．

　再構成は(ユニタリ変換を除いて)一意とわかっているから，(26) をあたえる表現が，どんな方法によるにせよ，1 つ構成されればおしまいである．まずフォック表現の演算子 $\widehat{\phi}_\mathrm{F}$, $\widehat{\pi}_\mathrm{F}$ と真空 Φ_0^F をとり，θ をパラメタとして

$$\left.\begin{aligned} \widehat{\phi}_\theta(x) &= \widehat{\phi}_\mathrm{F}(x) + \sqrt{2\rho} \, \cos\theta, \\ \widehat{\pi}_\theta(x) &= \widehat{\pi}_\mathrm{F}(x) + \sqrt{2\rho} \, \sin\theta \end{aligned}\right\} \tag{27}$$

を考えよう. これから作った $\widehat{U}_\theta(f)$, $\widehat{V}_\theta(f)$ は

$$E_\theta(f,g) = E_{\mathrm{F}}(f,g) \exp\left[i\sqrt{2\rho}\left\{\widetilde{f}(0)\cos\theta + \widetilde{g}(0)\sin\theta\right\}\right]$$

をあたえるが, これはまだ (26) とはちがう. しかし, その作り方からいって上の定理の三条件, とりわけ正値性をみたしていることは確実である. その上, ベッセル関数の積分公式を思い出すと (26) は

$$E(f,g) = \int_0^{2\pi} E_\theta(f,g)\, \frac{d\theta}{2\pi} \tag{28}$$

と書ける! 勝手な分解をしたのではない. 正値性をもつ成分 E_θ に分けたのである. (27) によって作った表現は明らかに既約だから, つまり $V \to \infty$ の極限で表現は可約と化し, (28) により既約成分に直和分解[11, d)] されたわけである.

　その既約成分 (27) においては運動量 0 の消滅演算子が――仮に V を有限に擬していえば――

$$a_0^\theta = a_0^{\mathrm{F}} + \sqrt{\rho V}\, e^{i\theta} \tag{29}$$

となり, 前にも触れたボゴリューボフの置換 (20) に照応する. この置換はゲージ不変なハミルトニアンを (21) のように不変でないものに変えてしまうが, その原因は無限自由度の極限で正準交換関係の表現が可約に化したところにあった. この可約性は, 直観的にいえば, 無限自由度ボース系の状態が θ でラベルされる無限の縮退をもつことである. 縮退した状態がゲージ変換によって互いに移りかわるといえればなおよいのだけれども, その変換を生成すべき粒子総数の演算子は存在しない. 存在しないからこそ可約性が生じたのである.

　同様な対称性の破れは BCS 模型でも起こる[20].

＊　＊　＊

　このあと, ヒルベルト空間を離れた場の理論の代数的定式化やその他の試みについて述べるつもりであったが, あたえられた紙数がつきた. 別の所[21] にまわさせていただく.

参考文献

[1] 　J. von Neumann : *Math. Ann.* **104** (1931), 570.

[2] 　L. van Hove : *Physica* **18** (1952), 145 ; O. Miyatake : *J. Inst. Polytech. Osaka City Univ.* **2A** (1952), 89, ; **3A** (1952), 145 ; H. Ezawa : *Progr. theor. Phys.* **30**

262

(1963), 545.

[3]　L. D. Landau, A. A. Abrikosov and I. M. Halatonikov : *Dokl. Akad. Nauk S. S. S. R.* **95** (1954), 497, 733, 1177 ; **96** (1954), 261.

[4]　R. Haag : *K. Danske Vidensk. Selsk. mat.-fys. Medd.* **29**, No. 12 (1955).

[5]　I. E. Segal : *Ann. Math.* **72** (1960), 594.

[6]　荒木不二洋：「数学」, 1968 年 8 月号, 岩波書店.

[7]　C. R. Putnam : *Commutation Properties of Hilbert Space Operators*, Springer, New York (1967). Chap. IV にいろいろの人の定式化が述べられている.

[8]　H. Weyl : *Z. Phys.* **46** (1927), 1 ; *Gruppentheorie und Quantenmechanik*, Hirzel, Leipzig (1931), p.241.

[9]　K. Yoshida : *Functional Analysis*, Springer, Berlin (1966). a) –p.232, b) –p.253.

[10]　N. Straumann : *Helv. Phys. Acta* **40** (1967), 518.

[11]　I. M. Gelfand and N. Ya. Vilenkin : *Generalized Functions*, Vol.4, tr. by A. Feinstein, Academic Press (1964). a) –p.129. b) –p.351, c) –p.358, d) –p.114.

[12]　H. Fukutome : *Progr. theor. Phys.* **23** (1960), 989 ; J. S. Lew : Princeton Thesis, 1960.

[13]　梅村泰郎：「数理科学」, 1963 年 9 月号, ダイヤモンド社.

[14]　A. S. Wightman and S. S. Schweber : *Phys. Rev.* **98** (1955), 812 ; F. A. Berezin : *The Method of Second Quantization*, tr. by N. Mugibayashi, Academic Press (1966).

[15]　A. S. Wightman : Revised Notes for Cargèse Lectures, *I. H. E. S.* プレプリント, July, 1964.

[16]　A. S. Wightman : *Phys. Rev.* **101** (1956), 860 ; R. F. Streater and A. S. Wightman : *PCT, Spin & Statistics and All That*, Benjamin (1964), p.117.

[17]　H. Araki : *J. math. Phys.* **1** (1960), 492.

[18]　I. M. Gelfand, M. A, Naimark, I. E. Segal の頭文字.

[19]　H. Araki and E. J. Woods : *J. math. Phys.* **4** (1963), 637.

[20]　H. Ezawa : *J. math. Phys.* **5** (1964), 1078.

[21]　江沢 洋：「数理科学」, 1969 年 12 月号, ダイヤモンド社.

23. 場の数理科学の始まり

　数学的方法で研究されてきた場の量子論の事始の歴史を，ここではおもに研究集会や国際会議の報告といった文献の解題という形で述べてみよう．文献の名前は和訳するが，編者や文末に示す発行年・発行所といったデータから同定の糸をたぐることはむずかしくないだろう．

　はじめに座標の原点を定める．といっても，ここに限らず以下ずっとそうだが，問題ごとに最も重要な文献を誤りなくあげるという準備は，いま，ない．手近にある資料だけを用いるので見落としもたくさんあることと思う．

1928　P. A. M. ディラック：電子の相対論的波動方程式 [1]，

1929　W. ハイゼンベルクと W. パウリ：波動場の量子力学 [2]，

1935　湯川秀樹：素粒子の相互作用について [3]，（中間子の導入）．

　このあたり，つまり 1920 年代のなかばから 10 年くらいの間に場の量子論がはじまったとみてよかろう．

　すこし，とんで（1945 年に第二次世界大戦が終わった）——

1947　W. E. ラムと R. C. レザフォード：マイクロ波で測った水素原子の準位の微細構造 [4]，水素原子のエネルギー準位が Dirac の相対論的波動方程式から予想されるよりわずかにずれている（図 1）という事実——ラムのズレ $\Delta E \fallingdotseq 1000$ メガ・サイクル——の発見である．

　H. A. ベーテ：エネルギー準位の電磁的なずれ [5]．水素原子の電子が核のまわりを回るというのが初等量子力学の描像だが，電子が回りながら光子を吐いたり吸ったりするという場の理論的な効果のためエネルギー準位がずれると主張し，これがラム・シフトの原因だとして予備的な計算を行なった．計算結果は $\Delta E = 1040$ メガ・サイクル．上掲の実験値と見事に一致している．

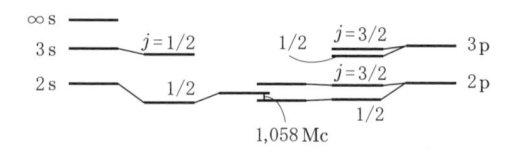

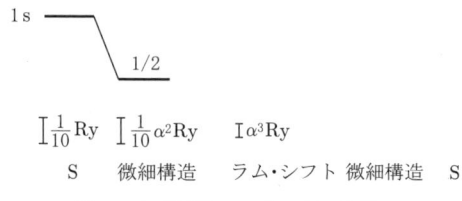

$$\int \frac{1}{10}\mathrm{Ry} \quad \int \frac{1}{10}\alpha^2\mathrm{Ry} \quad \mathrm{I}\,\alpha^3\mathrm{Ry}$$

S　微細構造　ラム・シフト　微細構造　S

図1　水素原子のエネルギー準位.

S はシュレーディンガーの波動方程式をもちいた非相対論的な理論による準位.　相対論的なディ
ラックの波動方程式を用いるとエネルギー準位に微細構造があらわれる.　ラム・シフトは電子と
光の場の量子力学的なゆらぎによっておこる.

　Ry はエネルギーの単位で 13.60 eV のこと.　プランク定数で割って周波数で表わせば 3.29 ×
10^{15} サイクル/秒 (Hz) となる.　図の 1 Mc は 10^6 サイクル/秒のこと.

　1949　朝永振一郎：素粒子論の進展 —— 無限大の困難をめぐって [6].　電子が
光を吐いたり吸ったりを常に繰り返しているという上述の過程や, 電子のまわりで
陰陽電子の対が生成・消滅してゆらぐという過程は, 場の理論につきものだが, ‘摂
動論’ で計算してみると電子の固有の質量 m を増加させて見かけの質量 $m + \delta m$
を無限大にしたり電子の電荷 e を遮蔽により $e + \delta e = ($無限大$)^{-1}e$ にしたりする.
このままでは計算法は使いものにならないが, しかし, 準位のずれの例などでみ
ると計算結果の無限大は電子の質量の変化 δm, 電荷の変化 δe のなかに繰り込ん
でしまうことができる.　すなわち, 計算結果を $m + \delta m \equiv m'$, $e + \delta e \equiv e'$ で書
くようにまとめなおすともうどこにも無限大が残らないし, それに物理的にはこ
の m', e' こそ質量と電荷の実測値に対応するはずだからといって —— δm, $\delta e/e'$
が無限大であることは棚に上げ —— あえて実測値で $m + \delta m$, $e + \delta e$ を代用する
ことにすると, 摂動計算の結果は見かけ上は有限になる.　それがまた準位のずれ
などの実験値によく合うのである!!　どのくらい合うのか?

　ラムのズレ ΔE については, いま手もとに理論は 1972 年, 実験は 1953, 1968
年の結果しかないが [7], Mc はメガ・サイクルとして,

理論値 (1057.911 ± 0.012) Mc, 実験値 (1057.88 ± 0.06) Mc.

μ 粒子の異常磁気能率といわれる量については, 理論は 1972 年, 実験は 1968 年の値がある[7]. 単位は $e\hbar/(\mu \text{の質量} \times c)$ として,

理論値 $(116589.5 \pm 1.0) \times 10^{-8}$, 実験値 $(116616 \pm 31) \times 10^{-8}$.

このくりこみ理論は相対論的な場の量子力学に一段階を画したものとみなされている[8]. この理論を創り出した朝永振一郎, J. シュウィンガー, R. P. ファインマンは 1965 年度のノーベル物理学賞を贈られた[9].

話の都合でちょっと年の順を狂わせるが,

1952 F. J. ダイソン:「量子電磁力学における摂動論の発散」[10] に触れておく. 上に述べてきた結果は $\alpha \equiv e^2/\hbar c = 1/(137.03608 \pm 0.00026)$ に関するベキ展開(摂動級数)の低次の項をいくつか計算したもので (μ の異常磁気能率の例では α の 3 次まで), 摂動級数の収束が証明されているわけではない. 仮に e^2 を $-e^2$ に変えたら……という物理的な思考実験によって, ダイソンは, 摂動級数は発散する —— せいぜい漸近級数として意味をもつにすぎない —— と論じた.

このあたりから, われわれの主題が始まる. '年' については報告が印刷になった年よりは当の講演がなされた年をとるというようにしたい. なるべくそうしたいというだけで, そのように統一できているわけではない.

1951 K. O. フリードリクス:『場の量子論の数学的な諸側面』[11]. その基はニューヨーク大学の数理物理セミナーでの講義である.

加藤敏夫による書評[12]:主旨は場の量子力学を数学的に整合的な方法で展開しようというきわめて野心的なものである. しかし, だれでも知っているとおり, これは容易ならぬ大問題であって簡単に片づく仕事ではない. ……今まですてておかれた多くの問題が数学的に解明されていることは疑いない. ……一方, 本質的な数学的困難を素通りして形式的な式の変形に終始しているところもまた少なくない. 数学的には未完成品とみなさなければならないが, それだけに示唆するところが多いのも事実である ——

扱ったのは非相対論的な簡単なモデルだが, それでも湧源の形によりそのまわりに生成・消滅する中間子の総数が有限的な場合 (amyriotic な場) と無限的な場合 (myriotic な場, myriad =一万, 巨万, 無数) とが生じ, これらは数学的に性質がまったく異なることを指摘した. 質点系の量子力学では力学変数に正準交換関係 (CCR) を課せば, 力学変数の演算子による表現はユニタリ同値を除き一意で

あったが[13]，場のように自由度が無限大の力学系では，この一意性が破れるというのである．その後これは《交換関係の表現の非同値性の問題》とよばれるようになった．

　J.M.クック：第二量子化の数学[14], 1)．V.フォックにより定式化[15]されていた第二量子化の演算子の数学的構成をあたえた．フリードリクスのamyriotic表現がこれにあたるので，これは以後フォック表現とよばれる[16]．本巻第22章および「無限自由度のはなし」（本巻第21章；「数理科学」，1970年6月号）も参照．この年にL.シュワルツの『超関数論』が出版された．

　1952　L.ヴァン・ホーヴ：量子化された場の1つの特別なモデルにおける発散の困難について[17]．本質的には上のフリードリクスと同じ問題．モデルも同じといってよい．湧源を点とする極限では，その位置や中間子場との相互作用定数などをちょっと変えても中間子場の表現が非同値なものに移ってしまうという形で結果を述べた．多くの物理学者は，これによって初めて正準交換関係の表現に問題があることを知ったという．同種の問題を日本では宮武 修[18]が正しく無限テンソル積の理論[19]を用いて論じていた．

　この年，ヨーロッパ連合原子核研究所の準備のための《理論研究班》がコペンハーゲンにおかれ，R.ハーグもそれに属することになった．CERNの陽子加速器が最初の試運転に成功したのは1959年11月である[20]．

　1954　L.ゴールディングとA.S.ワイトマン：反交換関係（CAR）の表現，交換関係（CCR）の表現[21]の分類をした．なお[22]も参照．

　1955　R.ハーグ：場の量子論について[23]．特別なモデルによらず，場がみたすべく物理から一般に要請される諸性質にもとづき場の理論の構造を調べるという姿勢（かりに《公理論的アプローチ》とよばれる）の萌芽．

　ハーグの定理：理論のユークリッド不変性を要請するならフォック表現は自由場をしか記述しえない――その初原的な形がここで提出された．

　1956　A.S.ワイトマン：真空期待値を用いての場の理論の定式化[23a]．真空に当たる状態ベクトルによる場の演算子のあらゆる積の期待値がすべてあたえられると，逆に，1つのヒルベルト空間とそこで働く場の演算子の組で真空期待値を再現するようなものが構成できる（再構成定理）ことを述べた．これはC^*–代数の理論でゲルファント–ナイマルク–シーガル構成法[24]とよばれるものにかか

---

　1)　論文の受付が1951年．

わるはずであるが, そのことへの言及はこの論文にはない. 独立な再発見だろう
か. 理論のみたすべき諸性質——ローレンツ不変性, エネルギー・スペクトルが
下に有界なこと, スカラー積の非負性など——を真空期待値の性質に焼き直して
述べた.

1957　フランス CNRS 主催の国際コロキウム：場の量子論の数学的諸問題[25].
6月3日–8日. ワイトマンが「場の相対論的量子力学における 2, 3 の数学的問題」
という講演をして, こう述べた：

> 《公理論的な研究の最終目標は, 局所場の理論の構造のうち公理という一般的
> な仮説から定まる部分は何か, そうでなくて対象の力学的性質の選び方で勝
> 手に変えられる部分は何かを決定することである. その結果, トリヴィアル
> でない相互作用をもつ場の理論はありえないということになれば, それも結
> 構；それの存在がわかって, どんな理論であれその内容を言い表わすのに適
> 当な新しいことばが作れることになれば, なお結構である. 物理学者は理論
> の構造を論ずるのが不得手であるという証拠なら山ほどある. 公理系の研究
> は, 純粋数学者に物理の進歩に貢献しうる稀な機会をあたえるものだと私は
> 思う……》

このあとワイトマンは場の理論の公理系を開陳して, これを真空期待値のこと
ばになおし, さらにハーグの定理を定式化した. 散乱の漸近條件はこのときは公
理の1つだった.

参加者は35人, 数学者をひろえば F. ブルーハット, K. O. フリードリクス, J. ル
レイ, A. リシュノロヴィッツ, L. シュワルツ, I. E. シーガルなど.

R. ハーグは「《公理》の吟味と複合粒子を伴う局所場の理論における漸近條件」
という題の講演をした. ハーグの公理は場の多項式がつくる代数 $\mathfrak{R}$ を素材にとる
ものである. ここでワイトマンの再構成定理が [26] を引用して説明されている.
I. E. シーガルは「場の量子論におけるオブザーバブルの数学的な特徴づけと, 自
由粒子系の構造に対するそれからの帰結」について話した.

この年に J. ディスミエの『ヒルベルト空間における演算子の代数』が出版され
た[27].

1958　夏の学校（イタリヤ）. 講義[28]のなかにはつぎのものが含まれてい
た——L. ゴールディングと J. L. リオンズ：関数解析（主として超関数論）, A. S. ワ
イトマン：相対論的不変性と量子力学, R. ハーグ：場の量子論の枠組. 講義のあ

との散策のおり H 氏と K 氏が場の理論の将来を語りあった．関数解析こそ主要な武器となるだろうと H 氏が主張したのに対して，K 氏は反対し，そんなときがきたらピストルで自身を撃ってもよいといったとのこと．

R. ハーグの散乱理論が Phys. Rev. に出たのは，この年である[28a]．翌 1959 年，M. A. ナイマルクの『ノルム環』の英訳が出た．

1960　荒木不二洋：場の量子論におけるハミルトン形式と正準交換関係[29]．オブザーバブルの集合としての性質が，フォン・ノイマン代数の言葉でよく言い表わされることを指摘した．ゲルファント–ナイマルク–シーガル (GNS) の構成法[24], [26] にいう正値汎関数 E が正準交換関係の巡回表現をあたえるための必要・十分條件を述べて，E があたえられたときハミルトニアンがほとんど一意に定まってしまう（！）ことを示した．この論文は，以後の多くの人々の研究に確かな拠り所を提供した．

アメリカ数学会が '応用数学' のコロラド夏期セミナー（7 月 24 日〜8 月 19 日）を組織し数学と現代物理の間の長年の壁を除こうと試みた．R. ヨストの [34] も，ここでの講演から生まれ育ったものである．I. E. シーガルと G. W. マッケイの『相対性物理の数学的諸問題』（AMS, 1966？）も同様．

この年に Journal of Mathematical Physics（アメリカ物理学会）創刊．

1961　加藤祐輔：場の量子論において摂動級数が収束する 2, 3 の例[30]．高い運動量の切り捨て（cut-off）をするから相対論的ではないが，ともかく無限自由度の系で加藤敏夫の正則摂動の理論[31] の枠におさまる例があるというので研究者たちを驚かせ，かつ勇気づけた．もっとも，このことが一般に認識されたのは 1964 年に A. S. ワイトマンが講演[40] をしてからであるといえそうだ．

J. ゴールドストーン：'超電導解' をもつ場の理論[32]．場の正準交換関係にユニタリ非同値な表現がたくさんあるという一見アカデミックな命題が，'対称性の破れ' を通じ質量 0 の粒子の出現としてハミルトニアンのスペクトルの上に現象するというので話題になった．ここから力学系の対称性をオブザーバブルの代数の '自己同型' としてとらえるという考え[33] が生まれるのだが，いまは省く．

1962　R. ヨスト：『量子化された場の一般理論』はこの年の末までの文献をまとめたもの[34]．荒木不二洋：『公理論的場の理論入門』．スイスはチューリッヒの ETH における夏学期の講義．謄写印刷の講義録が広く流布した．

1963　イタリアのシエナで素粒子論の国際会議[35]．R. ヨストが「物質の相

対論的量子論への4つのアプローチ」として図2[2) を示した.

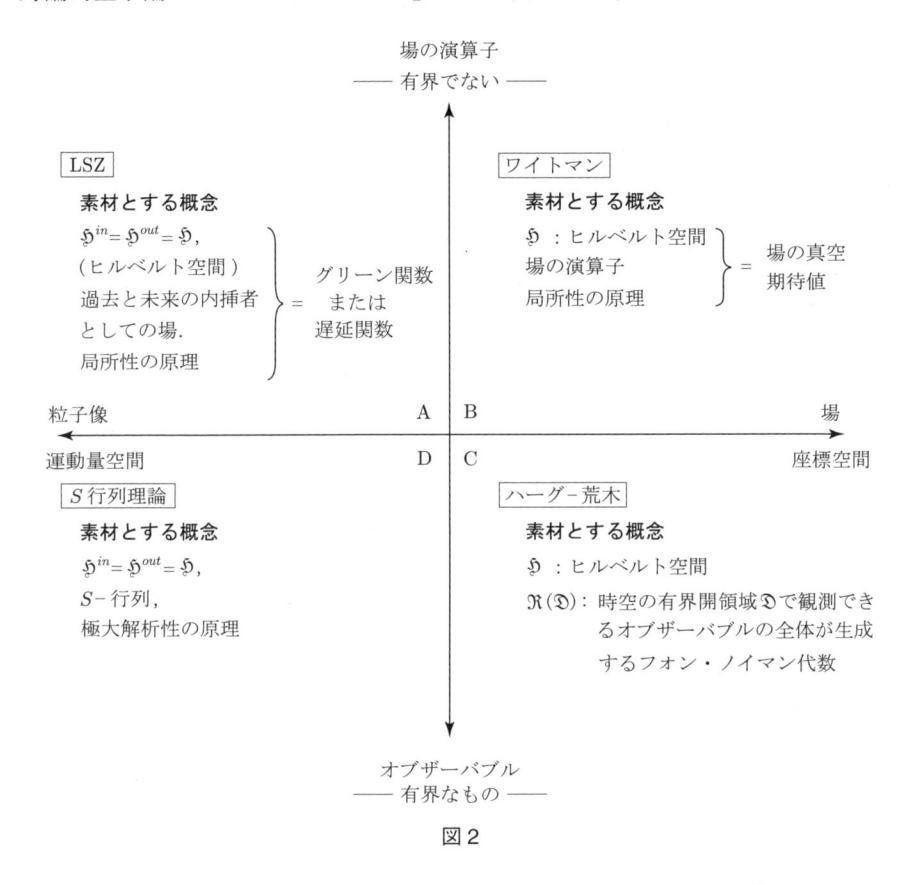

図2

国際原子力機関(当時ウィーン)においてワイトマンが講義：公理論的な場の理論の最近の成果[36].

アメリカでは関数空間における解析の理論と応用を主題とする Endicott House 会議[37]. E.ネルソンにより中性スカラー場と相互作用する非相対論的粒子の問題が経路積分の方法で取り扱われた. なお[38]も参照. [30]とともに場の理論のモデルが徐々に数学的な統制のもとに入ってきはじめているわけである.

日本では, わが「数理科学」がこの年に創刊され梅村泰郎：関数空間上の測度と場の交換関係[39] をのせた. これは上に省いてきたソ連邦での仕事についても,

---

2)　手もとにあるワイトマンの[41]による. いくらかの修正が加えてあるらしい.

よい案内になっている.

この年に I. M. ゲルファント G. E. シロフ『一般関数の理論』第 I 巻の英訳がでた.

1964 コルシカ島のカルギーゼ夏期学校. ワイトマンが量子化された場の相対論的な動力学[40]と題して講義し, 具体的なモデルをヒルベルト空間論の手法で攻め, 方程式の解の存在を論ずべき時がきたと唱えた. なお [41] も参照.

この年に A. S. ワイトマンと R. F. ストリーター:『PCT, スピンと統計, その他の諸々』[42]が出た.

R. ハーグと D. カストラー:場の量子論への代数的アプローチ[43]. 互いに非同値な正準交換関係の表現でも観測の限界を考えると物理的に同値となるものがあると指摘し, 物理的な同値類が「C^*-代数の表現の同値類に一致することを証明した. この年に J. ディスミエの『C^*-代数とその表現』が出た[44]. 翌 1965 年に Communications in mathematical Physics (Springer) 創刊.

荒木不二洋:自由場に対する局所観測量のフォン・ノイマン代数. この代数が, それまでの存在のみ知られ具体例がみつかっていなかった III 型のファクターになっていることを示した[45].

1965 A. ジャッフェ:切断(cut-off)をした $\lambda\phi^4$ 理論に対する存在定理. プリンストン大学に提出した博士論文である. 同じくジャッフェ:ボース場に対する摂動の発散. グリーン関数を摂動論で計算するとくりこみをしたあとでも摂動級数は発散すること, を厳密に証明した[46]. ダイソンの予想(1952)へのひとつの裏書き.

1967 江沢 洋および J. A. スウィエカ:対称性の自滅と質量ゼロの状態. 場の理論の代数的定式化[43]にしたがって Goldstone の定理[32]を証明した[47].

J. グリム:湯川相互作用をもつ 2 次元時空の量子場[48].

1968 J. グリムおよび A. ジャッフェ:切断なしの $\lambda\phi^4$ 理論[49]. ワイトマンのよびかけ (1964) にこたえ相対論的な量子場の具体的なモデルを数学的にきっちりと作ろうとする '構成的な場の理論' がここに始まった. 2 次元時空における $\lambda\phi^4$ 理論, 湯川理論が一応できあがった 1970 年に総合報告が出た[50].

荒木不二洋:C^*-環と物理学[51], 総合報告.

N. N. ボゴリューボフ, A. A. ログノフおよび I. T. トドロフ:『場の量子論への公理論的アプローチ入門』(ロシア語, 邦訳あり[52]).

1973 E. ネルソン:量子場とマルコフ場[53]. ワイトマン 関数を時間につい

て虚軸まで解析接続して得られる場は'ユークリッド時空'におけるマルコフ過程として特徴づけられることを示し，研究に新しい道をひらいた．この年のエットーレ・マヨラナ夏の学校の講義録[54]がよい参考になる．

1975　F.グェラ，L.ローゼンおよび B.サイモン：ユークリッド時空の $P(\phi)_2$ 量子場の理論と統計力学[55]．$P(\phi)_2$ は，2次元時空の量子場 ϕ で ϕ の多項式型の相互作用をもつモデルのこと．それをユークリッド時空に引き直して調べることは，場の古典統計力学を研究するのと同等になる．構成的な場の理論の成果をまとめた総合報告として [56] がある．

なお，歴史的な展望もふくむ読みやすい解説として，荒木不二洋：場の量子論の発展[57]，無限系の量子力学[58]がある．

参考文献

[1]　*Proc. Roy. Soc.* **A 117** (1928), 610 ; **A 118** (1928), 351.

[2]　*Zetis. f. phys.* **56** (1929), 1–61 ; **59** (1930), 168–190.

[3]　*Proc. Phys. Math. Soc. Japan* **17** (1935), 48.

[4]　*Phys. Rev.* **72** (1947), 241–242.

[5]　*Phys. Rev.* **72** (1947), 339–341．本巻第 20 章に「非相対論的くりこみ理論」として解説が載っている．
　　　戦争中から始まって独立に日本でなされていた仕事は 1946 年頃から *Prog. Theor. Phys.* に発表されていたが，S. Tomonaga : *Phys. Rev.* **74** (1948), 224 でも紹介された．くりこみ可能性の一般的判定条件をあたえたのは，S. Sakata, H. Umezawa and S. Kmefuchi, *Prog. Theor. Phys.* **7** (1952), 377 である．

[6]　「科学」，1949 年 1 月号，後に『素粒子論の研究 II』，岩波書店 (1950) に再録された．

[7]　木下東一郎：量子電磁力学の現状，「日本物理学会誌」，**28** (1973), 471–479．より最近の結果が本巻 pp.226–227 に引用されている．

[8]　μ 中間子原子のスペクトルについては理論値と実験値のあいだに実験誤差の 4 倍にも及ぶくいちがいがあって問題になっていたが，解決をみた．*Physics Today*, March 1976，または「科学」，1976 年 6 月号，岩波書店をみよ．

[9]　受賞講演が，朝永振一郎：「科学」，1969 年 10 月号，および朝永の『量子力学と私』，岩波文庫 (1997) ; Feynman：『物理法則はいかにして発見されたか』，江沢 洋訳，ダイヤモンド社 (1968)，および岩波現代文庫 (2001) にそれぞれ収められている．

[10]　*Phys. Rev.* **85** (1952), 631–632．なお，Y. Katayama と K. Yamazaki : *Prog.*

Theor. Phys. **7** (1952), 601 も参照.

[11]　Interscience, 1953.

[12]　加藤敏夫：新著紹介，「日本物理学会誌」，1954 年 5〜6 月合併号（第 9 巻・第 3 号），p.188.

[13]　J. von Neumann : *Math. Ann.* **104** (1931), 570–578.

[14]　*Trans. Am. Math. Soc.* **74** (1953), 222–245.

[15]　V. Fock : *Zeits. f. phys.* **45** (1927), 751.

[16]　正準交換関係の表現については以下の [21]，[22]，[39] を参照.

[17]　*Physica* **18** (1952), 145–159.

[18]　宮武 修：*Jour. Inst. Polytech. Osaka City Univ.* **2A** (1952), 89 ; **3A** (1952), 145.

[19]　J. von Neumann : *Compositio Math.* **6** (1938), 1.

[20]　R. Jungk『巨大機械』，松井巻之助訳，早川書房 (1970).

[21]　*Proc. Nat. Acad. Sci. USA* **40** (1954), 617 ; 同上 **40** (1954), 622.

[22]　A. S. ワイトマンと S. S. Schweber : *Phys. Rev.* **98** (1955), 812–837.

[23]　*Dan. Mat. Fys. Medd.* **29**, No.12 (1955).

[23a]　*Phys. Rev.* **101** (1956), 860–866.

[24]　I. Gelfand と M. Naimark : Rings with Involution and their Representations, *Izv. Akad. Nauk SSSR, Ser. matem.*, **12** (1948), 445–480（ロシヤ語）;
I. E. Segal : *Duke Math. J.* **18** (1951), 221.

[25]　CNRS 国際コロキウムシリーズ，第 LXXV 巻 (1959).

[26]　*Sowjetische Arbeiten zur Funkzionalanalysis*, Akademie Verlag, Berlin (1954). このなかに Naimark の《Inbolutive Algebren》が独訳されているらしい.

[27]　Gauthier-Villars, Paris (1957).

[28]　*Suppl. Nuov. Cim.* **14** (1959).

[28a]　*Phys. Rev.* **112** (1958), 669–673.

[29]　Princeton Thesis ; *Jour. Math. Phys.* **1** (1960), 492–504.

[30]　*Prog. Theor. Phys.* **26** (1961), 99–122.

[31]　T. Kato : *Prog. Theor. Phys.* **4** (1949), 514 ;「数学」，岩波書店 **2** (1950), 21 ; *J. Faculty of Science, Univ. of Tokyo*, Sec. 1, **6** (1951), 145.

[32]　*Nuov. Cim.* **19** (1961), 154–164.

[33]　M. Guenin と G. Velo : Automorphisms and Broken Symmetries in Algebraic Quantum Field Theories, *Nuov. Cim.* **47A** (1967), 36–48.

[34]　*The General Theory of Quantized Fields*, AMS（アメリカ数学会），1965 年に 出版.

[35]　*Proc. of Siena Conf. on Elementary Particles*,（イタリヤ物理学会, Bologna）(1964), vol. II. pp.140–144.

[36]　*Theoretical Physics*, IAEA（国際原子力機関, ウィーン）(1963).

[37]　*Proc.* ed. by W. T. Martin and T. E. Segal, The M. I. T. Press, Cambridge, Mass. 1964.

[38]　E. Nelson : *Jour. Math. Phys.* **5** (1964), 110.

[39]　梅村泰郎 :「数理科学」1963 年 9 月号，pp.53–60.

[40]　*High Energy Electromagnetic Interactions and Field Theory*, M. Levy ed.（Gordon and Breach, 1964）.

[41]　*Proc. of the 4th Annual Eastern U. S. Theoretical Physics Conference*, Benjamin. また *Proc. of the 1967 Int'l Conf. on Particles and Fields*, C. R. Hagen *et al* ed. (Interscience, 1976).

[42]　Mathematical Physics Monograph Series, Benjamin, 1964.

[43]　*Jour. Math. Phys.* **5** (1964), 848–861.

[44]　Gauthier-Vilars, Paris. 1964.

[45]　*J. Math. Phys.* **5** (1964), 1–13.

[46]　*Commun. Math. Phys.* **1** (1965), 127–149.

[47]　*Commun. Math. Phys.* **5** (1967), 330–336 ; J. A. Swieca *Cargèse Lectures in Physics*, vol.4（Gordon and Breach, 1970）.

[48]　*Commun. Math. Phys.* **5** (1967), 343–386, **6** (1967), 120–127.

[49]　*Phys. Rev.* **176** (1968), 1945–51, *Ann. Math.* **91** (1970), 362–401, *Acta Math.* **125** (1970), 203–261.

[50]　Les Houches 夏の学校の講義 (1970) : *Statistical Mechanics and Quantum Field Theory*, Gordon and Breach, New York (1971).

[51]　「数学」, 岩波書店. 夏季号 20 巻 (1968), pp.142–153.

[52]　『場の量子論の数学的方法』, 江沢 洋ほか訳, 東京図書 (1972). これはロシア語の原書 (1968) からの翻訳である. 1969 年に英訳が出た機会にかなりの増補・改訂がなされた.

[53]　*Partial Differential Equations*, Proc. of Symposia in Pure and Appl. Math. vol. XXIII (1973). American Math. Soc. Rhode Island.

[54]　G. Velo and A. Wightman ed. *Constructive Quantum Field Theory*. Lecture Notes in Physics **25**, Springer (1973).

[55]　*Ann. Math.* **101** (1975), 111–259.

[56]　K. Osterwalder : 構成的な場の量子論における最近の成果.「科学」, 1975 年 6 月号, 45 巻, 岩波書店, pp.336–341.

[57] 「自然」, 1974 年 5 月号, 中央公論社.

[58] 「科学」, 1976 年 1 月号, 46 巻, 岩波書店, pp.56–61.

24. 有限温度の場の理論

24.1 フォック空間による運動の記述

量子力学的な粒子の運動を記述するのにフォック空間を用いることがある.

そこでは, 運動量 $\hbar\boldsymbol{k}$ で走っていた粒子が散乱されて運動量 $\hbar\boldsymbol{k}'$ に変わることは, 運動量 $\hbar\boldsymbol{k}$ の粒子が消えて運動量 $\hbar\boldsymbol{k}'$ の粒子が生成するとして言い表わされる.

図1の散乱過程では, したがって運動量 $\hbar\boldsymbol{k}_1$, $\hbar\boldsymbol{k}_2$ の粒子が消えて運動量 $\hbar\boldsymbol{k}_3$, $\hbar\boldsymbol{k}_4$ の粒子が生まれることになる. 運動量 $\hbar\boldsymbol{k}$ の粒子を消滅させる演算子を $\widehat{a}_{\boldsymbol{k}}$, 生成させる演算子を $\widehat{a}_{\boldsymbol{k}}^{\dagger}$ とすれば, この過程は $\widehat{a}_{\boldsymbol{k}_3}^{\dagger}\,\widehat{a}_{\boldsymbol{k}_4}^{\dagger}\,\widehat{a}_{\boldsymbol{k}_2}\,\widehat{a}_{\boldsymbol{k}_1}$ で表わされる. という意味は, こうである. 量子力学では, 系の状態は状態ベクトルで表わされる. 状態 Ψ にあった系に図1の散乱過程がおこると状態 Ψ が $\widehat{a}_{\boldsymbol{k}_3}^{\dagger}\,\widehat{a}_{\boldsymbol{k}_4}^{\dagger}\,\widehat{a}_{\boldsymbol{k}_2}\,\widehat{a}_{\boldsymbol{k}_1}\Psi$ に変化するのである. 状態 Ψ に含まれていた運動量 $\hbar\boldsymbol{k}_1$, $\hbar\boldsymbol{k}_2$ の粒子が消されて新たに運動量 $\hbar\boldsymbol{k}_3$, $\hbar\boldsymbol{k}_4$ の粒子が生まれている.

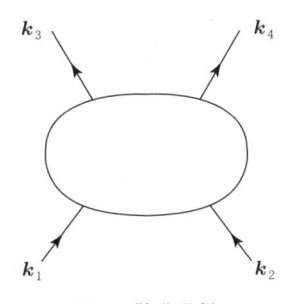

図1 散乱過程.

フォック空間というのは, 粒子が1つもないという方向の軸, 運動量 $\hbar\boldsymbol{k}_1$ の粒子が1つあるという方向の軸, 2つあるという方向の軸, ……, それが他の運動

量についても同様に軸がそろっている．次に運動量 $\hbar k_1$, $\hbar k_2$ の粒子が 1 つずつあるという方向，1 つと 2 つの方向，などあらゆる個数の組み合わせの方向がある．要するに運動量のあらゆる組み合わせに対してそれぞれの粒子の個数を割り振って軸を定める．こうした無限本の軸が互いに直交しているような，とてつもなく大きな空間，これがフォック空間である．

　生成・消滅演算子は，この空間のベクトルに作用する演算子である．互いにエルミート共役で，交換関係

$$[\widehat{a}_{\boldsymbol{k}}, \widehat{a}_{\boldsymbol{k}'}^{\dagger}] = \delta_{\boldsymbol{k}, \boldsymbol{k}'}, \qquad [\widehat{a}_{\boldsymbol{k}}, \widehat{a}_{\boldsymbol{k}'}] = [\widehat{a}_{\boldsymbol{k}}^{\dagger}, \widehat{a}_{\boldsymbol{k}'}^{\dagger}] = 0 \tag{1}$$

に従う．粒子が 1 つもない状態を真空状態といい，その方向の単位ベクトルを $|0\rangle$ で表わす．$\widehat{a}_{\boldsymbol{k}}|0\rangle = 0$ である．運動量 $\hbar \boldsymbol{k}$ の粒子が 1 つある状態は $|\boldsymbol{k}\rangle = \widehat{a}_{\boldsymbol{k}}^{\dagger}|0\rangle$ で表わされる．これに $\widehat{a}_{\boldsymbol{k}'}^{\dagger}\widehat{a}_{\boldsymbol{k}}$ をかけると

$$\widehat{a}_{\boldsymbol{k}'}^{\dagger}\widehat{a}_{\boldsymbol{k}} \cdot \widehat{a}_{\boldsymbol{k}}^{\dagger}|0\rangle = \widehat{a}_{\boldsymbol{k}'}^{\dagger}\left([\widehat{a}_{\boldsymbol{k}}, \widehat{a}_{\boldsymbol{k}}^{\dagger}] + \widehat{a}_{\boldsymbol{k}}^{\dagger}\widehat{a}_{\boldsymbol{k}}\right)|0\rangle = \widehat{a}_{\boldsymbol{k}'}^{\dagger}|0\rangle$$

となり，確かに運動量 $\hbar \boldsymbol{k}$ の粒子が消えて運動量 $\hbar \boldsymbol{k}'$ の粒子に変わった．図 1 の散乱過程は $\widehat{a}_{\boldsymbol{k}_2}^{\dagger}\widehat{a}_{\boldsymbol{k}_1}^{\dagger}|0\rangle$ を $\widehat{a}_{\boldsymbol{k}_3}^{\dagger}\widehat{a}_{\boldsymbol{k}_4}^{\dagger}|0\rangle$ に変化させる．

　量子力学では，状態の時間変化をおこすのはハミルトニアン演算子である．自由粒子のハミルトニアンは

$$\widehat{\mathcal{H}}_0 = \sum_{\boldsymbol{k}} \hbar \omega_{\boldsymbol{k}} \widehat{a}_{\boldsymbol{k}}^{\dagger} \widehat{a}_{\boldsymbol{k}}$$

という形をしている．これは，1 粒子状態 $\widehat{a}_{\boldsymbol{q}}^{\dagger}|0\rangle$ に作用すると

$$\sum_{\boldsymbol{k}} \hbar \omega_{\boldsymbol{k}} \widehat{a}_{\boldsymbol{k}}^{\dagger} \widehat{a}_{\boldsymbol{k}} \cdot \widehat{a}_{\boldsymbol{q}}^{\dagger}|0\rangle = \hbar \omega_{\boldsymbol{q}} \widehat{a}_{\boldsymbol{q}}^{\dagger}|0\rangle$$

となる．1 粒子状態 $\widehat{a}_{\boldsymbol{q}}^{\dagger}|0\rangle$ は自由粒子のハミルトニアンの固有状態なのである．したがって，シュレーディンガー方程式

$$i\hbar \frac{d}{dt} \Psi_t = \widehat{\mathcal{H}}_0 \Psi_t$$

の，初期条件 $\Psi_{t=0} = \widehat{a}_{\boldsymbol{q}}^{\dagger}|0\rangle$ に応ずる解は

$$\Psi_t = e^{-i\omega_{\boldsymbol{q}} t} \widehat{a}_{\boldsymbol{q}}^{\dagger}|0\rangle$$

となる．粒子の運動量が $\hbar \boldsymbol{q}$ であることは時間がたっても変わらない．2 粒子状態 $\widehat{a}_{\boldsymbol{p}}^{\dagger}\widehat{a}_{\boldsymbol{q}}^{\dagger}|0\rangle$ も自由粒子のハミルトニアンの固有状態である．一般に n 粒子状態が自

由粒子のハミルトニアンの固有状態であって，それを初期値とするシュレーディンガー方程式の解は時間による位相因子がつくだけである．

　粒子系に散乱をおこすハミルトニアンは場の演算子からつくられる．場の演算子は

$$\widehat{\phi}(\boldsymbol{r}, t) = \sum_{\boldsymbol{k}} \sqrt{\frac{\hbar}{2\omega_k V}} \left(\widehat{a}_{\boldsymbol{k}}\, e^{i(\boldsymbol{k}\cdot\boldsymbol{r} - \omega_k t)} + \widehat{a}_{\boldsymbol{k}}^{\dagger}\, e^{-i(\boldsymbol{k}\cdot\boldsymbol{r} - \omega_k t)} \right)$$

という形をしている．これを用いて，たとえば

$$\widehat{\mathcal{H}}' = \lambda \int_V \widehat{\phi}(\boldsymbol{r}, 0)^4 \, d\boldsymbol{r}$$

とするのである．ここに V は一辺 L の立方体の体積で，さしあたりその中の現象だけを見る．運動量の $\boldsymbol{k}$ は原点から格子間隔 $2\pi/L$ の立方格子の格子点まで引いたベクトルとする．V は，いずれ ∞ とすべきものである．

24.2　時間 1 次元，空間 0 次元

　これから生成・消滅演算子をつかって計算をするが，いちいち添え字 $\boldsymbol{k}$ をつけるのはわずらわしい．そこで，添え字は一切省略しよう．これは空間を 0 次元にする——運動量空間を 1 点だけとする——ことだが，むしろ添え字を書いたらどうなるかを，読者に想像していただきたいと思う．

　そこで，場の演算子は

$$\widehat{\phi} = \sqrt{\frac{1}{2\hbar\omega}} \left(\widehat{a}^{\dagger} + \widehat{a} \right)$$

となる．われわれのハミルトニアンは $\widehat{\mathcal{H}} = \widehat{\mathcal{H}}_0 + \lambda\widehat{\mathcal{H}}'$ である：

$$\widehat{\mathcal{H}}_0 = \hbar\omega\, \widehat{a}^{\dagger}\widehat{a}, \qquad \widehat{\mathcal{H}}' = \widehat{\phi}^4.$$

そして，われわれの目標は，いまカノニカル分布を考えるとして

$$Z(\beta) = \mathrm{Tr}\, e^{-\beta\mathcal{H}}$$

の計算である．ただし，β は逆温度

$$\beta = \frac{1}{k_{\mathrm{B}}T} \qquad (k_{\mathrm{B}} = 1.38 \times 10^{-23}\,\mathrm{J/K}：ボルツマン定数) \tag{2}$$

であり，Tr というのは，状態空間 H の完全正規直交系 $\{|\nu\rangle\}$ にわたる期待値の和

$$\mathrm{Tr}\, e^{-\beta\widehat{\mathcal{H}}} = \sum_{\nu} \langle \nu \,|\, e^{-\beta\widehat{\mathcal{H}}} \,|\, \nu \rangle \tag{3}$$

のことである．これが完全正規直交系の選び方によらないことは容易に確かめられる．(3) を状態和という．これがわかると系の熱的な性質はすべて計算できる．たとえば，内部エネルギーなら

$$U(\beta) = \mathrm{Tr}\,\widehat{\mathcal{H}}\, e^{-\beta\widehat{\mathcal{H}}} / \mathrm{Tr}\, e^{-\beta\widehat{\mathcal{H}}} = -\frac{\partial}{\partial\beta} \log Z(\beta)$$

となる．

いや，(3) の計算は $\lambda = 0$ だったら簡単なのだ．完全正規直交系として

$$|n\rangle = \frac{1}{\sqrt{n!}}\, (\widehat{a}^{\dagger})^n \,|0\rangle \qquad (n = 0,\, 1,\, 2,\, \cdots)$$

をとれば，$\widehat{a}^{\dagger}\widehat{a}|n\rangle = n\,|n\rangle$ なので

$$Z_0(\beta) = \mathrm{Tr}\, e^{-\beta\widehat{\mathcal{H}}_0} = \sum_{n=0}^{\infty} \langle n \,|\, e^{-\beta\widehat{\mathcal{H}}_0} \,|\, n \rangle = \sum_{n=0}^{\infty} e^{-\beta n\hbar\omega} = \frac{1}{1 - e^{-\beta\hbar\omega}} \tag{4}$$

である．この場合，内部エネルギーは

$$U_0(\beta) = -\frac{\partial}{\partial\beta} \log Z_0(\beta) = \frac{\hbar\omega}{e^{\beta\hbar\omega} - 1}$$

となる．プランクの熱輻射の公式などでお馴染みの形である．

では，$\lambda \neq 0$ のとき (3) はどうすれば計算できるだろうか？

24.3 松原形式

松原武生 [1] は，1955 年，場の量子論で行なわれていた摂動計算に触発されて

$$\widehat{\mathcal{U}}(\beta) := e^{\beta\widehat{\mathcal{H}}_0}\, e^{-\beta\widehat{\mathcal{H}}} \tag{5}$$

という演算子を考え

$$\frac{d}{d\beta}\widehat{\mathcal{U}}(\beta) = e^{\beta\widehat{\mathcal{H}}_0}(-\lambda\widehat{\mathcal{H}}')\, e^{-\beta\widehat{\mathcal{H}}_0}\, \widehat{\mathcal{U}}(\beta)$$

という計算から方程式

$$\frac{d}{d\beta}\widehat{\mathcal{U}}(\beta) = -\lambda\widehat{\mathcal{H}}'(\beta)\widehat{\mathcal{U}}(\beta), \qquad \widehat{\mathcal{H}}'(u) := e^{u\widehat{\mathcal{H}}_0}\,\widehat{\mathcal{H}}'e^{-u\widehat{\mathcal{H}}_0} \tag{6}$$

をつくり，解を λ のべき級数の形に書いた：

$$\widehat{\mathcal{U}}(\beta) = 1 - \lambda \int_0^\beta \widehat{\mathcal{H}}'(u_1)\, du_1 + \lambda^2 \int_0^\beta \widehat{\mathcal{H}}'(u_2)\, du_2 \int_0^{u_2} \widehat{\mathcal{H}}'(u_1)\, du_1 - \cdots.$$

これは，また

$$\widehat{\mathcal{U}}(\beta) = 1 - \lambda \int_0^\beta \widehat{\mathcal{H}}'(u_1)\, du_1 + \frac{\lambda^2}{2!} \int_0^\beta du_2 \int_0^\beta du_1\, \mathrm{P}\left\{\widehat{\mathcal{H}}'(u_2)\widehat{\mathcal{H}}'(u_1)\right\} - \cdots \tag{7}$$

の形にも書ける．ここに P は $\{\cdots\}$ 内の演算子を u_k の小さい順に右から並べる命令を表わす．たとえば

$$\mathrm{P}\left\{\widehat{\mathcal{H}}'(u_2)\widehat{\mathcal{H}}'(u_1)\right\} = \begin{cases} \widehat{\mathcal{H}}'(u_2)\widehat{\mathcal{H}}'(u_1) & (u_2 \geq u_1), \\ \widehat{\mathcal{H}}'(u_1)\widehat{\mathcal{H}}'(u_2) & (u_2 < u_1). \end{cases}$$

これを用いると，もとめる状態和が

$$Z(\beta) = \mathrm{Tr}\, e^{-\beta\widehat{\mathcal{H}}_0} - \lambda\,\mathrm{Tr}\, e^{-\beta\widehat{\mathcal{H}}_0} \int_0^\beta \widehat{\mathcal{H}}'(u_1)\, du_1$$

$$+ \frac{\lambda^2}{2!} \mathrm{Tr}\, e^{-\beta\widehat{\mathcal{H}}_0} \int_0^\beta du_2 \int_0^\beta du_1\, \mathrm{P}\left\{\widehat{\mathcal{H}}'(u_2)\widehat{\mathcal{H}}'(u_1)\right\} - \cdots \tag{8}$$

の形になる．

24.3.1　トレースの計算

(8) の各項の被積分関数は，一般に次の形をしている：

$$\langle \widehat{A}_1\widehat{A}_2\cdots\widehat{A}_n \rangle := \frac{\mathrm{Tr}\left\{e^{-\beta\widehat{\mathcal{H}}_0}\,\widehat{A}_1\widehat{A}_2\cdots\widehat{A}_n\right\}}{\mathrm{Tr}\, e^{-\beta\widehat{\mathcal{H}}_0}}.$$

ここに $\widehat{A}_l$ は，ある u_k に対する

$$e^{u_k\widehat{\mathcal{H}}_0}\,\widehat{a}\, e^{-u_k\widehat{\mathcal{H}}_0} = \widehat{a}\, e^{-\hbar\omega u_k}, \qquad e^{u_k\widehat{\mathcal{H}}_0}\,\widehat{a}^\dagger\, e^{-u_k\widehat{\mathcal{H}}_0} = \widehat{a}^\dagger\, e^{\hbar\omega u_k} \tag{9}$$

のどちらかを表わす．そこで

$$(i,j) := \left[\widehat{A}_i, \widehat{A}_j\right] \quad \text{は} \quad c\text{–数}$$

であることが直ぐわかる．このことを使うと

$$\langle \widehat{A}_1\widehat{A}_2\widehat{A}_3\cdots\widehat{A}_n \rangle = (1,2)\langle \widehat{A}_3\cdots\widehat{A}_n \rangle + \langle \widehat{A}_2\widehat{A}_1\widehat{A}_3\cdots\widehat{A}_n \rangle$$

が得られ，これをくりかえして

$$\langle \widehat{A}_1 \widehat{A}_2 \widehat{A}_3 \cdots \widehat{A}_n \rangle = (1,2)\langle \widehat{A}_3 \cdots \widehat{A}_n \rangle + \cdots$$
$$+ (1,n)\langle \widehat{A}_2 \cdots \widehat{A}_{n-1} \rangle + \langle \widehat{A}_2 \widehat{A}_3 \cdots \widehat{A}_n \widehat{A}_1 \rangle$$

に到達する. ところが, この最後の項は, Z_0 倍して書くと

$$\mathrm{Tr}\, e^{-\beta \widehat{\mathcal{H}}_0}\, \widehat{A}_2 \cdots \widehat{A}_n \widehat{A}_1 = \mathrm{Tr}\, \widehat{A}_1 e^{-\beta \widehat{\mathcal{H}}_0}\, \widehat{A}_2 \cdots \widehat{A}_n$$
$$= \mathrm{Tr}\, e^{-\beta \widehat{\mathcal{H}}_0} \cdot e^{\beta \widehat{\mathcal{H}}_0}\, \widehat{A}_1\, e^{-\beta \widehat{\mathcal{H}}_0}\, \widehat{A}_2 \cdots \widehat{A}_n$$
$$= Z_0 e^{\pm \beta \hbar \omega} \langle \widehat{A}_1 \cdots \widehat{A}_n \rangle$$

となる. 最右辺の複号は $\widehat{A}_1$ が $\widehat{a}^\dagger$ のとき $+$ を, $\widehat{a}$ のとき $-$ をとる. よって

$$(1 - e^{\pm \beta \hbar \omega})\langle \widehat{A}_1 \cdots \widehat{A}_n \rangle = (1,2)\langle \widehat{A}_3 \cdots \widehat{A}_n \rangle + \cdots + (1,n)\langle \widehat{A}_2 \cdots \widehat{A}_{n-1} \rangle$$

が得られた. 特に $n = 2$ のときを考えれば

$$\langle \widehat{A}_1 \widehat{A}_2 \rangle = \frac{(1,2)}{1 - e^{\pm \beta \hbar \omega}} \tag{10}$$

となるから

$$\langle \widehat{A}_1 \cdots \widehat{A}_n \rangle = \langle \widehat{A}_1 \widehat{A}_2 \rangle \langle \widehat{A}_3 \cdots \widehat{A}_n \rangle + \cdots + \langle \widehat{A}_1 \widehat{A}_n \rangle \langle \widehat{A}_2 \cdots \widehat{A}_{n-1} \rangle$$

と書ける. これをくりかえせば, たとえば $n = 4$ の場合

$$\langle \widehat{A}_1 \widehat{A}_2 \widehat{A}_3 \widehat{A}_4 \rangle = \langle \widehat{A}_1 \widehat{A}_2 \rangle \langle \widehat{A}_3 \widehat{A}_4 \rangle + \langle \widehat{A}_1 \widehat{A}_3 \rangle \langle \widehat{A}_2 \widehat{A}_4 \rangle + \langle \widehat{A}_1 \widehat{A}_4 \rangle \langle \widehat{A}_2 \widehat{A}_3 \rangle \tag{11}$$

が得られる. 一般には, $\widehat{A}_1 \cdots \widehat{A}_n$ を順序を変えずに, あらゆる可能なペアに分けて平均 $\langle \cdots \rangle$ をとり積を総和するのである.

(8) のトレースを計算するには, 各被積分関数を $\widehat{a}^\dagger$, $\widehat{a}$ の積に分けてしまわないで ϕ のままにしておくほうが簡明である. そこで, (11) が $\widehat{A}_i$ を $\widehat{\phi}(u_k)$ とみても成り立つことに注意しよう. それは $\widehat{\phi}$ の積をいったん生成・消滅演算子の積に分けて, それぞれに対して (11) を書き, その後で総和すればよい:

$$\langle \widehat{\phi}(u_1)\, \widehat{\phi}(u_2)\, \widehat{\phi}(u_3)\, \widehat{\phi}(u_4) \rangle = \langle \widehat{\phi}(u_1)\, \widehat{\phi}(u_2) \rangle \langle \widehat{\phi}(u_3)\, \widehat{\phi}(u_4) \rangle$$
$$+ \langle \widehat{\phi}(u_1)\, \widehat{\phi}(u_3) \rangle \langle \widehat{\phi}(u_2)\, \widehat{\phi}(u_4) \rangle$$
$$+ \langle \widehat{\phi}(u_1)\, \widehat{\phi}(u_4) \rangle \langle \widehat{\phi}(u_2)\, \widehat{\phi}(u_3) \rangle. \tag{12}$$

24.3.2　グリーン関数

(8) の計算には次の量が必要になる:

$$\mathrm{Tr}\, e^{-\beta \widehat{\mathcal{H}}_0}\, \mathrm{P}\left\{\widehat{\phi}(u_1)\,\widehat{\phi}(u_2)\right\} = \mathrm{Tr}\, e^{-\beta \widehat{\mathcal{H}}_0}\, \mathrm{P}\left\{e^{u_1 \widehat{\mathcal{H}}_0}\,\widehat{\phi}\, e^{(u_2-u_1)\widehat{\mathcal{H}}_0}\,\widehat{\phi}\, e^{-u_2 \widehat{\mathcal{H}}_0}\right\}$$

$$= \mathrm{Tr}\, e^{-\beta \widehat{\mathcal{H}}_0}\, \mathrm{P}\left\{\widehat{\phi}(u_1 - u_2)\,\widehat{\phi}(0)\right\}.$$

これは，見てのとおり u_1 と u_2 の差の関数である．そこでグリーン関数

$$\mathcal{G}(u) := \left\langle \mathrm{P}\left\{\widehat{\phi}(u)\,\widehat{\phi}(0)\right\}\right\rangle = \frac{1}{Z_0}\mathrm{Tr}\, e^{-\beta \widehat{\mathcal{H}}_0}\, \mathrm{P}\left\{\widehat{\phi}(u)\,\widehat{\phi}(0)\right\} \tag{13}$$

を定義しよう．(11) により

$$\mathcal{G}(u) = \frac{1}{2\omega}\frac{1}{e^{\beta \hbar \omega} - 1}\begin{cases} e^{(\beta-u)\hbar\omega} + e^{u\hbar\omega} & (u > 0), \\[2mm] e^{(\beta+u)\hbar\omega} + e^{-u\hbar\omega} & (u < 0) \end{cases} \tag{14}$$

となる．$u = u_1 - u_2$ の変域は $[-\beta, \beta]$ である．この結果から $\mathcal{G}$ は偶関数であり，かつ

$$\mathcal{G}(u) = \mathcal{G}(u - \beta) \qquad (0 \leq u \leq \beta) \tag{15}$$

が知れる[2]．これによって $\mathcal{G}(u)$ は周期 β の関数として実軸上に拡張される．

あとで用いるのでフーリエ変換を計算しておこう．周期が β なので π/β の偶数倍の成分だけがある．

実際，変数 u の変域は $(-\beta, \beta)$ だからフーリエ変換の変数 ε は $2\pi/(2\beta)$ の整数倍だが

$$\int_{-\beta}^{\beta} e^{i\varepsilon u}\mathcal{G}(u)\,du = \frac{1}{2\omega}\frac{1}{e^{\beta \hbar \omega} - 1}(I_+ + I_-)$$

において

$$I_+ = \int_0^{\beta} e^{i\varepsilon u}(e^{(\beta-u)\hbar\omega} + e^{u\hbar\omega})\,du$$

$$= \frac{1}{\hbar\omega - i\varepsilon}(e^{\beta\hbar\omega} - e^{i\beta\varepsilon}) + \frac{1}{\hbar\omega + i\varepsilon}(e^{\beta(\hbar\omega+i\varepsilon)} - 1),$$

$$I_- = \int_{-\beta}^{0} e^{i\varepsilon u}(e^{(\beta+u)\hbar\omega} + e^{-u\hbar\omega})\,du$$

$$= \frac{1}{\hbar\omega + i\varepsilon}(e^{\beta\hbar\omega} - e^{-i\beta\varepsilon}) + \frac{1}{\hbar\omega - i\varepsilon}(e^{\beta(\hbar\omega-i\varepsilon)} - 1)$$

である．ε は π/β の整数倍だから $e^{i\beta\varepsilon} = e^{-i\beta\varepsilon}$ であることを考慮すれば

$$I_+ + I_- = \frac{2\hbar\omega}{(\hbar\omega)^2 + \varepsilon^2}(e^{\beta\hbar\omega} - 1)(1 + e^{i\beta\varepsilon})$$

となり，ε が π/β の奇数倍のときには 0 となる．0 でないのは偶数倍のときだけである．このときには $I_+ = I_-$ となり

$$\left.\begin{array}{l} \displaystyle\int_0^\beta e^{i\varepsilon_n u}\, \mathcal{G}(u)\, du \\[2ex] \displaystyle\int_{-\beta}^0 e^{i\varepsilon_n u}\, \mathcal{G}(u)\, du \end{array}\right\} = \frac{1}{\varepsilon_n^2 + \hbar^2\omega^2} \qquad \left(\varepsilon_n = \frac{2n\pi}{\beta}\right). \tag{16}$$

この計算は (15) を使えばもっと簡単にできる．

$$\int_{-\beta}^\beta e^{i\varepsilon u}\, \mathcal{G}(u)\, du = J_+ + J_-,$$

$$J_+ = \int_0^\beta e^{i\varepsilon u}\, \mathcal{G}(u)\, du, \qquad J_- = \int_{-\beta}^0 e^{i\varepsilon u}\, \mathcal{G}(u)\, du$$

において，J_- に (15) を $\mathcal{G}(u+\beta) = \mathcal{G}(u)\ (-\beta \le u \le 0)$ として用いれば

$$J_- = \int_{-\beta}^0 e^{i\varepsilon u}\, \mathcal{G}(u)\, du = \int_{-\beta}^0 e^{i\varepsilon u}\, \mathcal{G}(u+\beta)\, du.$$

ここで $u+\beta$ を改めて u とおけば

$$J_- = e^{i\beta\varepsilon} J_+$$

となるから

$$\int_{-\beta}^\beta e^{i\varepsilon u}\, \mathcal{G}(u)\, du = (1 + e^{i\beta\varepsilon}) \int_0^\beta e^{i\varepsilon u}\, \mathcal{G}(u)\, du$$

であって，ε が π/β の奇数倍のときは 0 となる．偶数倍のときには $J_- = J_+$ であって (16) が得られる．

ε_n が π/β の偶数倍にかぎり (16) が成り立つのは ϕ がボース場の場合であって，フェルミ場の場合には ε_n は π/β の奇数倍のみとなる．グリーン関数を u に関してフーリエ変換しボース場とフェルミ場に対する ε_n が π/β の偶数倍，奇数倍であることを最初に指摘したのは参考文献 [2] である．これは，後に見るとおり，統計力学にファインマン・グラフを導入するとき大きな意味をもつ．

24.3.3 ファインマン・グラフ

(8) の $Z(\beta)$ の第 1 項は以前に (4) で計算した．第 2 項は

$$\mathrm{Tr}\, e^{-\beta\widehat{\mathcal{H}}_0}\, e^{u\widehat{\mathcal{H}}_0}\, \widehat{\phi}^4(0)\, e^{-u\widehat{\mathcal{H}}_0} = \mathrm{Tr}\, e^{-\beta\widehat{\mathcal{H}}_0}\, \widehat{\phi}^4(0)$$

の積分で与えられる：

$$-\lambda Z_0 \int_0^\beta \langle \widehat{\phi}(0)^4 \rangle \, du = -3\lambda Z_0 \beta \, \mathcal{G}(0)^2$$

$$= -3\lambda Z_0 \frac{\beta}{4\omega^2} \coth^2 \frac{\beta\hbar\omega}{2}. \qquad (17)$$

これを図2のように表わすことがある．

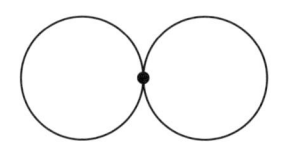

図2　この図の線は $\mathcal{G}(0)$ を表わしている．

第3項は

$$\mathrm{Tr}\, e^{-\beta \widehat{\mathcal{H}}_0} \, \mathrm{P}\left\{\widehat{\phi}^4(u_2)\,\widehat{\phi}^4(u_1)\right\} = Z_0 \left\langle \mathrm{P}\left\{\widehat{\phi}^4(u_2)\,\widehat{\phi}^4(u_1)\right\}\right\rangle$$

$$= Z_0 \Big[4! \left\langle \mathrm{P}\left\{\widehat{\phi}(u_2)\,\widehat{\phi}(u_1)\right\}\right\rangle^4$$

$$+ 3^2 \langle \widehat{\phi}(u_2)\,\widehat{\phi}(u_2)\rangle^2 \langle \widehat{\phi}(u_1)\,\widehat{\phi}(u_1)\rangle^2 \Big]$$

の積分で与えられる．最右辺の第1項は図3(a)，第2項は図3(b)で表わされる．

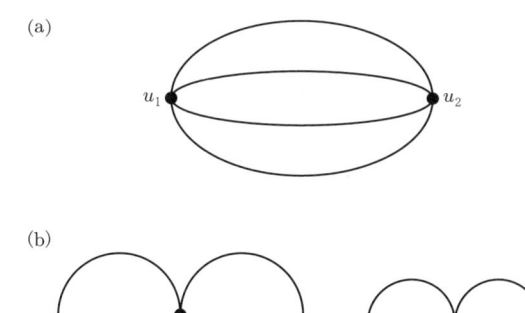

(a)

u_1　u_2

(b)

図3　(a), (b). 点 u_1, u_2 を結ぶ線はグリーン関数 $\mathcal{G}(u_2 - u_1)$ を表わす．点 u_1 を u_1 に結ぶ線は $\mathcal{G}(0)$ で表わす．

こうして第3項は

$$\frac{\lambda^2}{2!} \operatorname{Tr}\left[e^{-\beta\widehat{\mathcal{H}}_0} \int_0^\beta du_2 \int_0^\eta du_1 \, P\left\{ \widehat{\phi}^4(u_2)\, \widehat{\phi}^4(u_1) \right\} \right]$$

$$= \frac{\lambda^2}{2!} Z_0 \int_0^\beta du_2 \int_0^\beta du_1 \left[4!\, \mathcal{G}(u_2 - u_1)^4 + 3^2 \mathcal{G}(0)^4 \right] \tag{18}$$

となる.

図3(b) の表わす項は図2の表わす項——$-\lambda X_1$ と書く——の2乗になっている. われわれは熱力学的ポテンシャル $\log Z(\beta)$ に興味があるのだが

$$Z(\beta) = Z_0(\beta) \exp\left[1 - \lambda X_1 + \cdots\right] = Z_0 \left[1 - \lambda X_1 + \frac{1}{2!}(\lambda X_1)^2 \cdots\right]$$

となるので, $\log Z(\beta)$ の中には図3(b) のように 'つながっていない' グラフが表わす項は入らないことがわかる. これは (8) の級数で一般にいえることで, $\log Z(\beta)$ は図3(a) のようなつながったグラフだけの和になる.

24.3.4 運動量空間

図3(a) は次のようにして計算してもよい. $\mathcal{G}(u)$ をフーリエ変換で表わすと

$$\mathcal{G}(u) = \frac{1}{2\beta} \sum_{n=0}^\infty \frac{1}{\varepsilon_n^2 + (\hbar\omega)^2} \, e^{-i\varepsilon_n u} \tag{19}$$

となるから, 図3(a) の積分は

$$\int_0^\beta du_2 \int_0^\beta du_1 \, \mathcal{G}(u_2 - u_1)^4 = \frac{1}{(2\beta)^4} \sum_{n_1, n_2, n_3, n_4} \frac{1}{\varepsilon_{n_1}^2 + (\hbar\omega)^2} \frac{1}{\varepsilon_{n_2}^2 + (\hbar\omega)^2}$$

$$\times \frac{1}{\varepsilon_{n_3}^2 + (\hbar\omega)^2} \frac{1}{\varepsilon_{n_4}^2 + (\hbar\omega)^2}$$

$$\times \int_0^\beta du_2 \int_0^\beta du_1 \, e^{-i(\varepsilon_1 + \varepsilon_2 + \varepsilon_3 + \varepsilon_4)(u_2 - u_1)}$$

とも書ける. ところが, ε_n は π/β の偶数倍なので $\varepsilon_1 + \cdots + \varepsilon_4$ もそうであり, したがって

$$\int_0^\beta e^{-i(\varepsilon_1 + \cdots + \varepsilon_4)u_2} du_2 = \beta \delta_{\varepsilon_1 + \cdots + \varepsilon_4, 0}$$

となる. これは図3(a) で頂点 u_2 に流れ込むエネルギーの総和が 0 であると読むことができる. この "エネルギーの保存" は (8) の各項をグラフにしたとき各頂点で一般にいえる [2]. フェルミ場が関与する場合には, その ε_n は π/β の奇数倍になるが, 各頂点でフェルミ粒子の線は必ず偶数本が会するので, これを含めてや

はりエネルギーの保存は成り立つ．この性質があるのでファインマン・グラフが有用になる[3],[4]．これは u に関するフーリエ変換をして初めて得られたことである．

　こうして，有限温度で相互作用する粒子の系に対する状態和 $Z(\beta)$ を計算する一般的な方法が得られた．

　次には，これに対する1つの別の見方を紹介しよう．

24.4　HHW の理論

　系のハミルトニアンを $\widehat{\mathcal{H}}$ とし，その固有状態を $|\nu\rangle$ とし対応する固有値を E_ν としよう．ν は離散スペクトルも連続スペクトルも含んでいるだろうが，それらにわたる"和"を $\sum_\nu$ と書く．

　逆温度 β の熱平衡状態における物理量 $\widehat{A}$ の熱平均は

$$\langle\widehat{A}\rangle_\beta = Z(\beta)^{-1}\mathrm{Tr}\,\widehat{A}e^{-\beta\widehat{\mathcal{H}}} = Z(\beta)^{-1}\sum_\nu\langle\nu\,|\,\widehat{A}\,|\,\nu\rangle\,e^{-\beta E_\nu}$$

で与えるのが普通である．ただし

$$Z(\beta) := \mathrm{Tr}\,e^{-\beta\widehat{\mathcal{H}}} = \sum_\nu e^{-\beta E_\nu}.$$

1975 年に梅沢博臣と高橋 康[12] は，熱平均を，このように密度行列 $\widehat{\rho} = e^{-\beta\widehat{\mathcal{H}}}$ によって表わされる混合状態でなく，純粋状態として表わす形式を提案し，熱場の力学 (thermo field dynamics) と名づけた．こうするのだ．

$$|0(\beta)\rangle := Z(\beta)^{-1/2}\sum_\nu e^{-\beta E_\nu}\,|\nu\rangle\otimes\langle\nu| \tag{20}$$

のように各状態を2重化しておき

$$\langle\widehat{A}\rangle_\beta = \langle 0(\beta)\,|\,\widehat{A}\,|\,0(\beta)\rangle \tag{21}$$

のように期待値の形に書くのである．

　これは状態 $\langle\cdot\rangle_\beta$ をもとにして GNS 構成法[5] によりヒルベルト空間とそこではたらく演算子 $\pi(\widehat{A})$ をつくったことになる．実は，1967 年にハーグとフーゲンホルツ，ウイニンク (H. H. W.)[6] がその理論を提出していた．

　$\widehat{\rho} = Z(\beta)^{-1}e^{-\beta\widehat{\mathcal{H}}}$ はトレースが有限な正の演算子である．$\widehat{\rho}^{1/2} = \kappa_0$ とおく．

286

$\mathcal{A}$ を有界演算子の全体（フォン・ノイマン代数）とすれば，どの $\widehat{A} \in \mathcal{A}$ に対しても $\widehat{A}\kappa_0$ も $\kappa_0\widehat{A}$ もトレース有限だから，その全体を H とし，$\kappa_1,\ \kappa_2 \in \mathsf{H}$ に内積

$$\langle \kappa_1, \kappa_2 \rangle := \mathrm{Tr}\left[\kappa_1^{\dagger}\kappa_2\right] \tag{22}$$

を定義して（完備化し）H をヒルベルト空間にする．$\langle \kappa_0, \kappa_0 \rangle = 1$ である．次に $\widehat{A} \in \mathcal{A}$ に対して

$$R(\widehat{A})\kappa = \widehat{A}\kappa, \qquad S(\widehat{A})\kappa = \kappa\widehat{A}^{\dagger}$$

によって H ではたらく演算子 $R(\widehat{A})$, $S(\widehat{A})$ をつくる．そうすると $R(\widehat{A})\,S(\widehat{B})\kappa = \widehat{A}\kappa\mathcal{A}^{\dagger} = S(\widehat{B})\,R(\widehat{A})\kappa$ となるから

$$\left[R(\widehat{A}), S(\widehat{B})\right] = 0 \tag{23}$$

が成り立つ．しかも

$$\langle \widehat{A} \rangle_{\beta} = \mathrm{Tr}\left[R(\widehat{A})\,\rho\right] = \mathrm{Tr}\left[\rho\,S(\widehat{A})^{\dagger}\right]$$

だから

$$\langle \kappa_0, R(\widehat{A})\,\kappa_0 \rangle = \langle \kappa_0\,S(\widehat{A})^{\dagger}\kappa_0 \rangle$$

が成り立ち，R と S を結ぶ反ユニタリ演算子 J の存在がわかる：

$$J\,R(\widehat{A})\,J^{-1} = S(\widehat{A}), \quad J = J^{-1}, \quad J\kappa = \kappa^{\dagger}. \tag{24}$$

次に，時間推進 $\widehat{A}_t = \widehat{U}(t)\,\widehat{A}\,\widehat{U}(t)^{-1}$ を考えよう．H で $\widehat{U}(t)$ に対応する演算子は $R\big(\widehat{U}(t)\big)\,V$ という形でよい．V は $R(\widehat{A})$ と交換する任意の演算子である．そこで κ_0 が時間によらないことを考えると，H で $\widehat{U}(t)$ に対応する演算子は

$$R\big(\widehat{U}(t)\big)\,S\big(\widehat{U}(t)\big) = \exp\left[-\frac{it}{\hbar}\left(R(\widehat{\mathcal{H}}) - S(\widehat{\mathcal{H}})\right)\right] \tag{25}$$

となる．ハミルトニアンでいえば $R(\widehat{\mathcal{H}}) - S(\widehat{\mathcal{H}})$ である．

最後に次の注意をする．$z = t + i\gamma$（t と γ は実数）に対して $\widehat{A}_z = e^{iz\widehat{\mathcal{H}}/\hbar}\,\widehat{A}\,e^{-iz\widehat{\mathcal{H}}/\hbar}$ とし $\langle \widehat{A}_z\widehat{B} \rangle$ を定義すると，これは $0 < \gamma < \beta$ の帯状領域で解析的であるが

$$\begin{aligned}
\langle \widehat{A}_t\widehat{B} \rangle_{\beta} &= Z(\beta)^{-1}\mathrm{Tr}\,e^{-\beta\widehat{\mathcal{H}}}\,e^{it\widehat{\mathcal{H}}/\hbar}\,\widehat{A}\,e^{-it\widehat{\mathcal{H}}/\hbar} \\
&= Z(\beta)^{-1}\mathrm{Tr}\,e^{-\beta\widehat{\mathcal{H}}}\,\widehat{B}\,e^{i(t+i\beta\hbar)\widehat{\mathcal{H}}/\hbar}\,\widehat{A}\,e^{-i(t+\beta\hbar)\widehat{\mathcal{H}}/\hbar}
\end{aligned}$$

となるから

$$\langle \widehat{A}_t\widehat{B} \rangle_{\beta} = \langle \widehat{B}\widehat{A}_{t+i\beta\hbar} \rangle_{\beta} \tag{26}$$

が成り立つ．$\langle \widehat{A}_z \widehat{B} \rangle$ は帯状領域の端 $\gamma = 0,\ \beta \hbar$ を含めて連続で，境界値が等しい．自由場の場合に (15) で見た周期性と同じ内容である．これを久保–マーティン–シュウインガーの境界条件，略して KMS 条件という [7], [8]．

実は，ハーグたちの意図は，無限系の扱いにあった．無限系ではハミルトニアン $\widehat{\mathcal{H}}$ が存在しなくなって，熱平衡状態を密度行列 $\widehat{\rho} = e^{-\beta \widehat{\mathcal{H}}}$ で記述することができなくなる．それでも，局所的な（強度性の）物理量 $\widehat{A}$ の期待値 $\langle \widehat{A} \rangle_\beta$ は存在すると期待される．たとえば，はじめ有限体積の場合を考えて，あらゆる方向に体積を広げる極限を考えればよかろう．そうした極限をとっても $\langle \widehat{A}_z \widehat{B} \rangle$ に対する KMS 条件は生き残ると期待して，ハーグたちは，これを熱平衡の条件とした．実際，多くの系でこの期待がみたされていることが確かめられた [9]．

この期待値をもとにヒルベルト空間をつくり，その上の演算子の理論が展開される．もちろん，時間発展はハミルトニアンでおこすことはできないがフォン・ノイマン代数の自己同型写像として生き残ることになる．

この形式は，ちょうど冨田 稔・竹崎正道の展開していた理論 [10] にぴったり当てはまることがわかり，急展開した [11]．

24.5 熱場の力学

熱場の力学 [12] を自由ボース場の場合に書いてみよう．といっても，ここでも運動量の自由度はあからさまには書かず，ハミルトニアンは

$$\widehat{\mathcal{H}} = \hbar \omega \widehat{a}^\dagger \widehat{a} \tag{27}$$

とする．熱平衡状態は

$$|0(\beta)\rangle = Z_0(\beta)^{-1/2} \sum_{n=0}^{\infty} e^{-\beta n \hbar \omega / 2} |n\rangle \otimes \langle n| \tag{28}$$

となる．ここに，$Z_0(\beta) = 1/(e^{\beta \hbar \omega - 1})$ である．

これに $\widehat{a}$ をかけてみると

$$\widehat{a}|0(\beta)\rangle = Z_0(\beta)^{1/2} \sum_{n=1}^{\infty} e^{-n\beta \hbar \omega / 2} \sqrt{n} |n-1\rangle \otimes \langle n|$$

$$= Z_0(\beta)^{1/2} \sum_{n=0}^{\infty} e^{-(n+1)\beta \hbar \omega / 2} \sqrt{n+1} |n\rangle \otimes \langle n+1|$$

$$= e^{-\hbar\omega/2} Z_0(\beta)^{1/2} \sum_{n=0}^{\infty} e^{-n\beta\hbar\omega/2} |n\rangle \otimes \langle n| \tilde{a}^{\dagger}$$

$$= e^{-\hbar\omega/2} \tilde{a}^{\dagger} |0(\beta)\rangle$$

となる．同様にして $\widehat{a}^{\dagger}$ の作用を計算すると，まとめて

$$\widehat{a} |0(\beta)\rangle = e^{-\beta\hbar\omega/2} \tilde{a}^{\dagger} |0(\beta)\rangle, \qquad \widehat{a}^{\dagger} |0(\beta)\rangle = e^{\beta\hbar\omega/2} \tilde{a} |0(\beta)\rangle \tag{29}$$

が得られる．ここに，

$$\langle n| \tilde{a} = \sqrt{n} \langle n-1|, \qquad \langle n| \tilde{a}^{\dagger} = \sqrt{n+1} \langle n+1|$$

とし，「~」つきの演算子は $\langle \cdots|$ に作用するものとする．それゆえ，任意の複素係数 γ_1, γ_2 にたいして

$$(\gamma_1 \widehat{a} + \gamma_2 \widehat{a}^{\dagger}) |0(\beta)\rangle = (\gamma_1^* \tilde{a}^{\dagger} + \gamma_2^* \tilde{a}) |0(\beta)\rangle \tag{30}$$

が成り立つ．「*」は複素共役を表わす．

そこで，前節に登場した反ユニタリ演算子 $\widehat{J}$ は

$$\widehat{J}(\gamma_1 \widehat{a} + \gamma_2 \widehat{a}^{\dagger}) \widehat{J}^{-1} = (\gamma_1^* \tilde{a} + \gamma_2^* \tilde{a}^{\dagger}) \tag{31}$$

とはたらく．状態ベクトルに対しては，たとえば

$$\widehat{J} \widehat{a} |0(\beta)\rangle = \widehat{J} Z_0(\beta)^{-1/2} \sum_{n=1}^{\infty} e^{-n\beta\hbar\omega/2} \sqrt{n} |n-1\rangle \otimes \langle n|$$

$$= Z_0(\beta)^{-1/2} \sum_{n=1}^{\infty} e^{-\beta(n+1)\hbar\omega/2} \sqrt{n} |n\rangle \otimes \langle n+1|$$

となり，したがって

$$\widehat{J} \widehat{a} |0(\beta)\rangle = e^{-\beta\hbar\omega/2} \widehat{a}^{\dagger} |0(\beta)\rangle$$

も成り立つ．もちろん $\widehat{J} |0(\beta)\rangle = |0(\beta)\rangle$ である．

時間がたっても (30) の関係が保たれるためには，系のハミルトニアンは

$$H_0 = \widehat{\mathcal{H}}_0 \otimes 1 - 1 \otimes \tilde{\mathcal{H}}_0 \tag{32}$$

の形でなければならない．いうまでもなく

$$\widehat{\mathcal{H}}_0 = \hbar\omega \widehat{a}^{\dagger} \widehat{a}, \qquad \tilde{\mathcal{H}}_0 = \hbar\omega \tilde{a}^{\dagger} \tilde{a}$$

である．

　松原形式は，温度が虚時間にあたるので，虚時間形式ともよばれる．これに対して実時間形式とよばれるものがある．参考文献 [13] のみあげておく．

24.6　不可逆過程の統計力学

　不可逆過程に2種が区別される．その第一は，電気伝導のような力学的な原因によっておこるもので久保の線型応答の理論がある．第二は，熱伝導のような熱的な原因によるもので，これについては理論がない．

　われわれは，この第二の問題に挑戦している．ボース気体を考え，温度勾配があり化学ポテンシャルは一様——したがって粒子数密度は一様でない——という初期条件から出発したとき気体がどう振舞うかを調べ，（原子の時間で見て）長時間の後に（原子の大きさに比べて）大きなスケールで見ると，粒子数密度が拡散方程式にしたがって不可逆に変化することを示した[14]．

　不可逆といっても，これは未来に向かっての拡散で，過去に向かっての挙動をみれば，やはり拡散になるという意味で未来と過去への対称性は保たれている．

　計算には熱場の力学を用いた．まず，初期状態．もし温度 T も化学ポテンシャル μ も一様であったら

$$|\beta\rangle = Z_0^{-1/2} \sum_n \left(e^{-\beta\widehat{\mathcal{H}}_0} |N\rangle \right) \otimes \langle N |$$

で与えられる．ここに

$$\widehat{\mathcal{H}}_0 = \int \phi_1^\dagger(x) \left[-\frac{\hbar^2}{2m}\Delta - \mu \right] \phi_1(x)\, d^3x \tag{33}$$

であり，$|N\rangle$ はその固有状態である：

$$\widehat{\mathcal{H}}_0 |N\rangle = \sum_j n_{\boldsymbol{k}_j} \varepsilon_{\boldsymbol{k}_j} |N\rangle, \qquad N = (n_{\boldsymbol{k}_1}, n_{\boldsymbol{k}_2}, \cdots)$$

であり，$Z_0^{-1/2}$ は規格化定数である．ここでは，もはや運動量 $\hbar\boldsymbol{k}$ を無視するわけにはいかないので明示する．$\varepsilon_{\boldsymbol{k}} = \omega_{\boldsymbol{k}} - \mu,\ \omega_{\boldsymbol{k}} = \hbar\boldsymbol{k}^2/(2m)$ である．この状態は $|\beta\rangle = e^{iB[\beta]}|0\rangle \otimes \langle 0|$ と書ける．$B[\beta]$ は

$$\frac{1}{(2\pi)^{3/2}} \int \phi^\dagger\left(\boldsymbol{X} + \frac{\boldsymbol{\xi}}{2}\right) \tau_2 \phi\left(\boldsymbol{X} - \frac{\boldsymbol{\xi}}{2}\right) \theta(\boldsymbol{\xi}, \beta)\, d^3\xi\, d^3\boldsymbol{X} \tag{34}$$

という演算子である．ただし双子の熱場を

$$\begin{pmatrix} \phi_1(\boldsymbol{x}) \\ \phi_2(\boldsymbol{x}) \end{pmatrix} = \frac{1}{(2\pi)^{3/2}} \int d^3k \begin{pmatrix} \widehat{a}(\boldsymbol{k}) \otimes 1 \\ 1 \otimes \widetilde{a}^{\dagger}(\boldsymbol{k}) \end{pmatrix} e^{i\boldsymbol{k}\cdot\boldsymbol{x}}$$

で定義し

$$\tau_2 = \begin{pmatrix} 0 & -i \\ i & 0 \end{pmatrix}, \qquad \theta(\boldsymbol{x},\beta) = \frac{1}{(2\pi)^{3/2}} \int \theta(\boldsymbol{k},\beta) e^{i\boldsymbol{k}\cdot\boldsymbol{\xi}} d^3k$$

とした. なお, $\theta(\boldsymbol{k},\beta)$ は

$$\sinh\theta(\boldsymbol{k},\beta) = (e^{\beta\varepsilon_{\boldsymbol{k}}} - 1)^{-1/2}$$

から定める, この $\theta(\boldsymbol{\xi},\beta)$ を見ると, ξ が小さいとき

$$\theta(\boldsymbol{\xi},\beta) \sim \left(\frac{8\pi m}{\beta\hbar^2}\right)^{1/4} n^{1/2} e^{-m\xi^2/(\beta\hbar^2)} \tag{35}$$

のように振舞い $\sqrt{\beta\hbar^2/m} \sim 7 \times 10^{-10}$ m$/\sqrt{温度}$ といった極めて短距離で 0 になってしまう. ただし, m としては原子の質量をとるべきだから, 核子の質量を用いた. (34) は各 $\boldsymbol{X}$ を中心にこの程度の短距離の $\boldsymbol{\xi}$ の範囲からの寄与からなるのである. それならば温度が

$$\beta' = \beta_0 + \beta_a(\boldsymbol{x}) \tag{36}$$

のように巨視的スケールで変化している場合には

$$|\beta'\rangle = e^{i(B[\beta_0] - \Gamma[\beta_a])} |0\rangle \otimes \langle 0|$$

としてよかろう. ここに $\Gamma[\beta_a]$ は

$$\frac{1}{(2\pi)^{3/2}} \phi^{\dagger}\left(\boldsymbol{X} + \frac{\boldsymbol{\xi}}{2}\right) \tau_2 \phi\left(\boldsymbol{X} - \frac{\boldsymbol{\xi}}{2}\right) g(\boldsymbol{\xi},\beta_0) \beta_a(\boldsymbol{X})$$

の積分 $\int d^3\xi\, d^3X$ だ. ただし $g(\boldsymbol{\xi},\beta) = -\partial\theta(\boldsymbol{\xi},\beta)/\partial\beta$. われわれは, この $|\beta'\rangle$ を $t = 0$ の初期状態にとって系の時間発展を調べるのである. しかし, 温度勾配は小さく, また空間的にも狭い範囲に限られているとするので, $\Gamma[\beta_a]$ について 1 次まで計算すればよく

$$e^{iB[\beta']} = e^{iB[\beta_0]} - i \int_0^1 e^{i(1-u)B[\beta_0]} \Gamma[\beta_a] e^{iuB[\beta_0]} du \tag{37}$$

となる. 系のハミルトニアンを $\widehat{\mathcal{H}} = \widehat{\mathcal{H}}_0 + \widehat{\mathcal{H}}'$ とする. 粒子間相互作用のポテンシャルを $v(\boldsymbol{x})$ として $\widehat{\mathcal{H}}'$ は

$$\widehat{\mathcal{H}}' = \frac{1}{2} \int \phi_1^\dagger(\boldsymbol{x}) \phi_1^\dagger(\boldsymbol{y}) \, v(\boldsymbol{x}-\boldsymbol{y}) \, \phi_1(\boldsymbol{x}) \phi_1(\boldsymbol{y}) \, d^3x \, d^3y$$

である．熱場の力学としてのハミルトニアンは

$$H = \widehat{\mathcal{H}} \otimes 1 - 1 \otimes \tilde{\mathcal{H}}. \tag{38}$$

熱場の力学の利点は場の量子論の手法が直輸入できることだ．相互作用表示での
時間発展演算子 $U(t,0)$ は

$$i\hbar \frac{d}{dt} U(t,0) = H'(t)U(t,0)$$

に従う．ここに $H'(t) = e^{iH_0t/\hbar} H' e^{-iH_0t/\hbar}$ である．われわれは，粒子数密度と
粒子数の流れ

$$j_0(\boldsymbol{x}) = \phi^\dagger(\boldsymbol{x})\phi(\boldsymbol{x}),$$

$$j_l(\boldsymbol{x}) = \frac{\hbar}{2im}\left(\phi_1^\dagger(\boldsymbol{x})\frac{\partial \phi_1(\boldsymbol{x})}{\partial x_l} - \frac{\phi^\dagger(\boldsymbol{x})}{\partial x_l}\phi(\boldsymbol{x})\right)$$

の期待値の時間発展に興味がある．その計算はやや複雑で述べられない．拡散は
粒子間で衝突が何回もおこるくらい長時間にわたる系の挙動に現われる現象で摂
動論では得られない．ワード–高橋の恒等式やベーテ–サルピーター方程式など
場の量子論での道具を直輸入した計算によれば，粒子数密度の期待値は $t \to \infty$ で

$$J_0(\boldsymbol{x},t) \sim A \operatorname{Im} \int e^{(\boldsymbol{k}\cdot\boldsymbol{k}-k_0t)}\overline{\beta}_a(\boldsymbol{k})\frac{\boldsymbol{k}^2}{\boldsymbol{k}_0^2+(D\boldsymbol{k}^2)^2}k_0\,d^4k$$

になる．ただし，$\overline{\beta}_a(\boldsymbol{k})$ は $\beta_a(\boldsymbol{x})$ のフーリエ変換である．$\beta_a(\boldsymbol{x})$ は緩やかに変化
するとしたので $\overline{\beta}_a(\boldsymbol{k})$ は $\boldsymbol{k}$ の小さいところでだけ 0 と異なる．また t は大きいと
するので k_0 も小さいところしか積分に寄与しない．そこで，上の積分で $\overline{\beta}_a$ の後
の関数は $\boldsymbol{k}$, k_0 が小さいとして近似した形が書いてある．A は正の定数．

　$J_0(\boldsymbol{x},t)$ は $t>0$ で k_0 積分の結果 e^{-Dk^2t} が示す不可逆的な振舞をする．そし
て粒子数の流れは

$$\boldsymbol{J}(\boldsymbol{x},t) = -D\operatorname{grad} J_0(\boldsymbol{x},t) \tag{39}$$

となり，いわゆるフィックの法則に従う．粒子数の保存は成り立ち，拡散方程式
も成り立つ：

$$\left(\frac{\partial}{\partial t} + D\Delta\right)J(\boldsymbol{x},t) = 0. \tag{40}$$

この計算は，熱の流れに対してもなされた[15]．

*

なお，この章を終えるにあたって，熱場の理論にとって欠かせない話題である線形応答理論について中嶋貞雄先生の教えられることの多いレビュー「線形応答理論成立」があることを記しておきたい[16]．

参考文献

[1]　T. Matsubara : A new approach to quantum statistical mechanics, *Prog. Theor. Phys.* **14** (1955), 351–378.

[2]　H. Ezawa, Y. Tomozawa and H. Umezawa : Quantum statistics of fields and multiple production of mesons, *Nuov. Cim.* **5** (1957), 810–841.

[3]　C. Bloch et C. Dominicis : Un développement du potentiel de Gibbs d'un systéme quantique composé d'un grand nombre de particules, I, II, *Nucl. Phys.* **7** (1985), 459–479, **10** (1959), 181–196.

[4]　A. A. Abrikosov, L. P. Gorikov and I. E. Dzyaloshinskii : On the application of quantum-field-theory methods to quantum statistics at finite temperature, *Soviet Phys. JETP* **9** (1959), 636–641.

[5]　江沢 洋：無限自由度の問題，湯川秀樹・豊田利幸『量子力学 II』，岩波講座・現代物理学の基礎，岩波書店 (1978).

[6]　R. Haag, N. M. Hugenholts and M. Winnink　: On the Equilibrium states in quantum statistical mechanics, *Commun. Math. Phys.* **5** (1967), 215–236.

[7]　R. Kubo : Statistical-mechanical theory of irreversible processes, I, *J. Phys. Soc. Jpn.* **12** (1957), 570–586.

[8]　P. C. Martin and J. Schwinger : Theory of manyparticle systems, *Phys. Rev.* **115** (1959), 1342–1373.

[9]　R. Haag : *Local Quantum Physics —— Fields, Particles, Algebras*, Springer (1992).

[10]　竹崎正道『作用素環の構造』，岩波書店 (1983).

[11]　荒木不二洋：物理学と作用素環，「数学」，**20** (1968), 142–153.

[12]　Y. Takahashi and H. Umezawa : Thermo field dynamics, *Collective Phenomena* **2** (1975), 55-80.

[13]　L. V. Keldysh : *Sov. Phys. JETP* **20** (1965), 1018.

[14]　K. Watanabe, K. Nakamura and H. Ezawa, *Thermal Field Theories*, North Holland (1991), 79–94.

[15]　K. Watanabe, K. Nakamura and H. Ezawa, *Frontiers in Quantum Physics*,

Springer (1998), 219–223.

[16]　中嶋貞雄：線形応答理論の成立,

　　https//www.jps.or.jp/books/50thkinen/50th_50/001.html

セミナー小風景

中村 徹

　草木も眠る丑三つ時，明日も 1 限目から授業だから朝 6 時には起床しなくては
と，午前零時前に就寝したが，深夜というか未明というか，午前 2 時，枕元のファッ
クスのカタカタという無機質で非人間的な音に眠りを破られた．機械から吐き出
される数枚の紙を手にとると「今日のセミナーで行き詰った所について次のよう
な工夫をしてみました．ご検討を……」とある．とりあえず「拝見させていただ
きます」とだけ返信を送って「早く寝なくては」と再度床に戻る．「それにしても
あの先生，一体いつ眠られるのだろう．工夫というがどんな……」と思いはじめ
るともう眠れない．「えい，どうせ明日の予備校の授業の問題は 2×3 が 5 だ 6 だ
といった類にすぎないから，寝てなくてもいいか」とファックスに目を通し始め
る．「今日行き詰った」とおっしゃるが，論文の『From these facts, we can prove
…』の箇所でこの 1 か月以上立ち止まったままで 1 行も進んでいない．セミナー
といっても，江沢先生とご同僚の渡辺敬二さんと私の 3 人だけで，毎週土曜日午
前 10 時から「ああでもない，こうでもない」と黒板に向かいながら，前日も午後
6 時近くまで頑張ったが，結局何ひとつ進展しなかった．そんな状態がもう一月
も続いていた．もう 10 数年以上前の話である．
　思い起こせば，学習院での江沢先生の主催する informal なセミナーに初めて参
加したのは，私がひょんなことから東京に出てきたときで，30 歳したがって先生
はまだ 40 歳台の頃であった．渡辺敬二さん，中村孔一さん，新井朝雄さん，渡辺
浩さん，……，東大や東工大など都内の大学の若き研究者たちが入れ代わり立ち
代わり参加しては，セミナーのテーマが変わるといなくなる．また，その著書で
勉強させてもらった先生方が「今度こんな研究ができたので聴いてもらいに来ま
した」と話しに来られることもしばしばで，そういえば，かの Feynman さんや
Wightman さんの特別講義もあった．

　参加した当初，さっぱり理解できず「物理の話だから分からなくても仕方ないか，まあそのうち」と思ってみたものの，そのうち数学の話になるともっと分からなくなる．とうとう登校拒否症に陥ってしまった．セミナー当日になると本当におなかが痛くなって学習院に行けなくなるのである．30歳にしてはじめての経験であった．

　10数年前の話に戻るが，岩波の『現代の物理学』のうちの1巻としての『くりこみ群の方法』という本の原稿を書くこともあって，当時（一部の）物理学者には注目されていた構成論的くりこみ理論 (constructive renormalization) がテーマとなり，前述の渡辺敬二さんを含めた3人だけのセミナーが長く続くことになった．どうにも分からないところがあって，とうとうこの理論を主導していた Rivasseau, Feldman 達が closed な研究会として開催している British Columbia 大学のサマーセミナーに渡辺さんと私で強引に質問に押しかけたこともあった．結局，言語の問題もあって，我々の疑問が完全に解決するような答えは得られなかったが，その成果が前掲の本に数行として載ることになった．たった数行の成果ではあったが，渡辺さんも今はこの世にいらっしゃらないと思うと，懐かしい思い出である．

　我々3人のセミナーは，朝の10時から昼食をはさんで午後4時，遅い時は6時位まで続く．その昼食後の休憩のときのことであった．江沢先生が「中村さん，先日はコーヒーカップを頂きありがとうございました．ところで」と来た．「素敵なカップですが，カップによって珈琲の香りや味が変わりますかね」ここまではまだよい．続けて「嬉しかったのは，コーヒーを入れたカップを地下の勉強室までもって降りるのに，頂いたカップの場合は奇妙にもこぼれることがほとんどないのです」ここまでくると鈍感な私でもヤバいと気づく．「カップは円筒型で内径はこれこれcm，深さはこれこれ，私の歩くスピードは……．お昼ご飯の腹ごなしに，どうしてこぼれないか．計算をちょっと黒板でしてみてくれますか」腹ごなしどころか，おなかが痛くなってしまう．登校拒否症が再発しなければいいが．

　いつ頃だったか，確か阪急電車だったと思うが，関西の宝塚あたりでスピードの出しすぎが原因で脱線するという大事故があった．朝日新聞に「このカーブの限界スピードは時速これこれ」とでていたそうである．やはりセミナーのお昼休憩のときの江沢先生のお話で「電車の乗客も含めた重量がこれこれ，事故現場の線路の曲率半径がこれこれだったそうです．それらを用いて私が計算してみたところ新聞に載っていた限界スピードと同じ数値を得ることができました」物理学

の難しい理論だけでなく，日常の様々な出来事すら物理の問題として視てしまう．本当に物理がお好きなのだなあと思う．以前，物理の山本義隆さんと2人で食事をしたとき，「江沢さんほど幅広い分野にわたって物理の造詣が深い先生は，これからの日本ではもう出てこないのではないかなあ」とおっしゃっていたことを思い出す．

セミナーのお昼休憩での話をもう一つ．やはり腹ごなしの問題で，問題の内容はすっかり忘れてしまったが，さほど難しいものではなかった．「ちょうどスイーツが一つ残っているので，最も良い解答をした人にそれを差し上げることにしませんか」早速，Aさんが黒板で計算して解いてしまったが，その計算があまりにごちゃごちゃしていたこともあって，ある定理を用いるとその大半が不要で，すっきりと解決することを発見した．これでお菓子は私がもらったと思ったが，意外にもそれはAさんのものになった．先生の判定は「Aさんの計算をみると，何と何が相殺して消え，解決に至るキーが何であったかが手にとるように分かりますね」であった．世の中では，しばしば，より短い解答を良しとする風潮がある．とくに私が働いていた予備校の数学ではそれが顕著で，教員の側でも「こうすると，5行ほど短くなるからこちらの解答の方が良い」などという話が日常茶飯で，生徒の側にもそれを唯一の判断基準としている傾向がある．もちろん，長いほうがよいということではないが，その問題に対して何が本質的かという点が明確にみてとれる解答が，その問題を最も深く理解したものであることは論を待たない．仮にそれが他より長いものであっても．

先生の学問に対する姿勢について感嘆した話をしたい．私が九州大学の倉田令二朗先生のところで院生として修業中の話で，当時，倉田ゼミでくりこみ理論を含めた場の量子論をテーマとしていた．ゼミの構成員はすべて数学の人間で倉田先生を除いては物理については全くの素人であった．数学の人間だけで勉強していてももう一つよく分からないということで，倉田先生が東京の学習院まで江沢先生を訪ねて行かれて，我々のセミナーで1週間程度の特別講義をしていただくことをお願いした．もう今から40年くらい前の話である．快諾を得て，早速講義が始まった．

今はその具体的内容を思い出せないが，高度な理論の話であったことは間違いないし，先生のことだから連日，午前午後の数時間の長いセミナーであったと思う．そのうちのある日のことである．講義の一つの目的が，ある重要な不等式を

導くことであった．前日の講義の全部を使って下準備となる式が導かれ，いよい
よその日に問題の不等式を証明する手はずである．講義が進んでいき，いよいよ
最後の段階に至ったところで，聴衆の一人から証明に不具合があり，その方法で
は目的の不等式が証明されないことが指摘された．しばらくの沈思黙考後「これ
までの話はなかったことにして，改めて別の証明をします」前日からの下準備も
含めてすべて破棄．今度は何の不具合もないのはもちろんのことである．

　そのとき私が思ったのは，ひょっとしたら，今回の講義のためにその不等式の
先生独自の証明を考案して臨まれ，たまたま何か齟齬があって証明になっていな
かったので，元の論文にある証明に戻られたのではないだろうか．私などがセミ
ナーである理論をレポートする場合，該当論文を論理的にもしっかり理解し，そ
れを皆様にしっかり披露することで事足りるとしている．そうでなく，あくまで
自分の理論体系の中にきちんと位置付ける形でその理論を理解する．そしてでき
ることならそこに独自の工夫を凝らして，例えば新しい証明を見つけたり，次の
更なる展開を考える．そのような先生の姿勢からまたひとつ大切なことを学んだ．

　後日談をひとつ．最終日の講義が終わって「江沢先生に感謝の意味を込めて，博
多の旨い魚料理にお誘いしよう」との倉田先生の提案で，博多の街に繰り出した．
私たち院生もご相伴にあずかることができ，楽しい宴が続く．2 軒目か 3 軒目の
とき，倉田先生が私を呼ばれて小声で「お前たち持ち合わせがあるか．俺の財布
をみるともう残っていない」貧乏学生の私たちに持ち合わせなどあろうはずがな
い．その様子に目敏く気づかれた江沢先生が「倉田先生，大丈夫ですよ．先ほど
支給されたこの 1 週間分の講義料がここにそのままありますから」倉田先生「お
う，それは僥倖．拝借いたしますよ．じゃあ，もう 1 軒行こう」後日に返済され
たかは大いに疑問である．倉田先生が宵越しの借金を覚えているとはとても考え
にくいし，江戸っ子の江沢先生がそれを請求されることはもっと考えにくいので．

　ここで現在の話をしよう．先生は今年 87 歳になられる．毎週のセミナーは齋藤
慎さんを含めた 3 人で，テーマは Schrödinger 方程式のエネルギー固有値 E の
計算という前世紀からある古いものである．以下，少し物理の用語が出てくるが
ご容赦いただきたい．この問題に対しては，摂動級数展開という方法が通常だが，
この級数がとんでもない代物で，例えば，今扱っている問題の場合

$$E = 1 - 2.5 \times 10 - 3.125 \times 10 + \cdots$$

から始まり，あとは正，負，正，負となっていって，10 番目の項になると $-7.44\cdots\times$ 10^6，20 番目は $-2.10\cdots\times10^{20}$，大きいところで 500 番目をみると $-7.21\cdots\times$ 10^{1219} である．我々は 6000 番目まで計算してあるが，なんとそれは $-1.45\cdots\times$ 10^{21119} である．大きい数の位として，小学校の頃『$\cdots$，那由他，不可思議，無量大数』などと覚えた人も多いかと思うが，無量大数でも 10^{68} である．いかに無茶苦茶な級数であることか．最終的に得たい E の値はせいぜい 1 桁か 2 桁の数なのに，こんなに大きな数を足して次に引いてまた足してという和に，いったい何の意味があるのだろうかと思える．ところが，この和から Padé 級数 (E. U. Padé, 1863–1953) という一種の分数関数近似をつくると，なんと真の値と有効数字 48 桁まで合う．有効数字が 3 桁合うと 0.1 パーセントの誤差となるのだから，この合い様は尋常ではない．

　摂動のポテンシャル関数が x^4 の場合に，Padé 級数が単調に減少しながら真の値に収束することを厳密に証明したのは B. Simon で 1970 年のことである．その証明には複素積分，解析接続と Riemann 面，確率分布のモーメント問題など大学 2, 3 年までに学んだ知識が用いられて，なかなか嬉しい．

　もう 3 年以上も前になるが「摂動ポテンシャルが x^4-x^2 の場合が昔から気になっていたのですが，考えてみませんか」と江沢先生からの提案があった．当初，私は $|x|$ が大きいところでは x^4 も x^4-x^2 も大差ないのだから，Simon の証明を少し変更すればできるだろうと，あまり乗り気でなかった．ところが，やり始めてみると Simon の場合と大違いで，Riemann 面上に今までにない新たな分岐点が登場し，そのために Padé 級数がときどき減少から増加に転じ，すぐまた減少する．それを，多分，無限に多く繰り返す．そんな無限級数の収束の仕方は見たことがないし，その収束をどう証明してよいか見当もつかない．もちろんSimon の証明も役に立たない．それでもいろいろなことが派生的に分かってきたので「もう 3 年以上も証明しようとしてきたので，そろそろ分かったことだけでもまとめて論文にしませんか」と，ときどき提案してきた．答えは「もう少し頑張ってみませんか」である．私と斎藤さんもすでに 70 歳になるが，87 歳になったときに今の先生のような気力と頭脳を維持しているであろうか．

　ここまでいろいろな話を書いてきたが，実は，この原稿を依頼されたとき気が重かった．というのは『物理学と数学』という以上，先生の数学観，物理学観に触れないわけにいかないだろう．そんなことが自分に書けるわけがないし，そもそ

も○○観というのは論者のそれに基づいてしか語れないものだから，私自身の貧困さがあからさまになってしまう．とつおいつ思案していて，ふと気づいた．そんなことを書く必要はない．この本に先生の著作がいっぱいあるのだから，それから読者が読み取ればよいことであり，私がどうこういうことは必要ない．このことに気づいた．

　ところが，不思議なことにそう思うと，反対に何か書きたくなる．そういうわけで一つだけ書かせてもらうことにするが，当たっているかそうでないかは分からない．

　比較のために，倉田先生はその著書のなかで「人間の純粋な思惟の所産である数学が，どうして自然現象の理論たる物理学と関係しうるのか」という問題の立て方をされていた．その個所を今回探し出そうとしたが，著作が膨大にあるせいもあって，どうしても見つけ出せない．辛うじて若いころの著書『数学と物理学との交流』のなかに「ある自然法則が数学的表現を得たときに，純粋に数学的な変形，推論がなぜに同一の当の自然現象の表現であり続けるかという問題」という記述を見つけた．少し主旨にずれはあるが，まあ大体同じテーマといってもよいであろう．このように数学と物理学を分離した上で，改めて両者の関係を考察する．若いころにドイツ観念論，弁証法的唯物論の洗礼を受けた先生が，あえて「純粋な思惟の所産たる数学」と規定した上での議論であった．数学者であると同時に哲学者たらんとする倉田先生らしい問題の立て方である．

　江沢先生はあまりこのような問題の立て方をされない．もちろん「数学としてはそれでよいかも知れませんが，物理としては……」などといわれることも時々あるが，敢えて両者を分離しなければとは考えていないように思う．むしろ，自然現象をより合理的に理解することに寄与する理論であれば，それが数学と呼ばれようが，物理学と呼ばれようが，そのことに拘泥しない．問題は，自然現象をいかに深く理解できるか，その一点に興味がある．そういう意味で根っからの自然科学者である．私はこのように思うが，果たしてどうであろうか．

第 IV 巻解説

上條隆志

1.「はじき」のおどろき

　身近なところからはじめることをお許しいただきたい．教師が中学・高校で物理を教えはじめるとすぐに，学生が (速さ) ＝ (距離) ÷ (時間) であることがわからないという事実に往生する．そこで塾や学校では，とりあえず覚えようと，その筋には有名な「は・じ・き」(説明が難しいが，円内を分割して速さと時間と距離の関係式を一目でわかるようにした図) を暗記させることになる．

　教師はどうしてそんな単純なことが？　と思いがちであるが，それは教師の認識不足．ガリレオ・ガリレイだって躊躇したのだから．彼の『天文対話』を見ても『新科学対話』を見ても，速度は認識していても，(距離) ÷ (時間) で表すことはできなかった．彼の時代には性質の違う 2 つの量で割り算するなどということは認められなかったから．ガリレオは「運動体が 2 つの等しくない距離を等しい時間で通過するなら，これらの距離の比は速さの比に等しい」(本巻 p.3) と書く．自然の法則は数学ということばで表されるといいながら，それはこんな基本的なことですら難しい．

　だから，教えるほうは「こんなことが」と思わないで，どうしてそういう数学で表現できるか，教えられるものと一緒に考えることが大切だ．

　微分を高校で習ったときの私たちも，そうではなかったろうか．$\dfrac{\Delta x}{\Delta t}$ で極限をとったら，どうしたって分子分母両方 0 になってしまう，なんて．後に科学史の本で知ることになる，ニュートンを糾弾するバークレイ僧正もかくやである．そのころ読んだ旧制高校の代数学の本に「微分とは x^n に nx^{n-1} を対応させる操作と定義する」というのがあって，定義域を整式に限定したからだが，数学にはこういうのもありなんだ，と妙に感心したのも覚えている．後に微分とは曲線の微小部分の直線化であるとして「一円玉の縁を顕微鏡で覗く」という教育実践を知っ

て感心した.

現代物理学になってくると,この物理と数学の関係の問題はますます尖鋭になっていく.ノーベル賞受賞者朝永振一郎は本の中で次のように述べている[1].

「昔の物理学では数学は単にわれわれの物理的経験事実を精密に表わすために必要なだけのものであって,自然自体は本来通常のことばで記述されうるような構造のものであると考えられていたが,新しい物理では,物理学の対象そのものが通常のことばでは述べえないような性質のものであると考えなければならないようになってきた.

すなわち,物理学の対象が原子とか素粒子とか,日常世界から遠ざかってくると,これらのものは日常われわれが見知っているものとは全く異なったものであることがわかってきて,したがってこれらを日常のことばで表現することが不可能になってしまったのである.このようにして近ごろの物理学者のやりつつあることは,日常生活における概念をばらばらに分解して,次にそれを新しく合成して,それらの物理世界のものを記述するに適した新しい人造語を作るのである.それがすなわち物理学における数学である.」

本巻はこうした,自然法則がなぜこのような数学で表せるのかを,江沢さんが一般読者向けに丁寧に解説した論説を集めたものである.しかも,物理学の重要な問題を網羅しつつ,本選集の基本である「高校教科書の知識で読める」ように.正直にいえば「第4部 量子力学と数学の交流」は高校生以下には難しいかもしれない.しかし,論理を省略せず書かれているのが江沢論説の大きな特徴なので,わからないところは勉強しつつ何回もトライしてほしい.本棚に置いて一生(?)楽しめること請け合いだ.

ついでに教師くさいことをいわせていただければ,勉強とは結局「いい本を何回も読む」ことだと,私たちの仲間は高校生にいっている.1回目にざっと,2回目はひとつひとつ計算して,3回目に構造を理解して,そのあとも必要に応じて.何回か読めばおのずとわかる.「6. 物理からみた数学」で,日本を代表する数学者小平邦彦氏も「何度も何度も読み返さなければわからないんですよ」と語っているのには,レベルは違うけれど意を強くした.

1.1 まだ微積分を知らない中学生のあなたにも

本選集は,できれば中学生にも読んでもらいたい.その場合,「7. 空気抵抗と

微分方程式」「8. 微分方程式の発想」は本選集第 I 巻『物理の見方・考え方』[2]
所収の「9. 高校物理に微積分の思想を」(9.1 速度と加速度, 9.2 拡がる世界) の
続編として書かれたものなので, この順に読んでいただくのがいいと思う. 実は
私もこれをテキストに, 自分の学校の中学生と「はじめて微積分を学ぶ, しかも
物理で」という輪講(テキストを決めて参加者が交代でチューターをつとめ, みん
なで議論するやり方)を試みた. 結果はきわめて良好. 中学生にも十分に微積を用
いたニュートン力学の体系が身につけられる. 付け加えると, 中高生を教える教
師たち(私のような)こそ, ぜひ本選集を読んでほしいと願っている.

1.2　なぜわかりやすいか

　物理で使うための数学を, 道具として必要な範囲で提供すればよい, という考
え方もあるが, 江沢さんはそうではない. 数学のほうもたっぷりと, なぜその方
法と形式に至ったかを語っている. 本巻 p.15 で江沢さんが朝永振一郎の次のこと
ばを紹介している.

　　　「数学を勉強してほんとにわかったという気もちは, おそらくその数学が作ら
　　　れたときの数学者の心理に少しでも近づかないと起こり得ないのであろうか.」

　そのときの心理に近づくにはその時代の文化や社会も知る必要がある. 数学だ
けでなく物理にも. おそらくこれが江沢さんの著作のバックボーンにあると思う.
江沢さんの論説を読むと, あたかも当の物理学者や数学者と読者が対話している
ような気がする, というのも故なからず.

　なお, 今手に入る江沢さんが単独で書かれた(共著や訳は数え切れないほどだ
が)数学の本には『微分積分の基礎と応用』[3], フーリエ変換とラプラス変換への
入門書である『フーリエ解析』[4], 『漸近解析入門』[5] がある. どれも面白いし役
立つ. 微積の本を, 私は, 理工系に進学する教え子に勧めて, ときに入学祝いに
送るが, 満足度が高い. そしてこれらの数学がどのように物理学と結びつき, ど
のように具体的に使われるのかを学ぶには江沢さんの『現代物理学』[6] がいい,
この本はほとんど唯一無二の存在だと, アドバイスしている.

1.3　絵を見るように, 小説を読むように

　わかりやすい, というだけではない. 数学と物理学の本は, 無味乾燥, ひたす

ら論理と計算と思われる節もあるかも知れないが，江沢さんの文章は，考え抜かれた簡潔で見事な日本語であるだけでなく，実は情感あふれるものだ．私の独断で本書から，2つの場面を挙げたい．

1.3.1　名画を見るごとく

　静かなコロラド山中，緑の草の上，やわらかな日差しの中，静かに座って向かい合うふたり，と勝手に目に浮かんでくる．江沢さんがアメリカで場の量子論の公理論的アプローチのグループにいたときのことを「5. プロペラの理論に始まる——大学生の集まり「都内数学科学生集合」によるインタヴュー」のp.26で語る場面だ．

> 「コロラドの山の中だったから週末には皆で一緒にピクニックに行ったんだけど，昼飯のときにファインマンが公理論の親分（ハーグと思うが）のところにやってきたんだよね．僕はどうなることかと思ったんだけど，全然違って真面目な顔をして「公理論っていったいどんなものですか」って言うんだ．こちらの親分も大真面目で説明してね，大変印象的でした．公理論的なんて駄目だよっていうばかにしたような質問じゃなくて，お互いに相手を尊敬してるって事がわかるようなやり取りだった．」

　映画の一場面のようだ．尊敬し合うふたりが物理を語り合う．いつまでも見ていたい，幸せとはこういうものかという光景．

1.3.2　冒険小説を読むような

　あたかも小説を読むような息をつかせぬ緊張感を感じさせる筆は「20. 非相対論的くりこみ理論」のところである．

　ニューヨーク州はロングアイランド島の人里離れた小さなホテル．1947年，戦争時の軍事研究動員からやっと解き放たれ，今後の理論物理学がどこへ向かうか討論するために集まった24人の精鋭物理学者．注に全員の名前がある．会議の冒頭行われたラムのマイクロ波の実験報告．水素原子の準位がディラック方程式の結論よりずれている．ついに電子が自分の作る場から受ける反作用が表に出て，場の量子論の重要問題があらわになった瞬間である．そして討論の熱気さめやらぬ帰りの電車の中で，夢中で鉛筆を動かし，非相対論的なくりこみの計算をするベーテ．

　さらに数ヶ月後，このことをなんとアメリカの一般週刊誌で知った朝永グルー

プが，戦中戦後の情報途絶した暗い日々に独力で完成させたくりこみ理論を持って「闇の中から」世界に登場する．

　推理小説もかくやの，なんとドラマチックな展開だろうか．江沢さんはこの状況を生き生きとした筆で描き，ベーテの理論を分かりやすく解説する．最後の「物理像」の部分は私の求めに応じてさらに書き加えてくださったものだ．本巻でも重要な論説の一つである．いままで「くりこみ？」と尻込みしていた読者にとっても絶好の機会である．なお，くりこみ理論については亀淵 迪『素粒子論の始まり』(日本評論社，2018)[7] を参考にされたい．本巻の論説「20. 非相対論的くりこみ理論」はこの本の解説に大幅に加筆されたものである．

2. 第1部　数学的センスと物理的センス

2.1　碩学たちの座談会

　日本を代表する数学者と物理学者による「6. 物理からみた数学」は貴重な文献だ．日本ではじめてフィールズ賞を受けた小平邦彦，数理物理学の分野でも活躍された高橋秀俊，山内恭彦の諸先生，そして江沢さんと，物理と数学に精通した4人の座談会は今は他ではお目にかかれない．一部だけ取り出すのは良くないとは重々知りながら，小平さんの

> 「(数学は) 全然，論理じゃない．感覚の学問だと思う」「そうでなければ，数学のできない生徒のいるはずがない」「数学者は非常に議論に弱いでしょう．教授会で議論すると，たいがい数学者は負けちゃう」

には思わず微笑んでしまう．小平さんははじめは物理へ進もうとされていたとか．また数学は公理を自由に創造することができ，論理のみから成り立つ，物理はあくまで自然に縛られるとよくいわれるが，

> 「数学者からみると，ちょうど普通の自然があると同じように数学的な現象があるように思える」

とも．

2.2　物理を学ぶ人のために

　「5. プロペラの理論に始まる」と「4. わかるとは，わからなくなることだ」は，これから物理を学ぼうとする人，またそれを育てようとする教育者に読んでほし

い論説だ．化学の授業を 1 ヶ月間学生にまかせてくれ，自分がわからないときは大学の先生のところまで連れて行ってくれる先生．うらやましくないだろうか．こういう話は私たちが高校生だったころはよく聞いたが，今ではとんと聞かない．下手をすると教師が授業をさぼっていると，処分されることもありそうなのが最近の学校行政だ．

2.3 数学の力を借りてわかること，わからないこと

小さいが面白い話題が出されている．「3. 数学や物理がわかるとは？」では「なぜ丸い太陽が輝く円板のように見えるのか」という問題であり，空洞輻射の問題も意外だ．数学と論理の力で直感を越えることができる例だ．しかし「2. 周転円はフーリエ級数である」ではその逆．プトレマイオスの宇宙像である周転円はフーリエ級数と同等だから，観測結果を将来的に数学的には説明可能だとしても，コペルニクス的転回が不要なわけではない．

3. 第 2 部　微積分の発想

第 2 部をつらぬく筋はニュートン力学である．ニュートン力学はまずオイラーによって微分積分法を用いて形を整えられ，微分方程式で表される．この数学的な表現に力学の構造が反映している．その意味は何か．

さらにオイラーによって進められた変分法によって，最小原理という新しい数学的表現を得て解析力学に発展する．変分原理では変数を自由に選べ，保存量を調べる一般的な法則が成立する．

3.1 ニュートンの力学法則はなぜ微分方程式で表せるのか

「7. 空気の抵抗と微分方程式」では，高校ではやらない，空気抵抗を入れた微分方程式を解く．江沢さんは公式的な解き方を示すのではなく，「微分方程式とは何か」ということを読者と考えていく．すなわち，それは空間の各点に勾配の場が存在することであり，図で示すことができる．微分方程式を解くとはそれをつないでいくことである．そのとき微分方程式の性質として，始点つまり初期条件は方程式から決まらないことも明瞭だ．そうした逐次積分するやり方で力学の法則を明らかにした後，それとは別に級数展開で解く方法を示して，指数関数を登場させ，高校でも習う指数関数とは何か見直していく．やはりグラフと電卓を使っ

て. こうして「8. 微分方程式の発想」で, 力学の構造の法則性と偶然性, 自然法則と初期条件という構造を明らかにする. なお, 高校物理の単振動の説明の仕方も批判する.

3.2　微分方程式から変分法へ

ニュートンの力学法則をはじめて微分方程式の形に定式化し, 重力を仮定して運動方程式から惑星の軌道を決定することができたのは, ニュートンではなくオイラーである. そのオイラーが今度は最小原理の一般的な表現を与えて解析力学への道を拓いた. だから「9. オイラー —— 中継走者」というわけだ. オイラーは積分を最小にする問題に取り組み, 積分を区間分けして和にし, 極限をとって微分方程式を導いた. ところがこのプロセスは文献に残っていない. これを江沢さんが本巻で再現を試みる. 本選集を通じて読者は何度も江沢さんのオリジナルな計算を経験してきた.

変分法により, 力学はどのような座標でも表せるという, より大きな自由を得る. 同じニュートン力学でもその枠組みが変わってきたといえるだろう. それはラグランジュ, ハミルトンを経て量子力学につながる.

4.　第 3 部　確率過程

4.1　「12. 確率過程とは何か」

確率は高校の教科書にも出てくる. では, 確率過程とは何か. 「偶然に支配される物事の進行の道行き」のことだと江沢さんは定義する. 例えばさいころを連投して出た目を加えていく(加法過程). それは酔歩でもあり, 乱雑に分子にぶつかられるブラウン運動でもある. 乱雑であるのに, そこには法則性が表れる. 乱雑から生まれる法則をどうやって導いたらいいか. ランジュバンの書いたブラウン運動の運動方程式は

$$m\frac{d}{dt}v(t) = -kv(t) + f(t). \tag{1}$$

右辺の力 $f(t)$ が多数の分子の乱雑な熱運動によるので決まった関数で書けない. こういう乱雑項をもつものが確率微分方程式とよばれるもの. 乱雑項は標本ごとに違うので, これはひとつの微分方程式ではなく, 微分方程式の集団であって, 統計的に扱わなくてはならない. より一般的な確率過程の確率微分方程式が示さ

れ，そこから粒子の分布が時間とともにどう変わるかを表すフォッカー－プランクの方程式が導かれる．これを解けば分布が求まる．確率微分方程式の概念は伊藤 清により，戦争中の 1942 年に明確にされた．

「14. 物理学による免疫系のモデル化」は，免疫系の B 細胞は生体の細胞の間をブラウン運動するとして，人体に感染した抗原の情報を集め対抗できるよう免疫系を作れるかという面白い問題．

確率過程は私自身いくらか本を読んでトライしてみたことがあったが，どうも意味がつかめず敗退していた．今回，江沢さんのこの部を読んで，なんてよくわかることかと感激した．江沢さんが常に物理的意味を明らかにして書いてくださったことが大きいのか．おすすめだ．

5. 第 4 部　量子力学と数学の交流

第 4 部は大きく 2 つの主題を扱う．1 つは，有限な数の粒子系を対象にして現在作られている量子力学の数学的定式化の基礎の問題．もう 1 つは，無限自由度の量子力学がどう定式化できるかという問題．後者は無限に多くの粒子の量子力学というより，場の量子論の問題といったほうがよい．

量子力学の理論の数学的基礎をヒルベルト空間と演算子の理論としてその枠組みを示したのはフォン・ノイマンの有名な『量子力学の数学的基礎』[8] だが，それは枠組みを示したのみであり，理論をきちんと証明し内容を作り上げたのは加藤敏夫である．「18. 量子力学の数学」では，彼の『量子力学の数学理論』[9] をもとにその理論をわかりやすく述べる．

量子力学では物体の状態はヒルベルト空間のベクトルで表され，物理量は演算子で表される．物理量が観測でき，意味をもつには演算子がエルミートでなければならなくて，物体がどこかに存在するためには確率つまり波動関数の絶対値の 2 乗の和，積分が収束しなくてはならない，というのが我々がよく知る定式化だ．しかし，

1. エルミート演算子であるかどうかはその定義域が与えられなければ決まらない．

2. さらにエルミートと自己共役は普通の教科書では同じとしているが，実は違う．観測できるためには射影演算子を用いて状態を展開できることが必要で，自己共役でなければならない．

3. したがって自己共役になるように定義域を定めることが必要.

4. 場合によっては固有関数が存在しなくなることもある.

などの問題が実はある. ここでは具体的に水素原子とヘリウム原子のハミルトニアンが自己共役になることを示し, その性質を明らかにしている.

「15. 固有値問題は奥が深い」では, 私たちが普通に使っている運動量演算子 $-i\hbar\dfrac{d}{dx}$ は有限区間の両端で 0 という境界条件下では, エルミートにはなるが固有関数系は存在しないということを示す. また水素原子の基底状態の関数を例として微分できない関数もあることも. 物理量を表す演算子はどのような関数にどのような境界条件下で用いるかを考えなければならない.

「16. 無限遠に達するか否かが問題」では, フォン・ノイマンとウィグナーの 1929 年の論文で, 電子が原子系から無限遠に逃げ去るのに十分な運動エネルギーをもっているのに, 束縛状態と考えられる場合があることを証明したものが紹介される. ちょっと驚きだ. 彼らの指摘した束縛状態ができるかどうかは, ポテンシャルの無限遠での境界条件によるが, そのポテンシャルの中での古典的粒子の運動が「有限時間で粒子が無限遠に到達できる」場合に境界条件が決定的になる. 量子力学の数学が古典力学を反映しているようで面白い.

これらの問題は我々がふだん量子力学を使う上で, 特に注意はしていない問題である. 改めて目が覚める思いだ.

これらの諸問題を論じた本は, 長い間, 江沢さんの書かれたものだけだった. それについて田崎晴明さんが書かれたものを, 選集第 I 巻の解説 [2] から引用しておこう.

> 「『量子力学 III』は湯川秀樹が監修した岩波の講座の一冊として 1972 年に出版された. 1982 年に大学院に入学した私にとってもこれは「古い本」だったが, それでも, 私たちの世代で数理的な立場から量子力学を学ぶ学生にとって, 江沢先生の手になる三つの章は唯一無比の貴重な文献だった. 最初の二つの章は数学者が整備した量子力学の数理的な体系を物理学的に自然に動機付けながら明快かつ簡潔に展開する素晴らしい解説. 最後の章は世界的にみても例のない無限自由度の量子系の数理への見事な入門と解説である. いささか驚くべきことだが, 私の知る限りこれに比肩する文献は未だに見当たらず, 今日でも少なからぬ学生・研究者が江沢先生の三つの章を学んでいる. 本書は長いあいだ古本以外では入手できなかったが, 今日では『現代物理学の

基礎 4. 量子力学 II』として岩波オンデマンドブックスから購入できる（江沢先生が書かれたのは 16〜18 章）.」[10]

6.「**17. 物理的直観と数学 ―― 電子が無数にある系の量子力学**」

無限大の量子力学にいく前に，電子が 92 個あるウラニウムのような自由度が大きい系で，シュレーディンガー方程式を解かずに解を求める方法として，物理的直観を生かした，トーマス−フェルミの模型（1926, 7 年のことだ）を扱う．エネルギー最低の状態で電子が運動エネルギーの準位に下から詰まっていくとすると，ある分布 ρ をしているとして運動エネルギーの総和が $\rho^{\frac{5}{3}}$ に比例する．こうして求めた ρ と E_0 は実験と，また方程式を直接解いた結果とよく合った．そして，なんとそれが原子番号無限大の極限で正しいことが数学的に厳密に証明された（1972, 3 年）．面白いものである.

7.　場の量子論の数学的基礎

「23. 場の数理科学の始まり」には，数学的方法で研究されてきた場の量子論研究の歴史が，この研究に携わった数少ない日本の研究者である，江沢さんの手でまとめられている．これを読んでから論説に取りかかるのもいいし，論説を読み終わってから，整理するためにこれを読むのもいいだろう.

なぜ場の量子論が必要になるか．素粒子の世界では，例えば，宇宙線中の陽子が大気の原子核に衝突すると多数の中間子が発生し，さらにそのうちの π^0 中間子が 2 個の光子に転化し，それがまた電子・陽電子を対発生と，ほとんど無限に粒子の数が増えていくカスケードシャワーの話が「21. 無限自由度のはなし」で紹介される．つまり素粒子の世界では自由度はいくらでも湧いてくる．さらに現代では，空間の各点に振動子が分布すると考えて，場を振動が伝わっていくときそれが粒子として観測されると考える．つまり初めから自由度は場という形で空間全体に各点ごとに存在する．空間の点は無限だ.

場の理論が必然なのは，物理は相対論共変でなければならないことからもいえる．空間の各点で，同じ時刻・同じ場所の場と相互作用する近接作用だけがその要請に応える．その結果，場は空間を有限の速度で伝播する．場の方程式は電磁気のように時間と空間の導関数の関係になる．「19. 場の理論とは，どんなものか」

では，そのとき，正準交換関係の表現という立場から量子力学を見ると，自由度が有限の場合と無限の場合の間に本質的な違いがあるということになる．

しかも場には，電磁気の理論のときから自己エネルギーの発散の問題がある．その困難はくりこみ理論によって一応の解決を見るが，それは前にも上げた「20. 非相対論的くりこみ理論」に述べられる．しかし，これも無限を有限にするという奇妙なものではある．

8.「22. 自由度無限大の量子力学」

量子力学では，自由度が有限の場合と無限の場合で本質的な違いがあるという，それは何か．自由度が有限の量子力学では，位置座標と運動量の交換関係 $[q_k, p_l] = i\hbar\delta_{kl}$ を満たす自己共役演算子が理論を構成する上で重要である．自由度が有限であれば，任意の基底をとっても，ユニタリ変換で移れる演算子の組はすべて同値になる．これで理論の構造は定まり，任意の基底をとることができ，観測の理論もできる．これがフォン・ノイマンの定理で，ハイゼンベルクの行列力学とシュレーディンガーの波動力学の同等性もそれによって証明できた．このフォン・ノイマンの定理が自由度無限大の系では破れる．ヴァン・ホーヴが示した例．あるハミルトニアンを示し，それぞれの自由度については固有関数がすぐ求まるので，無限の自由度についても，有限の場合の量子力学の延長で，それら積を系の固有関数とする．しかし同じハミルトニアンで，摂動論を使うために非摂動の固有関数を作ると，それらはすべて先の固有関数と直交しており，結局摂動が不可能となる．2 つの固有関数系の基底をつなぐべきユニタリ変換が 0 になって，自由度無限大だとユニタリ同値でない表現の存在が起こる．これは自由度が無限だからである．

この場合は物理量を表す演算子がそれぞれ特別な空間に対してだけ意味をもち，演算子ごとにその空間は違うと予想されるから，これは量子力学の根幹を揺るがす．これを解決しようとする研究から対称性の破れの理解をもたらしたが，問題は根本的には解決されていない．他にもまだまだ面白い問題がある．

9.「24. 有限温度の場の理論」

江沢さんはこれらの場の量子論の数学的基礎を精力的に研究されてきたと同時

に，場の量子論の手法を統計物理学に応用する研究でも重要な貢献をされた．この場合は，自由度無限大というのは，密度一定の粒子が無限と見なせる拡がりをもっている場合ということになる．江沢さんは場の量子論の手法がこういう問題に使えることを示した．

江沢さんの文章を引用しよう．出典は『物理の歴史』[1] の江沢さんの解説で，これは江沢さんと物理研究のかかわりの個人史にもなっていて，とてもエキサイティングだ．

「1956 年，東大に梅沢博臣先生が着任され，E（江沢さん）は野上先生にお願いして梅沢研究室に移った.」「先生から教えを受けたのは喫茶店であった．新しいアイデアが生まれると「コーヒーを飲みに行こう」と誘われる．じっくりと聞かされる．こちらは必死に考えて質問する．そういうことの繰り返しだった．話題の一つは超高エネルギー核子の衝突で中間子が多数，爆発的に発生する，いわゆる多重発生であった．もう一つは，くりこみ理論．しかし，それも先生のたび重なる外遊で途切れがちだった.」

「中間子の多重発生には，当時 Fermi の統計理論とそれを発展させた Landau の流体モデルがあった．統計理論というのは，核子が衝突すると，超高温の中間子ガスが，ちょうど熱輻射のように発生するとして，中間子ガスを統計力学で扱うのである．流体モデルというのは高温のガスが流体力学の方程式にしたがって膨張するという過程を付け加えたものだ．流体力学で扱うには，中間子ガスの状態方程式が必要で，そこから高エネルギーにおける中間子の相互作用が読み取れるだろうという考えから，中間子ガスの状態方程式を導くことが問題になった.」

「梅沢先生の外遊中だったが，京都大学の基礎物理学研究所の松原武生先生が 1955 年に出していた統計力学に対する Dyson 式の摂動論をこの問題に利用しようと，先輩の友沢幸男さんと考えた．ところが，この理論は 3 次元的な運動量を使って定式化されており相対論的でなかった．これを中間子の問題に応用しようとすると発散積分が出てくりこみが必要になるが，それには 4 次元運動量をつかって理論を相対論的に不変な形にしなければならない．松原理論が 3 次元運動量を用いていたのには理由があって，それは統計力学では Dyson 理論の時間にあたる変数の変域が有限で，運動量の第 4 成分の保存が成り立たないように見えたからである．友沢さんとだいぶ議論をした．夜

遅くなると大学の門が閉まってしまい垣根を乗り越えて出ることになる．いや，遅くなる人が少なくなかったらしく，垣根の一定の場所がけもの道よろしく低くなっているのだった．そして，ある晩，用いるグリーン関数にある周期性があって，運動量の第 4 成分も保存されることを発見した．統計力学の Dyson の摂動論がこれで文字どおり完成し，Feynman 式のダイアグラムで計算できることになったのである．」

　「ともかく論文にしたのが 1957 年である．素粒子論研究室では，中間子論に摂動論を使ったといってさんざんに批判された．当時，摂動論は使えないとして場の理論そのものが不評だった．1955 年以来，分散公式がもてはやされていた．」

　しかし「1957 年にシアトルで開かれた国際会議で梅沢先生が報告したことが契機になりフランスの C. Bloch がわれわれの形式を発展させ，ソ連では Abrikosov らが超伝導の理論に応用して，日本に逆輸入されることになった．そのときには，しかし，われわれの仕事は忘れられていた．いつのことだったか，宇宙線の国際会議でソ連の人たちを乗せたバスに添乗したとき，自己紹介したら「おお，あの E か」という声が上がり，バス全体に拍手が広がった．統計力学の Feynman – Dyson 形式を完成させた仕事を認めてくれたのである．」

ついでに場の量子論に関する部分もお借りしよう．

「1960 年代に入ると場の量子論に対する不信がひろがり，この理論から人々は離れていった．しかし E はこの理論に対する思いが捨てがたく，ちょうど場の理論の数学的基礎の研究がはじまっていたので，それを勉強してみたいと考えた．そのなかで van Hove の「場の理論のあるモデルにおける発散の困難」という論文に出会い，物理教室の談話会で紹介した．「場の理論の基礎について」という題をつけたので談話会にしては珍しく大入り満員になり，大いに恐縮した．」「たしかに大げさな題だったが，いまにして思えば，ここで問題にした場の演算子の正準交換関係の非同値な表現の存在は，南部陽一郎先生が 2008 年のノーベル物理学賞に輝いた対称性の自発的破れにも関係することで，まあ許されるかなと思っている．」

　物理と数学をめぐって，未だ解決されない問題までを含む本巻で，大いに知的興奮を味わっていただければと願う．

参考文献

[1] 朝永振一郎編『物理の歴史』高林武彦・中村誠太郎著, ちくま学芸文庫, 筑摩書房 (2010).

[2] 江沢 洋・上條隆志『江沢 洋選集 I 物理の見方・考え方』, 日本評論社 (2018). .

[3] 江沢 洋『微分積分の基礎と応用』, 新数理ライブラリ M2, サイエンス社 (2000).

[4] 江沢 洋『フーリエ解析』シリーズ物理数学 1, 朝倉書店 (2009).

[5] 江沢 洋『漸近解析入門』, 岩波書店 (2013).

[6] 江沢 洋『現代物理学』, 朝倉書店 (1996). 現在オンデマンド出版.

[7] 亀淵 迪『素粒子論の始まり —— 湯川・朝永・坂田を中心に』, 日本評論社 (2018)

[8] フォン・ノイマン『量子力学の数学的基礎』, 井上 健・広重 徹・恒藤敏彦訳, みすず書房 (1957).

[9] 加藤敏夫『量子力学の数学理論』, 黒田成俊編注, 近代科学社 (2017).

[10] 『量子力学 II』, 岩波講座 現代物理学の基礎 4, 第 2 版, 岩波書店 (1978).

初出一覧

1. 論理と仮説と近似のセンス

   「数学セミナー」1993 年 5 月号，特集／数学的センス，物理的センス，日本評論社.

2. 周転円はフーリエ級数である

   「数理科学」1971 年 6 月号，特集／物理と数学，ダイヤモンド社. のちに『量子と場——物理学ノート』ダイヤモンド社（1976）に収録.

3. 数学や物理がわかるとは？

   数学セミナー増刊『数学の 50 年』，数学セミナー創刊 50 周年記念，日本評論社（2013）.

4. わかるとは，わからなくなることだ

   「科学」2007 年 1 月号，特集／〈わかる〉とは何だろうか，岩波書店.

5. プロペラの理論に始まる

   ——大学生の集まり「都内数学科学生集合」によるインタヴュー

   「数学のなかま」第 43 号，2000 年 3 月，原題「江沢 洋 先生インタビュー」，都内数学科学生集合.

6. 物理からみた数学［座談会］

   「数理科学」1971 年 6 月号，特集／物理と数学，ダイヤモンド社.

7. 空気の抵抗と微分方程式——高校生に微積分の思想を

   『物理学の視点——力学・確率・量子』培風館（1983）にて書き下ろし.

8. 微分方程式の発想——高校生に微積分の思想を

   「数学セミナー」1981 年 3 月号，特集／方程式，日本評論社. のちに『物理学の視点——力学・確率・量子』培風館（1983）に収録.

9. オイラー——中継走者

   「数学セミナー」1999 年 7 月号，特集／天体の動きを追った数学者たち，日本評論社.

10. 変分法とオイラー

    「数学セミナー」2007 年 10 月号，特集／オイラー生誕 300 年，日本評論社.

11. 力学における変分法

    「数学セミナー」2016 年 1 月号，特集／いまこそ学ぼう 変分法，日本評論社.

12. 確率過程とは何か

    「数理科学」1981 年 6 月号，特集／確率過程，サイエンス社. のちに『物理学の視

点 —— 力学・確率・量子』培風館（1983），別冊・数理科学『数理物理の展開 —— 数学と物理のタピストリー』サイエンス社（1990）に収録.

13. 確率微分方程式の物理

「数理科学」1978 年 11 月号，特集／確率微分方程式，サイエンス社．のちに『物理学の視点 —— 力学・確率・量子』培風館（1983）に収録.

14. 物理学による免疫系のモデル化

「科学」2006 年 8 月号，F. W. Wiegel・中村 徹・渡辺敬二と共著，岩波書店.

15. 固有値問題は奥が深い

「数理科学」2006 年 11 月号，特集／固有値問題のひろがり —— 応用がひきおこす数学的現象，ダイヤモンド社.

16. 無限遠に達するか否かが問題

「数理科学」1971 年 6 月号，特集／物理と数学，ダイヤモンド社．のちに『量子と場 —— 物理学ノート』ダイヤモンド社（1976）に収録.

17. 物理的直観と数学 —— 電子が無数にある系の量子力学

「数学セミナー」1977 年 5 月号，数理科学，日本評論社.

18. 量子力学の数学

加藤敏夫 稿，黒田成俊 編注『量子力学の数学理論 —— 摂動論と原子等のハミルトニアン』近代科学社（2017）に寄せた「新著紹介」（「日本物理学会誌」2019 年 1 月号）に大幅に加筆.

19. 場の理論とは，どんなものか

「数理科学」1980 年 7 月号，特集／場の理論，サイエンス社.

20. 非相対論的くりこみ理論

亀淵 迪著『素粒子論の始まり —— 湯川・朝永・坂田を中心に』日本評論社（2018）に寄稿した解説「くりこみ理論とは —— 簡単なモデルで」を土台に，大幅な加筆をして書き下ろしたもの.

21. 無限自由度のはなし

「数理科学」1970 年 6 月号，特集／無限，ダイヤモンド社．のちに『量子と場 —— 物理学ノート』ダイヤモンド社（1976）に「無限自由度の量子力学」と改題して収録．さらに別冊・数理科学『数理物理の展開 —— 数学と物理のタピストリー』サイエンス社（1990）に収録.

22. 自由度無限大の系の量子力学

「日本物理学会誌」1970 年 1 月号，日本物理学会.

23. 場の数理科学の始まり

「数理科学」1971 年 10 月号，特集／数理科学の展開，ダイヤモンド社．のちに『量

子と場——物理学ノート』培風館（1976），別冊・数理科学『場の物理と数学——素粒子から物性まで』サイエンス社（1991）に収録．

24. 有限温度の場の理論

「数理科学」2001 年 4 月号，特集／場の量子論の新たな方向——その思想と展望をひらく，サイエンス社．のちに別冊・数理科学『場の量子論の拡がり——現代からみた種々相』サイエンス社（2006）に収録．

人名一覧

アインシュタイン	Albert Einstein	1879–1955
天野 清		1907–1945
荒木不二洋		1932–
イェンゼン	Johannes Hans Daniel Jensen	1907–1973
伊藤 清		1915–2008
ウィーナー	Norbert Wiener	1894–1964
ウィグナー	Eugene Paul Wigner	1902–1995
ヴィントナー	Aurel Wintner	1903–1958
ウェルトン	Theodore A. Welton	1918–2010
梅澤博臣		1924–1995
オイラー	Leonhard Euler	1707–1783
オッペンハイマー	Julius Robert Oppenheimer	1904–1967
ガウス	Carl Friedrich Gauss	1777–1855
加藤敏夫		1917–1999
加藤祐輔		
亀淵 迪		1927–
ガリレイ	Galileo Galilei	1564–1642
河辺六男		1926–2000
カント	Immanuel Kant	1724–1804
菊池正士		1902–1974
久保亮五		1920–1995
クラマース	Hendrik Anthony Kramers	1894–1952
クーラン	Richard Courant	1888–1972
グリム	James Glimm	1934–
黒田成俊		1932–
ゲルファント	Izrail Moiseevich Gelfand	1913–2009
コーシー	Augustin-Louis Cauchy	1789–1857
小平邦彦		1915–1997
サイモン	Barry Simon	1946–

坂井卓三		1900–1954
ジャッフェ	Arthur Jaffe	1937–
シュウィンガー	Julian Seymour Schwinger	1918–1994
シュタルク	Johannes Stark	1874–1957
シュレーディンガー	Erwin Rudolf Josef Alexander Schrödinger	1887–1961
シュワルツ	Laurent Schwartz	1915–2002
ストークス	George Gabriel Stokes	1819–1903
ストーン	Marshall Harvey Stone	1903–1989
ストラトノーヴィッチ	Ruslan Stratonovich	1930–1997
スレーター	John Clarke Slater	1900–1976
ゼノン	Zēnōn	B.C.335 頃–B.C.263 頃
ダイソン	Freeman John Dyson	1923–
高橋秀俊		1915–1985
高橋 康		1923–2013
ダランベール	Jean Le Rond d'Alembert	1717–1783
チャンドラセカール	Subrahmanyan Chandrasekhar	1910–1995
ディラック	Paul Adrien Maurice Dirac	1902–1984
ド・ブロイ	Louis de Broglie	1892–1987
戸田盛和		1917–2010
朝永振一郎		1906–1979
ニュートン	Isaac Newton	1643–1727
ネーター	Amalie Emmy Noether	1882–1935
ハーグ	Rudolf Haag	1922-2016
ハートリー	Douglas Rayner Hartree	1897–1958
ハイゼンベルク	Werner Heisenberg	1901–1976
パウリ	Wolfgang Pauli	1900–1958
パスカル	Blaise Pascal	1623–1662
ハミルトン	William Rowan Hamilton	1805–1865
ヒッパルコス	Hipparchos	B.C.190 頃–B.C.125 頃
ヒレ	Einar Hille	1894–1980
ヒルベルト	David Hilbert	1862–1943
ファインマン	Richard Phillips Feynman	1918–1988
フーリエ	Jean Baptiste Joseph Fourier	1768–1830

フェルミ	Enrico Fermi	1901–1954
フェルマー	Pierre de Fermat	1607–1665
フォッカー	Adriaan D. Fokker	1887–1972
フォック	Vladimir Aleksandrovich Fock	1898–1974
フリードリクス	Kurt O. Friedrichs	1901–1982
中村孔一		1938–
ノイマン	John von Neumann	1903–1957
伏見康治		1909–2008
プトレマイオス	Claudius Ptolemaeus	83 頃–168 頃
ブラウワー	Luitzen Egbertus Jan Brouwer	1881–1966
ブラウン	Robert Brown	1773–1858
プランク	Max Karl Ernst Ludwig Planck	1858–1947
ベーテ	Hans Albrecht Bethe	1906–2005
ペラン	Jean-Baptiste Perrin	1870–1942
ベルヌーイ（ヤコブ）	Jacob Bernoulli	1655–1705
ベルヌーイ（ヨハン）	Johann Bernoulli	1667–1748
ヘルマン	Jacob Hermann	1678–1733
ボーア	Niels Hendrik David Bohr	1885–1962
ポアソン	Siméon Denis Poisson	1781–1840
ポアンカレ	Henri Poincaré	1854–1912
ボゴリューボフ	Nikolai Nikolaevidh Bogolyubov	1909–1992
ボース	Satyendra Nath Bose	1894–1974
ホーヴ	Léon van Hove	1924–1990
ボルン	Max Born	1882–1970
マクスウェル	James Clerk Maxwell	1831–1879
モーペルチュイ	Pierre Louis Moreau de Maupertuis	1698–1759
山内恭彦		1902–1986
山本義隆		1941–
ヤン	楊振寧 (Yang Chen Ning)	1922–
湯川秀樹		1907–1981
ヨスト	Jes Jost	1918–
ヨルダン	Pascual Jordan	1902–1980
ライプニッツ	Gottfried Wilhelm Leibniz	1646–1716
ラグランジュ	Joseph-Louis Lagrange	1736–1813

ランジュバン	Paul Langevin	1872–1946
ランダウ	Lev Davidovich Landau	1908–1968
リーマン	Georg Friedrich Bernhard Riemann	1826–1866
リュエール	David Ruelle	1935–
レンツ	Heinrich Friedrich Emil Lenz	1804–1865
ワイエルシュトラス	Karl Theodor Wilhelm Weierstarass	1815–1897
ワイトマン	Arthur Strong Wightman	1922–2013
ワイル	Claus Hugo Hermann Weyl	1885–1955
渡邊敬二		1933–2011

索引

●プロフィール

江沢 洋 （えざわ・ひろし）

1932 年　東京に生まれる.
旧制中学 1 年から新制高校（群馬県立太田高校）第 2 学年まで，群馬県の今でいう邑楽郡大泉町で過ごし，高校 3 年の春，東京都立両国高校に転校.
1951 年　東京大学理科一類に入学.
1955 年　東京大学理学部物理学科を卒業.
1960 年　東京大学大学院数物系研究科物理学課程を修了.「超高エネルギー核子衝突による中間子多重発生の理論」により理学博士. 4 月より東京大学理学部助手.
1963 年 9 月より 1967 年 2 月まで，アメリカのメリーランド大学，イリノイ大学，ウィスコンシン大学，ドイツのハンブルク大学理論物理学研究所などで，研究生活を送る.
帰国後，東京大学理学部講師.
1967 年 4 月より学習院大学助教授，1970 年 4 月より学習院大学教授を務める.
1998 年 3 月　学習院大学を定年退職. 名誉教授.
1995 年 9 月より 1 年間，日本物理学会会長.
1997 年 7 月より 2005 年 9 月まで（第 17 期～第 19 期），日本学術会議会員.

主な著書：
『だれが原子をみたか』，岩波科学の本，のちに岩波現代文庫，岩波書店.
『量子と場 —— 物理学ノート』，ダイヤモンド社.
『物理学の視点 —— 力学・確率・量子』『続・物理学の視点 —— 時空・量子飛躍・ゲージ場』，培風館.
『理科を歩む —— 歴史に学ぶ』『理科が危ない —— 明日のために』，新曜社.
『物理法則はいかにして発見されたか』，ファインマン著，江沢 洋訳，岩波現代文庫，岩波書店.
『現代物理学』，朝倉書店.
『物理は自由だ 1 (力学)』『物理は自由だ 2 (静電磁場の物理)』，日本評論社.
『力学 —— 高校生・大学生のために』，日本評論社.
『解析力学』，新物理学シリーズ，培風館.
『量子力学 I, II』，湯川秀樹監修，豊田利幸らと共著，岩波講座・現代物理学の基礎，岩波書店.
『量子力学 (I), (II)』，裳華房.
『相対性理論とは？』，日本評論社.
『相対性理論』，基礎物理学選書，裳華房.
『場の量子論と統計力学』，新井朝雄と共著，日本評論社.
『場の量子論の数学的基礎』，ボゴリューボフ他，亀井 理らと共訳，東京図書.
『フーリエ解析』，朝倉書店.
『漸近解析入門』，岩波書店.
ほか多数.

上條隆志 (かみじょう・たかし)

1947 年　群馬県に生まれる.
1971 年　東京教育大学理学部物理科を卒業.
1973 年　同大学大学院理学研究科修士課程を修了.
その後, 東京都立高校の教諭を務め,
2008 年 3 月　定年退職. 現在はフリーター.
1973 年より東京物理サークルにて活動を続けている. また全国高校生活指導研究協議会 (高生研) の代表を務めた.

主な編著書:
『物理なぜなぜ事典 [増補版]』上・下, 江沢 洋・東京物理サークル編著, 日本評論社.
『たのしくわかる物理 100 時間』上・下, 東京物理サークル編著, 日本評論社.
『益川さん, むじな沢で物理を語り合う —— 素粒子と対称性』, 益川敏英・東京物理サークル共著, 日本評論社.
『教室からとびだせ 物理 —— 物理オリンピックの問題と解答』, 江沢 洋・上條隆志・東京物理サークル編著, 数学書房.
『《ノーベル賞への第一歩》物理論文国際コンテスト —— 日本の高校生たちの挑戦』, 江沢 洋監修, 上條隆志・松本節夫・吉埜和雄編, 亀書房発行, 日本評論社発売.
『考える武器を与える授業』, 高生研編, 明治図書.
ほか.

中村 徹 (なかむら・とおる)

1948 年　宮崎県に生まれる.
1974 年　京都大学理学部数学科を卒業.
1976 年　九州大学大学院工学研究科応用理学修士課程を修了.
その後, 1977 年より 2016 年まで, 河合塾, 駿台予備学校にて数学講師を務める. また津田塾大学数学科, 成蹊大学工学部, 明星大学物理学科, 学習院大学物理学科でも非常勤講師を務める.
専門は超準解析の数理物理学への応用. 2001 年に理学博士 (学習院大学理学部).
1978 年頃より, 江沢 洋先生らと, 毎週土曜日にセミナーを続けている (本巻のエッセイ「セミナー小風景」を参照).

主な著書・編著:
『超準解析とファインマン経路積分』, 河合出版, 1997 年.
『超準解析と物理学』, 数理物理シリーズ, 日本評論社, 1998 年 (2017 年に増補改訂版).
『力学』, 江沢 洋監修, 大学院入試問題から学ぶシリーズ, 日本評論社, 2010 年.
『電磁気学』, 江沢 洋監修, 大学院入試問題から学ぶシリーズ, 日本評論社, 2010 年.
『だれが量子場をみたか』, 中村孔一・渡辺敬二と共編, 日本評論社, 2004 年.
『万人の学問をめざして——倉田令二朗の人と思想』, 長岡一昭・下田 守ほかと編集, 日本評論社, 2006 年.

江沢 洋 選集 第 IV 巻　物理学と数学

2019 年 12 月 25 日　第 1 版第 1 刷発行

編　者·························江沢 洋・上條隆志 ©

著　者·························江沢 洋・上條隆志・中村 徹 ©

発行所·························株式会社 日本評論社
　　　　　　　　　　〒170–8474 東京都豊島区南大塚 3–12–4
　　　　　　　　　　TEL：03-3987-8621［営業部］　　https://www.nippyo.co.jp/

企画・制作·················亀書房［代表：亀井哲治郎］
　　　　　　　　　　〒 264–0032 千葉市若葉区みつわ台 5–3–13–2
　　　　　　　　　　TEL & FAX：043-255-5676　　E-mail: kame-shobo@nifty.com

印刷所·························三美印刷株式会社

製本所·························株式会社難波製本

装　訂·························銀山宏子（スタジオ・シープ）

組版・図版·················亀書房編集室

ISBN 978–4–535–60360–8　　Printed in Japan

物理の見方・考え方

江沢 洋・上條隆志[編]　江沢 洋 選集 I

物理や科学の雑誌・啓蒙書・入門書・教科書などで健筆を揮ってきた江沢洋のエッセンスを伝える初めての著作選。◎《寄稿エッセイ》「時間をかけて」……田崎晴明　◆本体3,500円＋税／A5判

相対論と電磁場

江沢 洋・上條隆志[編]　江沢 洋 選集 II

第II巻は、ガリレイの相対性原理、アインシュタインの相対性理論、電磁場を考える、をテーマにした論稿集。◎《寄稿エッセイ》「江沢さんとの教科書づくり」……小島昌夫　◆本体3,500円＋税／A5判

量子力学的世界像

江沢 洋・上條隆志[編]　江沢 洋 選集 III

量子力学基礎論の研究者として名を知られる著者の量子力学に関する論考集。◎《寄稿エッセイ》「55年目の量子力学演習」……山本義隆
◆本体3,500円＋税／A5判

ボーア革命　原子模型から量子力学へ

L.ローゼンフェルト[著]　江沢 洋[著・訳]

ニールス・ボーアは1913年に革命的な原子模型の論文を提出した。その理論と、当時の時代背景、科学者たちの反応を豊かに解説。
◆本体2,200円＋税／四六判

古典力学の形成

山本義隆[著]　ニュートンからラグランジュへ

Newtonの『プリンキピア』からLagrangeの『解析力学』にいたるまでの、力学理論の形成と発展の過程を歴史的に記述したものである。「Newton力学」は「Newtonの力学」の単なる書き直しではないことが分かる。　◆本体6,000円＋税／A5判

日本評論社
https://www.nippyo.co.jp/